微机原理与系统设计
实验教程

王晓萍　编著

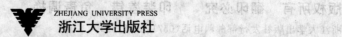
浙江大学出版社

图书在版编目（CIP）数据

微机原理与系统设计实验教程 / 王晓萍编著. —杭州：
浙江大学出版社，2012.5
ISBN 978-7-308-09639-3

Ⅰ.①微… Ⅱ.①王… Ⅲ.①微型计算机－理论－教材
②微型计算机－系统设计－教材 Ⅳ.①TP36

中国版本图书馆 CIP 数据核字（2012）第 022878 号

微机原理与系统设计实验教程

王晓萍　编著

责任编辑	李峰伟(lifwxy@zju.edu.cn)	
封面设计	续设计	
出版发行	浙江大学出版社	
	（杭州天目山路 148 号　邮政编码 310007）	
	（网址：http://www.zjupress.com）	
排　　版	杭州中大图文设计有限公司	
印　　刷	德清县第二印刷厂	
开　　本	787mm×1092mm　1/16	
印　　张	17.25	
字　　数	442 千	
版 印 次	2012 年 5 月第 1 版　2012 年 5 月第 1 次印刷	
书　　号	ISBN 978-7-308-09639-3	
定　　价	39.00 元	

序　言

　　"微机原理与接口技术"课程是大学计算机基础教学的核心课程,也是电子信息类、机电控制类专业的必修课程。该课程的工程性及实践性都很强,必须通过课程实验才能使学生在理解、掌握理论知识的同时,提高工程实践能力和技术创新能力,因此实验教学是课程教学的重要组成部分,是课堂教学的必要补充、延伸和深化。而实验教学的实施和改革,离不开好的实验教程。

　　浙江大学王晓萍教授编著的《微机原理与系统设计实验教程》,就是一本能够适应微机类课程实验教学需求并推动其改革的较好的实验教程。该教程在内容设计及组织结构上,较好地体现了重素质、重能力培养的现代教育思想理念和循序渐进、基础性、先进性统一的教育教学规律,很有特色。

　　1. 整体内容丰富多彩,既有基本实验,又有综合实验,兼具全面性和典型性。全书分绪论、汇编语言程序设计实验、C51 程序设计实验、基本硬件及扩展实验、硬件综合实验和现代接口技术实验 6 章。从整体看,在实验项目的设计上,既有基本的软硬件实验(第 2、3、4 章),又有软硬件综合实验和现代微机系统中新出现的一些接口技术实验(第 5、6章),且都具有一定的典型性和实用性。

　　2. 实验项目设置合理,项目内容设计兼顾基础性、设计性和综合创新性。教程围绕微机原理、微机接口和系统设计几大方面,设计了 40 个实验项目,基本上覆盖了"教指委"对本课程有关技能点的要求。每个实验项目,都按照实验目的、预习要求、实验条件、实验说明、基础型实验、设计型实验、实验扩展及思考等属性来组织内容。一方面通过"实验说明"分析了实验涉及的原理和完成实验的思路;一方面通过后三者将基础型、设计型、综合创新型三个层次、三种水平的实验内容集于同一个实验。

　　3. 组织结构符合教学规律,较好地处理了通才教育和因材施教的关系。在教程结构编排和内容组织上,一方面遵循人的一般认知规律,由简到繁、由浅入深,以满足大多数学生初学入门、循序渐进地理解实验所属知识点、掌握技能点的需要;一方面遵循特长教育规律,不失时机地引入一些与实际应用紧密结合乃至体现最新技术发展的实验内容,融入了培养学生创新思维、创新能力、有较大自主发挥空间的实验任务,例如在传统的并行扩展、UART 串行扩展实验的基础上,引入了 I^2C、SPI、1-wire、USB、以太网等串行扩展接口及当代接口技术等实验内容,这样处理的结果有利于因材施教,提升高起点、高兴趣读者的微机应用水平。

　　4. 实验说明立意辩证,既在实现层面具有主要的机种针对性,又在思想层面具有广泛的机种适用性。该教程各个实验都是基于 8051 系列单片机设计的,因此对于讲述 51 系列单片机原理与接口的课程,该书具有直接的配套兼容性。但因其重在思路方法的启发,加之实现起来不局限于任一种具体的硬件开发平台,且软件实验内容体现了汇编语言程序设计与 Keil C51 程序设计并重的微机接口软件开发的一般特点,硬件实验内容适应了当前外围功能器件发展的一般需求,所以教程中所有实验若改用其他非 51 型单片机或CPU(如 DSP、ARM、80X86 等)来实现,其实验思路方法同样适用。

总之,该教程无论从内容设计及其组织编排上看,还是从书中反映出的学术水平上看,充分体现了当代高等教学对于创新型人才培养的需求。该教程不仅可以作为高等工科院校"单片机原理与系统设计"系列课程的综合实践教学用书,而且可以作为各类单片机技术培训或各类技术人员自学用书。

2012 年 1 月

前　言

　　培养和提高大学生工程实践和创新能力是高校教学改革的目标之一。课程实验作为大学实践教学体系中的重要组成部分,对大学生工程实践能力的培养具有积极作用。而实验教材作为实验教学的指南针,在实验教学环节实施过程中起着重要的指导作用。

　　本实验教程是在浙江大学光电系"微机原理与接口技术"、"微机系统设计与应用"课程实验教学改革的基础上不断总结完善而成的,是该实验教程讲义经多届学生使用、完善和多次改版的结果。本书整合了微机原理、接口技术和微机系统设计的软硬件实验,包括汇编语言程序设计、C51 程序设计、基本硬件及扩展实验、硬件综合实验和现代接口技术实验 6 章,其中引入了与实际应用结合紧密、体现最新技术发展以及学生自主发挥的实验任务,不仅符合教学认知规律,也符合全面培养和因材施教的需求。

　　本教材章节内容编排:

　　第 1 章:介绍了实验教学的地位和作用,实验目标要求和实施过程以及实验的基本条件。另外又简单介绍了常见的几种硬件实验平台以及目前较为流行的 Keil 软件集成开发环境。为使本教材具有良好的通用性,以满足广大读者利用不同硬件平台开展实验的需求,全部实验内容均不依赖于任一硬件实验平台。

　　第 2 章:以汇编指令理解、汇编语言程序设计为主要内容,使学生能熟练掌握 8051 单片机汇编语言及其程序设计方法和调试技巧。

　　第 3 章:强调 Keil C51 的语法特点与规则,运用 C51 进行程序设计与调试,让学生掌握 Keil C51 实现单片机软硬件开发的过程和方法。

　　第 4 章:单片机片内硬件资源(I/O、定时器、中断、串行通信)、传统并行方式外围器件扩展(RAM、ROM、A/D、D/A)软硬件开发及工程应用;基础型串行接口外围器件扩展(基于 I^2C、SPI 的存储芯片,A/D、D/A、HD7279)、人机交互平台(键盘、数码管显示、点阵 LED、液晶显示)软硬件设计与应用,使得学生对于单片机片内硬件资源及基本外围扩展的软硬件设计方法有较深入的理解,从而建立单片机系统模块化的设计思想。

　　第 5 章:以第 2 至第 4 章内容为基础,注重单片机实际应用系统的设计训练。包括了数据采集器、信号发生器、实时时钟控制、温度控制、直流电机控制、步进电机控制等实验内容,使得学生了解并掌握单片机实际应用系统软硬件的设计、开发和调试方法。

　　第 6 章:引入了 USB、以太网等现代接口技术的实验内容,可让学生对于基于单片机实现现代接口技术软硬件设计方法有较深入的认识。

　　附录包括 Keil μVision2 仿真软件使用说明,绝大部分实验项目的程序设计说明(含汇编语言和 C51 两部分),以及参考硬件电路。

　　全书共 40 个实验项目,每个项目包含了基础型、设计型和扩展及思考三个层次的实验内容。基础型实验以程序阅读、完善、验证及理解知识和技能点为主要内容,目的在于加强学生对于基本知识点的全面掌握;设计型实验则以工程实践应用为背景,注入实用性、趣味性、个性化等内容,强调学生独立思考的能力,促使学生从应付性学习转为探索性学习,增强学生对所学知识的综合运用能力和解决实际问题的能力;扩展实验及思考以项目教学为主线,综合了多个设计型实验内容以及需要进一步深思的内容,注重培养学生的创新能力,为优秀学生和高起点读者提供进一步发挥的空间。另外,本教程还配有大部分实验项目中经调试通过的设计型实验、扩展型实验的参考程序(汇编语言和C51)的光盘。

　　本书是浙江大学光电系多年教学改革与实践的积累,但也参考并借鉴了其他相关资料,在此对其表示衷心感谢。另外,真诚感谢刘玉玲、王立强、梁宜勇、齐杭丽等老师参与了部分实验设计与校对工作,博士研究生陈惠滨,硕士研究生徐利、李奇林完成本书参考程序的设计与调试。

　　本书所涉及的硬件电路均为浙江大学光电系与浙江天煌科技实业有限公司共同研制开发的"ZDGDTH-1型80C51/C8051/ARM9/CPLD综合实验系统"中的电路,光盘所附实验参考例程都在该实验系统中调试通过,对设计开发实际微机应用系统具有很好的借鉴作用。由于水平有限,书中不当之处在所难免,敬请读者批评指正,不吝赐教。

作 者

2012 年 3 月

目　　录

第 1 章

绪　论

1.1　实验教学在课程教学中的地位和作用

课程实验是大学实践教学体系的重要组成部分,也是培养和提高大学生工程实践与创新能力的重要途径之一。通过实验既可以帮助学生理解、掌握、巩固课程的理论知识,提高理论联系实际的应用能力,同时又可以帮助学生建立科学的实验方法、良好的实验习惯和熟练的实践技能等创新型工程人才应该具备的基本素养,因此课程实验不仅在课程教学中而且在人才培养中都发挥着积极作用。

微机系列课程如"微机原理与接口技术"、"微机系统设计与应用"等是大学计算机基础教学的核心课程,更是电子信息类和机电控制类专业的必修课程,也是其他许多工科专业乃至非工科专业的重要技术选修课。"微机原理与接口技术"课程的目标定位是通过教学使学生获得计算机系统(或微控制器)组成、工作原理与接口技术方面的基础知识、基本思想和基本方法及技能,培养学生利用计算机硬件为主技术,从硬件与软件的结合上处理问题的意识和分析、解决本专业领域问题或其他实际问题的思维方式和初步能力;"微机系统设计与应用"课程则是在原理与接口技术基础上,进一步学习和了解该领域的新知识、新技术,学习和掌握微机应用系统的设计方法,并能开展计算机或微控制器应用系统的设计和开发。

微机类课程是实践性和应用性很强的课程,学生对于抽象理论课程知识的理解和消化很大程度上要依赖实验教学的实施。因此课程实验教学的主要任务是使学生通过实验掌握计算机或微控制器的基本组成、工作原理、接口电路及相对应的汇编语言程序设计和调试方法;能够熟练运用汇编语言和 C 语言编写接口控制与微机系统应用程序,具有微机系统软、硬件综合设计开发和调试能力。实验教学的目标是使学生掌握、巩固和能够运用课程的理论知识,使他们具备实际微机系统的软硬件设计、调试能力,提高和增强动手能力、实践能力和创新精神。

1.2　编写本实验教程的指导思想

实验教学是课程教学的重要组成部分,是课堂教学的补充、延伸和深化。而实验教材作为实验教学的指南针,在实验教学环节的实施过程中发挥着重要的指导和杠杆作用。本实验教程的编写融入了能力培养为主、提高综合素质、强化实践创新等实践教学的设计思想,在实验内容上,设置了基础型、设计型、综合扩展型相结合的多层次、递进式的实验内容,有利于各层次学习者开展实验,发挥他们的潜能和创造力,有利于"因材施教"教学思想在实验教学中的具体实施。

1.2.1　实验设计指导思想

本教程在内容设计和结构编排上,力求涵盖微机类课程的主要实验内容,从微机原理、接口技术到微机系统设计的软件和硬件,设计编排了汇编语言程序设计、C51 程序设计、基本硬件及扩展实验、硬件综合实验和现代接口技术实验 6 章共 40 个实验项目,每个实验项目中设置了基础型实验、设计型实验、实验扩展及思考相结合的多层次、递进式的实验内容,兼顾了各层次学生的需求,体现了重素质、重能力培养的现代教育理念以及循序渐进、基础性、先进性统一的教育教学规律。

基础型实验:该类实验主要以程序阅读与完善、原理与方法验证及基本硬件理解为主要内容,目的在于加强学生对于基本知识点的全面理解和掌握。设计型实验:在基础型实验内容的基础上加以提高,并以工程实践应用为背景,注入实用性、趣味性、个性化等内容,注重学生独立思考能力以及对所学知识综合运用能力和解决实际问题能力的培养。对于该类实验仅仅给出设计内容和要求,完全由学生在基础型实验基础上,自行选择软硬件解决方案并进行设计和实现;学生必须提前预习,作好充分的准备。实验扩展及思考:以多个知识点相关技术的综合应用以及项目设计为主线,综合了多个实验的内容,注重培养学生的动手实践能力、互相协作能力和对知识的创新运用能力;需要学生综合运用多个知识结构和实验技能,才能完成。

每个实验项目都按照实验目的、预习要求、实验设备、实验说明、基础型实验、设计型实验、实验扩展及思考等属性来组织内容。一方面通过"实验说明"分析实验涉及的原理和完成实验的思路;另一方面通过后三者将基础型、设计型、实验扩展及思考三个层次、三个水平的实验内容集于同一个实验。这种组织有利于帮助学生循序渐进地理解并掌握实验所属知识点和技能点。

1.2.2　内容设置与编排设计

本教程在实验内容设置上,不仅与实际应用紧密结合,而且引入最新技术。软件实验内容体现了汇编语言程序设计与 Keil C51 程序设计并重的微机软件开发特点;硬件实验内容适应了当前外围功能器件发展的需求,在传统的并行扩展、UART 串行扩展的基础上,引入了 I^2C、SPI、1-wire、USB、以太网等串行扩展接口及通信接口技术等内容,适应微机接口技术和外围功能器件日新月异的发展需求。

在实验项目的设计上,集成了基本的软硬件实验(第 2、3、4 章),软硬件综合实验和现代微机系统接口实验(第 5、6 章),实验内容设计具有代表性;实验内容的实践不受具体硬件设备和条件的局限,在不同功能的微机开发系统中均可实施,具有很好的实用性和适用性。

实验教材内容涵盖了微机原理、接口技术和系统设计三个层次的软硬件设计实验。主要内容包括 8051 汇编语言程序设计实验、Keil C51 程序设计实验、基本硬件及扩展实验、硬件综合实验和现代接口技术实验等 6 章内容,各章节具体内容编排如下:

第 1 章介绍当前较为流行的 Keil 集成开发环境和实验系统;

第 2 章侧重以汇编指令理解、训练为目的的汇编语言程序设计方法为主要内容,使学生能熟练掌握 8051 单片机汇编语言及其程序设计方法和技巧;

第 3 章强调了在 C 语言上发展起来的 Keil C51 的语法规则特点的基础上,设计了 Keil C51 实现单片机内存访问、中断控制等 C 语言程序设计方法实验内容,同时强调了 Keil C51 软硬件开发的工程应用技巧,能让学生掌握 Keil C51 实现单片机软硬件开发的基本过程;

第 4 章不仅设计了单片机片内硬件资源(I/O、定时器、中断、串行通信),传统并行方式外围器件扩展(RAM、ROM、A/D、D/A)软、硬件开发及相关工程应用的实验内容,而且强调了基础型串行接口外围器件扩展(基于 I^2C、SPI 接口的外围存储芯片、A/D、D/A、HD7279)、人机交互平台(键盘、数码管显示、点阵 LED、液晶显示)软硬件设计开发方法的实验内容,可使得学生对于单片机片内硬件资源及基本外围扩展的软硬件设计方法有较深入的理解,并掌握单片机系统功能化模块的构建方法;

第 5 章的内容以前 3 章内容为基础,实现实验内容的综合,强调以单片机应用为主要目的,设计了数据采集器、信号发生器、实时时钟控制、温度控制、电机控制等实验内容,使得学生对于单片机的应用有较高层次的理解,并初步掌握中、小型软硬件开发平台的项目设计方法;

第 6 章引入了 USB、以太网等现代接口技术的实验内容,可让学生对于基于单片机实现现代接口技术软硬件设计方法有较深入的认识。

教程的附件介绍了当前较为流行的 Keil 集成开发环境与使用方法给出了大部分设计型和扩展型实验的设计说明,并以光盘形式提供了大部分实验的设计例程。

1.3　实验目标要求和实施过程

1.3.1　实验目标

实验教学的目的,是通过与课堂教学的密切配合,使学生在理解、巩固和扩充理论知识的同时,训练科学实验的基本技能和工程实践的基本方法,养成严谨的科学态度和工作作风,培养应用所学理论知识独立分析、解决问题的能力和实际动手能力。通过课程实验使学生掌握微处理机和微控制器的基本组成、工作原理、接口电路、应用系统及程序设计和调试方法,从而具备微机应用系统的软硬件综合设计开发能力。

1.3.2 实验要求

1. 总体要求

通过课程实验,应使学生达到如下要求:

(1) 加深对微处理机和微控制器及其组成部分工作原理和工作机制的理解,进一步熟悉和了解 8051 系列微控制器的硬件结构、模块功能和应用特性。

(2) 具有应用 8051 指令系统设计和调试汇编语言程序的能力,熟练掌握 Keil C51 开发环境和调试程序等软件工具的使用。

(3) 掌握微控制器的中断概念、中断作用和中断系统功能及运用方法;掌握定时器/计数器的工作原理、工作方式和应用方法;掌握串行接口的工作原理、工作方式和应用方法。能够设计和调试这些功能模块的应用程序。

(4) 了解 I/O 接口芯片和模拟通道器件(如 ADC、DAC 等)的扩展方法,接口程序设计和调试方法;键盘/显示接口电路设计和调试方法以及程序设计。

(5) 了解微机系统的硬件组成结构、需求分析、设计过程和调试方法;熟练使用 Keil C51 进行微控制器系统的软件设计。

(6) 熟悉运用 I/O 端口模拟 I^2C 总线时序,控制 E^2PROM 等芯片的方法和程序设计。

(7) 掌握 I^2C 总线技术和 SPI 接口技术,了解相应外围芯片的扩展方法,以及 C51 应用程序的设计和调试方法。

(8) 掌握 LCD 显示屏的应用方法及图形、汉字显示程序编写方法。

(9) 能使用 1-wire 总线温度传感器 DS18B20 进行温度测量及控制。

(10) 能够运用 I/O 端口实现对步进电机或直流电机的控制。

(11) 能够运用微控制器,设计数据采集系统、信号发生器、电子琴、数字频率计等实际应用系统。

(12) 熟悉微控制器实现多种通信功能的方法。

(13) 具备自行拟定实验步骤、检查和排除故障、分析和综合实验结果以及撰写实验报告的能力。

(14) 具有微机应用系统的设计、开发和调试能力。

为此,要求学生做每一个实验都要做到:理论与实践结合;硬件与软件结合;方案设计与制作调试并重;过程与结果并重;实验前充分预习准备和通过网上虚拟实验熟悉实验原理、实验方案、实验过程,实验后按规范格式认真撰写实验报告。

2. 实验准备要求

要顺利完成一个实验,需要在理论知识吸收消化的基础上,作好实验预习准备。实验内容分为基本型、设计型及综合扩展型,学生应根据实验目的及任务要求,在实验室所能提供的设备器件等资源条件下,设计出合理的实验方案,包括硬件、软件实现方案,硬件连接图,实验程序等,作好充分的实验准备。

基础型实验内容的目的是系统地训练学生的基本技能、自学能力和独立实验能力,启迪学生的创新意识。实验准入门槛较低,以阅读注释及程序验证为主要内容,要求学生作好理论课的复习,并根据实验内容要求作好预习准备。

设计型实验的目的是提高学生综合实验技能和分析、解决问题的能力,培养学生的创新能力。实验要求较高,要求学生在了解基本原理和完成基础型实验的基础上,对于微机原理及接口扩展应用有比较深入的理解。学生需消化教材内容并认真查阅课外相关参考文献,充分利用实验室的设备、器材等资源,设计出既先进又切实可行的实验方案。

综合扩展型实验的目的是培养学生创新的思维方法、实际的开发能力和综合素质。实验内容以实际应用为背景,学生可在老师适当指导下,通过查阅相关资料,将所学的模块知识有效组织,并充分利用实验室的软硬件资源,设计出满足实验项目指标要求的切实可行的实验方案,完成实验内容设置的设计任务。

1.3.3 实验实施过程

1. 实验方案确定

实验应先根据实验目的及任务要求,在实验室所能提供的设备、器件等资源条件下,设计出合理的实验方案,包括硬件、软件实现方案,作好必要的实验准备。在明确目的要求的基础上,应弄清实验中将要涉及的基本原理、将要采用的方法或算法、将要测量控制的对象及其参数等。

在实验方案设计阶段,对实验者综合运用所学理论知识分析、解决实际问题的能力提出了较高的要求,同时对实验者也是一个深化、拓宽学习内容,充分发挥主观能动性和聪明才智的极好机会。在这个阶段,实验者对教材和有关参考文献要认真消化,对实验室实际可提供的设备、器材和时间、空间等资源条件要心中有数。只有这样,才能设计出既先进又切实可行的实验方案。否则,一个技术上很先进、水平很高的实验方案,很可能由于不具备实现条件而成为一纸空文,反而影响实验的进程和效率。

要特别说明的是,实验者在设计实验方案时,应处理好继承性与创造性的关系。根据实验目的和实验条件,本次实验系统中那些在前面实验已被证明是成功的软硬件模块,可以直接继承引用。这样可集中力量解决本实验中的关键问题、特殊问题,或在某些环节上作一些新的探索,以便每做一个实验都有新的提高和收获。

设计好的实验方案,通常应包括实验系统的硬件、软件功能框图(硬件结构图和程序流程图),具体的电路原理图、安装布线图和程序代码(源程序),以及必要的说明。如有可能,对于有些设计型实验和综合扩展型实验,最好能提出多个方案设想,并对各方案的优劣利弊作出评价、说明和比较,在比较的基础上作出取舍,确定具体的实验方案。

2. 硬件电路设计

针对某一特定应用,根据要实现的功能要求,完成方案设计,划分若干功能模块,画出系统功能框图,逐一设计出每一个单元电路,最后组合成完整的硬件系统。

硬件设计第一步骤,进行微处理器的选型。微处理器的选择应充分考虑测控对象的需要,对于微处理器的运算精度、数据处理功能、寻址能力和操作速度等各项指标进行考查;应恰当评估系统要求,权衡选择片内集成存储系统、中断系统、通信接口、数字输入/输出口、模拟输入/输出通道等外设的微处理器。

但微处理器硬件资源毕竟有限,如果应用系统较复杂,按功能指标要求,还需进行功能扩展(如 E^2PROM 扩展、RAM 扩展、I/O 扩展和定时器/计数器扩展等)和外设配置(如

A/D 和 D/A 转换器、键盘、显示器等)设计。在选择功能扩展电路、外设配置及其接口电路的方案时,应注意扩展的芯片与主机速度匹配,I/O 口的负载能力,A/D 与 D/A 转换器的速度与精度等问题,初步选定电路方案之后即可得到系统硬件结构框图。据此可进行硬件电路设计、制作、检测和试验等工作。

以上各单元电路的设计完成之后,就可以进行硬件合成,即将各单元电路按照总体设计的硬件结构框图组合在一起,形成一个完整的硬件系统原理图。在进行硬件合成时,要注意以下几点:

(1)根据输入和输出的信号需要,全面安排微处理器的 I/O 口,如需扩展 I/O 口,应校核微处理器总线的实际负载,必要时接入总线驱动器。

(2)扩展外设过程中应检查信号逻辑电平的兼容性。电路中可能兼有 TTL、CMOS 电平标准或非标准信号的器件,若器件之间接口电平不一致,需要加入电平转换电路。

(3)从提高可靠性出发,全面检查电路设计。检查抗干扰措施是否完备,电源和集成芯片的去耦电容是否配置,接地系统是否合理等;对于强、弱电结合的测控系统,应采用光电隔离、电磁隔离等技术,以提高系统的抗干扰性能。

(4)电源系统。相互隔离部分的电路必须采用各自独立的电源和地线,切不可混用。同一部分电路的电源,其电压种类应尽量减少。合理安排地线系统,确定哪些单元电路的地线可以相连,哪根地线接机壳、接大地或浮空。

3. 软件设计

计算机只有硬件还不能工作,必须有软件(即程序)来控制计算机运行。软件设计贯穿整个系统的设计过程,主要包括任务分析、资源分配、模块划分、流程设计和细化、编码调试等。

在系统方案设计时,曾经画过软件结构框图。那时由于硬件系统没有仔细确定,结构图十分粗略。当硬件设计完成后,就能够明确对软件设计的要求。软件结构设计的任务是确定程序结构,划分功能模块,并详细分析各模块软件的功能,定义好功能软件模块的函数接口,最后进行功能模块软件流程的分析设计。一般结构主程序是先进行各种初始化,然后等待采样周期信号的中断请求。各个功能模块可分为:定时、数据采集、数据处理、控制、显示、报警、通信等。

模块化程序设计是软件设计的基本方法。其中心思想是将一个功能较多、程序量较大的程序按其功能划分成若干个相对独立的程序段(称为程序模块),分别进行设计、调试和查错,最终连接成一个总程序。模块化程序设计方法的优点是:每一模块程序,可以独立设计和调试;方便修改、调用,程序层次清晰,结构一目了然,方便阅读。

4. 分析实验现象,学会分析和调试,及时排除故障

在实验过程中,一定要以科学的态度、科学的作风,按照科学的操作方法进行实验。对现象的观察、对待测点状态或波形的测量,要一丝不苟,并实事求是地作好原始数据记录。出了问题应该反复细致地进行观察、测量,要减少对实验指导教师的依赖性,提倡"多思少问"的学风。对于实验结果与理论分析有差别的,应利用学过的理论知识,冷静地分析、判断,找出异常或出错的原因。

实验设计过程中难免出现故障或异常现象,一旦出现故障,千万不要急躁,而要静下

心来,以学过的理论知识和基本原理为指导,通过软件开发平台的 debug 功能,锁定软件结果不正确的位置,然后利用单步追踪功能,观察硬件输出结果是否符合逻辑设计,进行故障排除处理。对于硬件调试,在电源、微型计算机及实验程序均正常的前提下,可从故障现象暴露点出发,从后往前(从输出往输入)逐级地进行观测分析,直至找到故障根源。检测排除硬件故障的常用方法有观察法、插拔法、试探法、交换比较法、静态测试法和动态分析法等。

5. 撰写实验报告

实验报告是学生对实验的全面总结,是实验教学过程的重要环节,是对学生撰写科学论文能力的初步培养,可为今后的科学研究打下良好的基础。撰写实验报告还有利于学生不断积累研究资料,总结研究成果,提高实验者的观察能力、分析问题和解决问题的能力,培养其实事求是的科学态度。所以,实验报告必须在科学实验的基础上进行,必须按照具体的实验内容(不管实验结果是成功的还是失败的)独立、认真、真实的完成。

(1)实验报告要求

实验报告要求按统一、规范的格式书写或打印,并限期完成。实验报告一般应包括以下几项内容:

◆ 实验题目:要用最简练的语言反映实验的内容。

◆ 实验目的:要抓住重点,可以从理论和实践两个方面考虑。

◆ 实验内容:由实验具体应用要求,提出考核实验结果相应的设计内容及具体的技术指标。

◆ 实验所用设备器件:选择主要的仪器和材料填写。如能画出实验装置的结构示意图,再配以相应的文字说明则更好。

◆ 实验系统硬件(包括功能框图和电路原理图):根据实验任务要求给出详细的硬件设计框图及具体的电路原理图。

◆ 实验系统软件(包括程序流程图和程序清单):基于所设计的硬件结构,提出软件结构,绘制流程并编写代码实现功能程序设计。

◆ 实验数据与波形(包括原始记录):从实验中测到的数据计算结果,或从图像中观察实验现象。

◆ 实验结果分析与讨论:根据实验过程中所见到的现象和测得的数据进行讨论,首先要判断实验结果是否与预期一致,然后根据自己所掌握的理论知识和查阅资料所获得的知识,对实验结果进行有针对性的解释、分析,作出结论。讨论可写上实验成功或失败的原因、实验中的异常现象、实验(设计)后的心得体会、改进建议,等等。

◆ 思考题解答:实验完成后对思考题的解答。

◆ 收获体会与意见建议:通过实验,实验者在知识结构、实验方法、软硬件设计过程中取得收获或失败经验教训应及时作好总结,并针对实验过程的任务及要求、指导方法、软硬件资源提出建设性的改进建议。

(2)撰写实验报告时的注意事项

◆ 撰写实验报告是一件非常严肃的事情,要讲究科学性、准确性、求实性。一定要看到什么,就记录什么,不能弄虚作假。

◆ 讨论和结论是实验报告中最具创造性的部分,是学生独立思考、独立工作能力的具体体现,因此应该严肃认真,不能盲目抄袭书本和他人的实验报告。

◆ 在实验过程中,为了印证一些实验现象而修改数据,假造实验现象等做法,都是不允许的。

◆ 实验报告中所引用的参考资料应注明出处。

◆ 实验报告中尽量采用专用术语来说明事物。

◆ 实验报告中要使用规范的名词、外文、符号、公式等。

1.4　实验基本条件和支撑平台

1.4.1　实验支撑条件

1. PC 系列微机 1 台

PC 系列微机用于运行集成开展环境,微机中应配置下列支持软件:

◆ Windows XP 操作系统:提供交叉编译软件的运行环境。

◆ Keil 集成开发软件:提供 PC 端 8051 系列单片机汇编、C 语言程序设计编辑、编译、仿真及调试环境。

2. 硬件开发仿真平台

基于 8051 系列微控制器及其硬件扩展仿真的实验平台或开发板均可。可根据实验室现有条件配备,但应支持与 Keil 集成开发环境接口的硬件仿真功能。

3. 其他

如万用表、示波器等,用于在实验过程中作静态测试。万用表主要用于测量电路中各点的电压值,或电阻、交直流电压/电流值;示波器用于做硬件扩展性实验时观测动态、静态特性及相关模拟实验的信号观察;等等。

1.4.2　硬件实验平台

不同学校使用的微机实验开发系统(平台)各有差异,但是对于课程知识点的要求却是基本相同的。出于实验教程的通用性和适用性的考虑,本实验教程的各个实验项目,对实验的硬件平台都没有特殊的要求,任一款基于 51 内核的单片机的实验开发平台均可以适用。并且所有实验若改用其他非 51 型单片机或 CPU(DSP、ARM、80×86 等)来实现,其实验思路和编程方法同样适用。这也是本实验教程的一大特点。

下面介绍几种目前使用较多的 51 系列微控制器的开发系统。

1. 浙大-天煌 ZDGDTH-1 型综合实验系统

ZDGDTH-1 型综合实验系统是浙江大学光电系和浙江天煌科技事业有限公司共同研制开发的 ZDGDTH-1 型 80C51/C8051/ARM9/CPLD 综合实验系统的简称。该系统采用模块化、组合式的设计思想,由一个公共的外设接口和四块不同的 CPU 核心模块构成。四块不同 CPU 的核心板分别为 80C51、C8051F020、ARM9、CPLD 模块,只要更新插拔式的核心模块，就可以构成不同课程的实验系统。80C51 模块配备 THKL-C51 仿真器、C8051F020 模块配备 U-CE5 下载器、ARM9 模块配备 Multi-ICE 仿真器、CPLD 配备有 JTAG 编程器。同时提供 Keil 开发平台（80C51、C8051 实验），ADS、Linux、Wince 交叉编译环境（ARM9 实验）、Quartus Ⅱ 开发平台（Altera CPLD 实验）。目前该实验系统是浙江大学电子信息类专业微机系列课程的实验设备，也成了本科生开展课程项目设计、科研训练和学科竞赛训练的实践平台。

该系统是集多门微机类课程实验内容于一体的组合式模块化的实验平台，可用于各高等院校开设的 51 单片机、ARM 嵌入式系统、EDA 等课程的实验教学。

ZDGDTH-1 型实验系统外型和硬件电路如图 1-1 所示，电路结构布局如图 1-2 所示，实验平台的功能特点如表 1-1 所示。

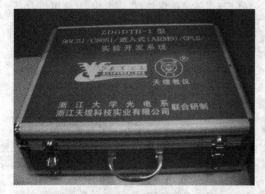

图 1-1　ZDGDTH-1 型综合实验系统外型结构

A1 区以太网接口	A2 区 直流 电机	A3 区 步进 电机	A4 八位动态数码显示		A6 区 LED 双色点阵显示	A7 区 液晶显示
			A5 区八位逻辑电平显示			
B1 区 USB 从模式接口	B2 区 RS232	B3 区 串行 D/A 转换	B4 区串行 A/D 转换	B5 区 十字路口 交通灯	B6 区 DS18B20	B7 区 实时时钟
C1 区 USB 主模式 接口	C2 区 I2C 接口	C3 区 RS485	C4 区 并行 D/A 转换	C5 区 并行 A/D 转换	C6 区 八位逻辑电平输出	C8 区 单次脉冲	C9 区 语音接口
					C7 区查询式键盘		
D2 区 80C51/C8051F020 MCU			D3 区 7279 阵列式键盘		E 区 ARM9/CPLD MCU	
			D4 区独立式键盘			
D1 区电源开关			D5 区时钟发生器			
			D6 区可调电源	D7 区蜂鸣器		

图 1-2　ZDGDTH-1 型综合实验系统电路结构布局

表 1-1   ZDGDTH-1 型综合实验系统功能特点

主要指标	内容
软件功能特点	可支持 8051 系列单片机开发，完全支持 Keil，支持在 μVision2、μVision3 中使用实验仪。可支持 Cygnal 集成产品公司推出的 C8051F 系列增强型 51 单片机开发，完全支持 Keil 及 Cygnal 集成开发环境。
硬件功能特点	自带 5V、±12V 电源，其中 5V 电源可提供 1A 电流，±12V 可分别提供 500mA 电流，含瞬时短路保护和过流保护。 8051 单片机支持基于 Keil Monitor51 的仿真器调试功能（使用 THKL-C51 仿真器）；C8051 系列单片机支持 USB 接口的串行适配器（EC5）JTAG 仿真功能。 硬件集成以下功能模块：1 路 USB1.1 主、从接口；1 路完全功能的 CAN 总线接口；1 路以太网接口；128×64 点阵液晶模块及接口；320×240TFT 彩色液晶及触摸屏模块；SD 卡扩展电路；16×16LED 点阵显示模块；步进电机、直流电机及其驱动模块；I^2C 接口的 E^2 PROM、RTC 实时时钟模块；动态、静态段式 LED 显示及行列键盘模块；SPI 接口的 HD7279 模块；SPI 接口的 A/D、D/A 转换模块；并行扩展的 A/D、D/A 转换模块；并行扩展的 SRAM、Flash ROM 模块；RS232、RS485 串行通信模块；8 个拨码开关、8 个 LED、8 个独立的按键；蜂鸣器控制电路；红外数据收发模块；DS18B20 单总线数字温度传感器模块；ISD1720 语音控制模块；IIS 音频驱动模块；1 个 8 路输出的时钟源；脉冲发生电路；等等。
可开展的实验项目	实验项目内容可以灵活设置，其中 8051 单片机及 C8051F 系列单片机两个核心模块可提供以下几种类型的实验： 1. 基础实验 简单输入输出控制实验；音频驱动实验；音乐编程实验；7279 阵列式键盘及显示实验；动、静态数码管显示实验；查询式键盘实验；定时器实验；计数器实验；外部中断实验；128×64 点阵型液晶显示实验；LED 双色点阵显示实验；RS232 串口通信实验；RS485 通信实验；红外通信实验；SRAM 外部数据存储器扩展实验；Flash ROM 外部数据存储器实验；ADC0809 并行 A/D 转换实验；DAC0832 并行 D/A 转换实验；十字路口交通灯模拟实验，脉冲周期、频率测量实验。 2. 先进接口和通信实验 ①1-wire 总线　基于 DS18B20 的温度测控实验； ②I^2C　实时钟 PCF8563、串行 E^2 PROM 24C02A 应用实验； ③SPI　串行 A/D 实验、串行 D/A，7279 阵列式键盘与显示实验； ④红外通信实验； ⑤CAN(CAN2.0)总线通讯实验； ⑥USB　USB1.1 主、从接口实验； ⑦以太网　10M 以太网通信实验。 3. 微机应用系统实验 ①直流电机测控实验； ②步进电机测控实验； ③数字式温度测控实验； ④数据采集系统实验； ⑤多功能信号发生器实验； ⑥电子琴设计实验。

2. 启东 DVCC-52JHP 型单片机仿真实验系统

DVCC-58JHP 实验系统既支持 MCS51 单片机的全部原理性实验和单片机接口电路

实验,并能仿真开发 MCS-51 单片机的应用系统,又可以进行 8088 微机系统的各种应用实验,其外型结构如图 1-3 所示。系统自带的 4×4 键盘和 8 位动态显示数码管、核心 CPU 模块 51 单片机和 8088 微机系统相结合、具有 32K 数据存储器/程序存储器和 64K ROM 存放系统监控程序、包含 RS232/RS485/HOST USB/SLAVE USB 通信接口,可以通过 PC 上位机在 Windows9X/2K、Windows XP 软件支持下进行实验或仿真开发。实验平台的功能特点如表 1-2 所示。

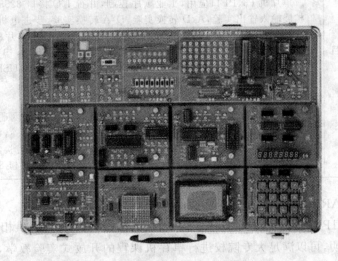

图 1-3　DVCC-58JHP 型实验系统外型结构

表 1-2　DVCC-58JHP 仿真实验系统功能特点

主要指标	内容
软件功能特点	仿真实验全新组合工作方式,模拟实际工作环境。提供独立运行、联上位机运行两种工作方式。系统提供能将实验原理、目的、位置图等内容于一体的 Windows 综合调试软件,便于多媒体教学。
硬件功能特点	系统提供±5V,±12V 工作电源。具有电路保护功能,使用安全、可靠。主机含 51CPU 和 8088CPU。64K 程序存储器存放系统监控程序。32K 数据存储器/程序存储器存放用户程序和数据。自带 4×4 矩阵键盘,8 位动态数码管。自带 51CPU 仿真器或直接下载式单片机(由用户选择),USB 通信接口。配有 12 个 LED 指示灯、8 路开关量控制电路、2 路手动±单脉冲输出、7 路振荡方波信号源、1 路模拟电压产生电路、1 路逻辑笔测量电路。
	配有带驱动的四相步进电机、带驱动的直流电机和红外光电转速测量电路以及带光电隔离器的继电器控制应用电路。提供 RS232 通信接口。配有单片机常用芯片(A/D 0809,D/A 0832,并行 I/O 口 8255,串行 A/D 转换 TLC549,串行 D/A 转换 TLC5616,8253 定时/计数器等)。单片机外部扩展总线包括 8 位数据总线、地址总线、读写信号和时钟等控制线全部由排针和自锁紧插孔引出。还包括以下模块:2×16 字符型液晶显示实验电路、自带 T6963C 控制器的 128×64 图形 LCD 实验电路、I²C 应用电路、用 A7105 实现 2.4GISM 无线收发一体通信模块、DMA 控制器 8237 应用电路模块、可编程并行接口和可编程定时器接口 8155 应用模块、双通道虚拟示波器模块、以太网通信接口电路、CAN 总线接口电路和红外收发电路、DS1302 实时时钟电路、看门狗应用电路、数字温度传感器电路、RS485、HOST /SLAVE USB 通信模块。

续表

主要指标	内容
可开展的实验项目	软件项目的内容可提供 8051 单片机汇编及 C51 程序设计语言的软件实验。 可提供硬件实验项目内容如下： 1. 传统实验 单片机 P3、P1 口应用，工业顺序控制，并行 I/O 接口 8255 应用，简单 I/O 口扩展输入输出实验，A/D 转换实验，D/A 转换实验，步进电机控制实验，小直流电机调速实验，电子音响实验，继电器控制实验，8031 单片机串行口应用实验，"看门狗"复位实验，串行 A/D 转换器 TLC549 应用，串行 D/A 转换器 TLC5615 应用，电机闭环调速实验，E2PROM 存储器实验，USB 设备应用设计实验，RS232/485 串行通信实验。 2. 增强型实验 16×2 字符型液晶显示实验，CAN 总线接口实验，以太网通信接口实验，语音录放控制实验，I2C 智能卡读写实验，接触式 IC 卡读写实验，串行键盘显示接口 ZLG7290 应用实验，用 A7105 实现 2.4GISM 无线通信实验，红外通信实验，双通道虚拟示波器测量，可编程并行接口和可编程定时器接口 8155 应用实验。

3. 星研 STAR ES51PRO 单片机实验仪

STAR ES51PRO 实验仪提供许多实用、新颖的接口实验，同时提供相应的汇编、C 例程程序、使用说明，可以满足大专院校进行单片机课程的开放式实验教学，进行多种接口设计实验、控制实验等；模块化设计，兼容性强，使用方便，易于维护，其外型结构如图 1-4 所示，实验平台的功能特点如表 1-3 所示。

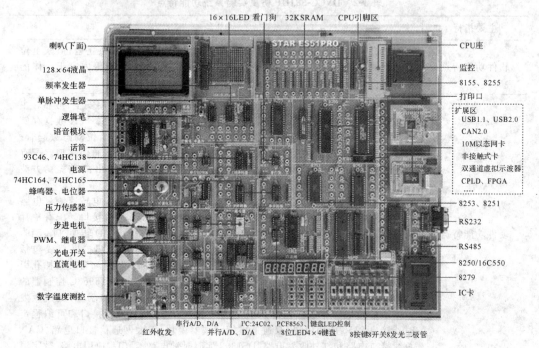

图 1-4 STAR ES51PRO 实验仪外型结构

表 1-3 STAR ES51PRO 单片机实验仪相关技术指标

主要指标	内容
软件功能特点	完整支持 Keil，支持在 μVision2、μVision3 中使用实验仪；提供公司自主版权的星研集成环境软件；支持 USB、并口、串口通信 DEBUG。功能强大的项目管理功能，含有调试该项目有关的仿真器、所有相关文件、编译软件、编译连接控制等所有的软硬件信息。
硬件功能特点	主机含有 51CPU，32K SRAM 存储器，使 C51 编制较大实验成为可能。自带 4×4 键盘，16×16 LED 点阵显示模块，128×64 液晶电陈显示模块，以及键盘 LED 控制器 8279 控制的 8 位 LED。自带 74HC138 译码，8259、8251 串行通讯，以及 RS232 和 RS485 接口电路。 配有机电控制接口驱动电路及执行单元(步进电机、直流电机、继电器和 PWM)，配有双通道虚拟示波器，配有各种单片机常用 I/O 接口芯片(74HC244、74HC273 扩展简单的 I/O 口，串行 A/D、D/A，并行 A/D、D/A，74HC164 串并转换、74HC165 并串转换，8253 定时/分频)，配有各个串行接口模块，如 I2C、SPI、Microwire、红外通信、CAN 和 CAN2.0、USB、USB1.1、USB2.0、10M 以太网模块、蓝牙模块，配有各种新型应用电路，新型接口和主机集成与一体，如 I2C 应用电路，应用于 24C02 芯片，128×64 点阵 LCD 显示应用电路，16×16 点阵 LED 应用电路，压力传感器，流电机转速测量，使用光电开关测量电机转速，数字式温度控制，频率发生器，单脉冲发生器，语音模块，蜂鸣器驱动电路。
可开展的实验项目	软件项目的内容可提供 8051 单片机汇编及 C51 程序设计语言的软件实验。 可提供硬件实验项目内容如下： 1. 传统实验 8259 中断实验和 8237DMA 传送实验，74HC244、74HC273 扩展简单的 I/O 口、蜂鸣器驱动电路，74HC138 译码，74HC164 串并转换，74HC165 并串转换实验，8250 串行通讯实验，8251 串行通讯实验，RS232 和 RS485 接口电路，8155、8255 扩展实验，8253 定时、分频实验，128×64 液晶电阵显示模块，16×16LED 点阵显示模块，键盘 LED 控制器 8279，并配置了 8 位 LED，4×4 键盘，32 位数据 RAM 读写，使用 C51 编制较大实验成为可能，并行 A/D 实验，并行 D/A 实验，光电耦合实验，直流电机控制，步进电机控制，PWM 脉宽调制输出接口，继电器控制实验，逻辑笔，打印机实验电子琴实验，74HC4040 分频得到 10 多种频率，另外提供 8 个拨码盘、8 个发光二极管、8 个独立按键，单脉冲输出。 2. 新颖实验 录音、放音模块实验，压力传感器实验，频率计实验，接触式 IC 卡读写实验，非接触式 IC 卡读写实验(扩展模块)。 3. 串行接口实验 ①一线　DALLAS 公司的 18B20 测温实验； ②I²C　实时钟 PCF8563、串行 E²PROM24C02A、键盘 LED 控制器实验； ③SPI　串行 D/A、串行 A/D 实验、串行 E²PROM 及看门狗 X5045； ④Microwire 总线的串行 E²PROM、AT93C46； ⑤红外通信实验； ⑥CAN　CAN2.0(扩展模块)； ⑦USB　USB1.1、USB2.0(扩展模块)； ⑧以太网　10M 以太网模块(扩展模块)； ⑨蓝牙(扩展模块)。 4. 闭环控制 门禁系统实验；压力传感器实验；旋转图形展现实验；RTX-51 Real-Time OS；直流电机转速测量，使用光电开关测量电机转速；直流电机转速控制，使用光电开关精确控制电机转速；数字式温度控制。 5. 实验扩展区 可以提供 USB1.1、USB2.0、10M 以太网接口的 TCP/IP 实验模块，CAN 总线、非接触式 IC 卡、双通道虚拟示波器、虚拟仪器、读写优盘、CPLD、FPGA 模块。

1.4.3 软件开发环境

机器汇编是通过汇编软件将源程序变为机器码,用于 MCS-51 单片机的汇编软件有早期的 A51。随着单片机开发技术的不断发展,从普遍使用汇编语言到逐渐使用高级语言开发,单片机的开发软件也在不断发展。

1. Keil 开发平台

Keil 软件是目前最流行的开发 MCS-51 系列单片机的软件,这从近年来各仿真机厂商纷纷宣布全面支持 Keil 即可看出。Keil 提供了包括 C 编译器、宏汇编、连接器、库管理和一个功能强大的仿真调试器等在内的完整开发方案,通过一个集成开发环境(μVision)将这些部分组合在一起。Keil 开发平台是众多单片机应用开发的优秀软件之一,支持汇编、PLM 语言和 C 语言的程序设计,其方便易用的集成环境、强大的软件仿真调试工具,具有令开发者事半功倍的功效。由于 Keil 对 8051 单片机及其衍生产品以及对第三方提供的仿真驱动具有良好的兼容性,几乎成为 8051 系列单片机开发者的首选平台。Keil 开发平台的特征及性能如表 1-4 所示,Keil μVision 仿真软件使用说明见附录 1。

表 1-4 Keil 开发平台的特征及性能

主要指标	性能及特征
集成开发环境	Keil C51 标准 C 编译器为 8051 微控制器的软件开发提供了 C 语言环境,同时保留了汇编代码高效、快速的特点。集成开发环境包含:编译器、汇编器、实时操作系统、项目管理器及调试器。C51 V9 版本是目前最高效、灵活的 8051 开发平台。它可以支持所有 8051 的衍生产品,也可以支持所有兼容的仿真器,同时支持其他第三方的开发工具。 　　工程是采用分组形式对源文件进行管理,使项目管理结构更为清晰。 　　μVision2 包含一个器件数据库(device database),可以自动设置汇编器、编译器、连接定位器及调试器选项,来满足用户充分利用特定微控制器的要求。μVision2 可以为片外存储器产生必要的连接选项:确定起始地址和规模。 　　μVision2 编辑器包含了所有用户熟悉的特性。彩色语法显像和文件辨识都对 C 源代码进行优化。可以在编辑器内调试程序,它能提供一种自然的调试环境,使用户可以更快速地检查和修改程序。 　　集成源及浏览器利用符号数据库使用户可以快速浏览源文件。用详细的符号信息来优化用户存储器。 文件寻找功能:在特定文件中执行全局文件搜索。 工具菜单:允许在集成开发环境下启动用户功能。 可配置 SVCS 接口:提供对版本控制系统的入口。 PC-LINT 接口:对应用程序代码进行深层语法分析。 Infineon 的 EasyCase 接口:集成块集代码产生。 Infineon 的 DAVE 功能:协助用户的 CPU 和外部程序。DAVE 工程可被直接输入 μVision2。

主要指标	性能及特征
C 编译器	Keil 8051 及 251 开发套件包含不同的 C 编译器以实现对衍生产品的最优化支持。 C51 编译器支持传统的 8051 系列、8051IP 核、Dallas Contiguous Mode 及其他扩展型产品;C51 编译器支持飞利浦 8051 MX 及 SmartMX 产品;C251 编译器支持 251 及具有 251 核的相关产品;基于 C51 编译器可以采用 C 源代码完全访问所有的硬件模块。 快速 32 位 IEEE 浮点数学运算;高效的中断代码和直接寄存器分组控制;目标可位寻址;细致的语法检查并附详细的警告信息;高效 AJMP 和 ACLAA 指令利用率;代码程序存储空间和变量存储空间可超出 64KB;可定义寄存器参数和动态寄存器变量;全局寄存器优化;共用代码统一子例程优化;多数据指针的利用;片上算术运算单元利用;通用及特定存储空间指针的定义;函数可重入及寄存器分组的独立代码;全面的调试及源代码浏览信息;简易的汇编语言接口。
连接器	标准代码分组连接器使得用户可以在标准 8051 产品上增加超过 64KB 程序访问空间。L51 扩展连接器增加了对更多的设备支持,并进一步加强 Keil C51 编译器的功能性。 连接代码:对一个完整程序分组分析,即使对于代程序空间分组的应用,也可为公共代码创建同一子例程,并尽可能地利用 AJMP 和 ACALL 指令替代长指令 LJMP 和 LCALL。 递增的连接功能允许用户根据多应用编程或 Flash ROM 更新需求,将程序分解成多个功能化的模块。 远访问程序空间支持允许用户在标准 8051 产品基础上访问 16MB 变量空间,且远访问程序空间类型可以用作特殊的存储器类型。 所有公共符号定义上进行详细的数据类型检查,可很好地提高程序的质量。
调试器	μVision2 调试器提供源代码级的程序调试追踪功能,具有传统特征分析功能,如简易及复杂的断点设置、监控窗口、执行控制等,并有高级特征分析功能,如性能分析器、代码覆盖及逻辑分析仪等功能。 μVision2 调试器可在程序所运行的 PC 端设置纯模拟仿真器或者作为程序运行用户硬件平台的目标调试器。周期精确的 μVision2 模拟仿真器具有纯软件模拟功能,可以在缺少目标硬件平台基础上仿真多数 8051/251 产品。μVision2 可以方便地调试外设包括 I/O 口、CAN、I²C、SPI、UART、A/D 及 D/A 转换器、E²PROM 和中断控制器。仿真的外围设备取决于从 μVision2 器件库选择的器件类型。
仿真模式	可在程序所运行的 PC 端设置纯模拟仿真器; 支持评估板及目标硬件仿真的 Monitor-51; 支持 Dallas 连续地址模式运行的设备仿真器 MON390; 支持标准 8051 在系统调试的设备仿真器 ISD51; 支持 Philips LPC900 系列编程器及仿真器 EPM900; 支持 Atmel 单片机仿真器 FlashMON; 支持 Analog 微控制器仿真器 MONADI; 支持英飞凌 XC800、恩智浦 952/954 及意法 uPSD3000 系列单片机仿真器 ULINK2; 对第三方提供的仿真驱动具有良好的兼容性。

2. IAR 开发平台

IAR Embedded Workbench®是一套高度精密且使用方便的嵌入式应用编程开发工

具。该集成开发环境中包含了 IAR 的 C/C++编译器、汇编工具、链接器、库管理器、文本编辑器、工程管理器和 C-SPY® 调试器。通过其内置的针对不同芯片的代码优化器，IAR Embedded Workbench® 可以为 8051 系列芯片生成非常高效和可靠的 Flash/PROMable 代码。IAR 系统不仅有这些过硬的技术，其还可为用户提供专业的全球技术支持。IAR 开发平台的特征及性能如表 1-5 所示。

表 1-5　IAR 开发平台的特征及性能

主要指标	性能及特征
集成开发环境	模块化、可扩展的集成开发环境，创建和调试嵌入式应用程序的无缝集成开发环境；强大的工程管理器允许在同一工作区管理多个工程；层次化的工程表示方法；自适应窗口和浮动窗口管理；智能的源文件浏览器；编辑器带有代码模板并支持多字节；工具选项可以设置为通用的源文件组或者单个的源文件；灵活的工程编译方式，如编译批处理、前/后编译或在、译过程中访问外部工具的客户定制编译；集成了源代码控制系统；现成的头文件、芯片描述文件以及链接器命令文件，可支持绝大多数芯片；带有针对不同 8051 评估板的代码和工程范例。
C 编译器	支持 C 和 C++；自带 MISRA C 检查器；完全支持大多数经典型和扩展型 8051 架构。 针对特定目标的嵌入式应用程序语言扩展： ——用于数据/函数定义以及存储器/类型属性声明的扩展关键字； ——用于控制编译器行为（比如怎样分配内存）的 Pragma 指令； ——C 源码形式的内在函数可直接访问低级处理器操作。 通过专用运行时的库模块来支持硬件乘法器外设模块；用户可以控制寄存器的使用情况，从而获得最优的性能；支持 DATA，IDATA，XDATA，PDATA 和 BDATA；支持编译器和库中的 DPTP 乘法；SFR 寄存器位寻址；最多可以使用 32 个虚拟寄存器；完全支持 C++中的存储器属性；C/C++中的高效中断处理；IEEE 兼容的 32 位浮点型计算；C/C++和汇编混合列表；支持内联汇编；高度优化的可重入代码模型，便于工程在不同目标系统之间移植；对代码的大小和执行速度多级优化，允许不同的转换形式；先进的全局优化和针对特定芯片优化相结合，可以生成最为紧凑和稳定的代码。 包含所有必需的 ISO/ANSI C/C++库和源代码；为所有的低级程序，如 writechar 和 readchar，提供完整源代码轻量级 Runtime 库，可由用户根据应用的需要自行配包含完整源代码用于创建和维护库工程、库和库模块的库工具入口点和符号信息清单。
连接器	产生完全链接、重定位和格式生成的 Flash/PROMable 代码；灵活的段命令，允许对代码和数据的放置进行细节化控制；优化链接，移除不需要的代码和数据；直接链接原始二进制图像，例如直接链接多媒体文件；运行时代码校验和计算检测（可选）；全面的交叉参考和相关的存储映射；支持超过 30 种工业标准输出格式，兼容绝大多数流行的调试器和仿真器。
调试器	集成最先进的 C-SPY 调试器；复杂代码和数据断点；非常精细的运行控制尺度（函数调用级的步进）；堆栈窗口监测存储器的使用和堆栈的完整性，甚至在高度优化前提下也完全支持堆栈展开；代码覆盖率和 Profiling 性能分析工具；带表达式的跟踪功能，以查看代码运行的历史；对寄存器、结构、调用链、本地变量、全局变量和外围接口寄存器进行全面监控；观察窗口显示智能 STL 容器；符号存储器窗口和静态观察窗口；I/O 和中断仿真；真正的边编辑边调试；支持拖放操作；内置支持 OSEK Run Time Interface 插件的 RTOS-aware 调试。

主要指标	性能及特征
仿真模式	EW8051 的 C-SPYR 调试器支持以下仿真方式： 模拟仿真； IAR ROM-monitor 仿真； Analog Devices ROM-monitor 仿真； Chipcon JTAG 仿真； Silabs 调试仿真器； 含工程模板的 IAR ROM-monitor 仿真，让用户可以对其他的 8051 开发板和开发套件进行重配置； 其他第三方仿真方式。

第2章

汇编语言程序设计实验

实验1　内存操作实验

1. 实验目的
①掌握数据传送类指令及使用方法；
②掌握各种数据传送指令的寻址方式；
③熟练在 Keil 环境下对汇编程序进行调试；

2. 预习要求
①理解数据传送指令和循环指令的使用；
②理解如何对内部寄存器、内部 RAM、外部 RAM 的读写；
③理解各种寻址方式及相应的寻址空间；
④认真预习本节实验内容，编写实验程序。

3. 实验条件
①PC 微机一台；
②Keil μVision2 软件开发环境。

4. 实验说明

8051 系列单片机的几个数据存储空间列于表 2-1，不同的 RAM 空间在地址编排上有重复，为了实现对不同 RAM 区的正确操作，51 系列单片机从硬件上规定了访问不同 RAM 区域要采用不同的寻址方式，这就造成了不同 RAM 区数据访问速度是不一样的，其中 DATA 区的数据访问速度最快，编程时如果想追求效率，变量应尽量定义到这个区域，特别是需要频繁访问的变量。

表 2-1　8051 系列单片机 RAM 区间

RAM 区	地址	访问指令举例	消耗 CPU 周期	速度	备注
DATA（内部 RAM）	00H 到 7FH	MOV 01H，#21H	一个或两个	快	51 核 MCU 都有
SFR（特殊功能寄存器）	80H 到 FFH	MOV 80H，#21H	一个或两个	快	系统保留的硬件寄存器区，用户不能自由使用

RAM 区	地址	访问指令举例	消耗 CPU 周期	速度	备注
IDATA (内部 RAM)	80H 到 FFH	MOV R0, #81H MOV @R0, #21H	至少三个	慢	8031、AT89C2051 无 IDATA, 8052、STC2052 有 IDATA
PDATA	00H 到 FFH	MOVX R0, #81H MOV @R0, #21H	至少三个	慢	加强型 51MCU 才有 PDATA, 如 STC89C51RC
XDATA (外部 RAM)	0000H 到 FFFFH	MOVX DPTR, #101H MOVX @DPTR, #21H	至少三个	慢	加强型 51MCU 才有 XDATA, 如 STC89C54RD+

5. 基础型实验

①下列程序的功能是给外部 RAM8000~80FFH 的 256 个单元赋值, 赋值的内容取决于程序中 A 的赋值, 程序流程如图 2-1 所示。在 Keil 环境运行该程序, 并观察寄存器及存储单元内容的变化。

```
        ORG     0000H
START   EQU     8000H
MAIN:   MOV     DPTR, #START        ;起始地址
        MOV     R0,#0               ;设置 256 字节计数值
        MOV     A,#1H
Loop:   MOVX    @DPTR,A
        INC     DPTR                ;指向下一个地址
        DJNZ    R0,Loop             ;计数值减 1
        NOP
        SJMP    $
        END
```

②下列程序将 3000H 开始的 256 个单元内容复制到 4000H 开始的 256 个单元中, 程序流程如图 2-2 所示。在 Keil 环境运行如下程序, 观察寄存器及存储单元内容的变化。

```
        ORG     0000H
        MOV     DPTR,#3000H
        MOV     A,#01H
        MOV     R5,#0
LOOP:   MOVX    @DPTR,A
        INC     DPTR
        DJNZ    R5,LOOP
        MOV     R0,#30H
        MOV     R1,#00H
        MOV     R2,#40H
```

```
        MOV    R3,#00H
        MOV    R7,#0
LOOP1：MOV    DPH,R0
        MOV    DPL,R1
        MOVX   A,@DPTR
        MOV    DPH,R2
        MOV    DPL,R3
        MOVX   @DPTR,A
        INC    R1
        INC    R3
        DJNZ   R7,LOOP1
        SJMP   $
        END
```

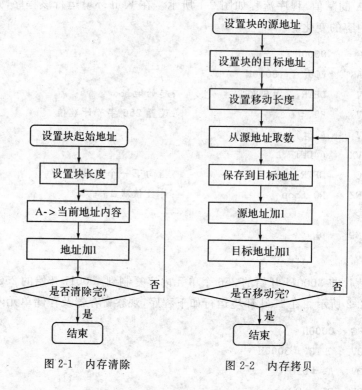

图 2-1 内存清除   图 2-2 内存拷贝

③在 Keil 环境运行如下程序,观察寄存器及存储单元的变化,将变化结果注释于右侧,并说明程序的功能。若将程序中 MOV A,@R0 改成 MOVX A,@R0;MOV @R1,A 改成 MOVX @R1,A。运行如下程序,观察寄存器及存储单元的变化。

```
        ORG    0000H
        MOV    R0,#30H
        MOV    R1,#50H
```

```
        MOV     R2,#20H
L1: MOV     A ,@R0
        MOV     @R1,A
        INC     R0
        INC     R1
        DJNZ    R2,L1
        END
```

6.设计型实验

①在 Keil 环境下,修改内部 RAM 30H～3FH 的内容分别为♯00H～♯0FH,设计程序实现将内部 RAM 30H～3FH 单元的内容复制到 40H～4FH 中。

②在 Keil 环境下,修改内部 RAM 30H～3FH 的内容分别为♯00H～♯0FH,设计程序实现将内部 RAM 30H～3FH 单元的内容复制到片外 1030H～103FH 中。

③设计程序将外部 64KB XRAM 高低地址存储单元的内容互换,如 0000H 与 0FFFFH,0001H 与 0FFFEH,0002H 与 0FFFDH,…,互换,互换数据个数为 256。

7.实验扩展及思考

①设计程序实现将外部 XRAM 0000H 起始的 512 个字节数据传送到外部 XRAM 2000H 起始的 512 个存储单元中。

②若源数据块地址和目标数据块地址有重叠,程序该如何设计(用地址减 1 方法移动块)? 假设源数据块地址 2000H,目标数据块地址 2050H,移动块长度 80H,试设计程序实现该功能。

③采用 R0,R1 与采用 DPTR 对外部 XRAM 寻址有何区别? 如何保证两种指令操作访问的 XRAM 地址是一致的?

④如何设计将外部 64KB XRAM 高低地址存储单元的内容互换并且互换数据个数 >256 个的程序?

实验 2　数制及代码转换实验

1.实验目的

①了解微机系统中的数制与代码表示方法;

②掌握计算机中使用的各种代码转换方法;

③掌握实现分支、循环的指令及其程序的编写方法。

2.预习要求

①理解十进制数、十六进制数的数制表示方法;

②理解 BCD 码、ASCII 码的编码方式;

③如何实现十六进制数与 BCD 码之间的转换;

④如何用 ASCII 码表示十六进制数;

⑤如何实现 ASCII 码与 BCD 码之间的转换;

⑥预习本节实验内容,编写实验程序。

3.实验条件

①PC 微机一台;

②Keil μVision2 软件开发环境。

4.实验说明

不同数制之间、代码之间的转换,是微机中常用的转换方式。微机系统常用的数制与代码主要有以下几种:

①十进制数(decimal number)

十进制数是日常生活中使用最广的计数制。组成十进制数的符号有 0,1,2,3,4,5,6,7,8,9 共 10 个符号,我们称这些符号为数码。在十进制中,每一位有 0~9 共 10 个数码,所以计数的基数为 10,超过 9 就必须用多位数来表示。十进制数的加法运算遵循"逢十进一",减法运算遵循"借一当十"。

②十六进制(hexadecimal number)

计算机系统能处理的是二进制数。但对于人们书写及记忆来说,当位数较多时,会比较困难,因此,通常将二进制数用十六进制表示。十六进制是计算机系统中除二进制数之外使用较多的进制,其遵循的两个规则为:有 0,1,2,3,4,5,6,7,8,9,A,B,C,D,E,F 共 16 个数码,分别对应于十进制数的 0~15;十六进制数的加减法的进/借位规则为逢十六进一,借一当十六。

③BCD 码(binary-coded decimal)

BCD 码是用二进制编码的十进制代码。这种编码用 4 位二进制数表示 1 位十进制数中的 0~9,使二进制和十进制之间的转换得以快捷地进行。

BCD 有两种形式,压缩 BCD 码和非压缩 BCD 码。压缩 BCD 码是用 4 位二进制数表示 1 位十进制数,如用 4 位二制数表示个位,4 位二进制数表示十位,然后百位,依此类推。非压缩的 BCD 码用 8 位二进制数表示一个十进制数位,其中低 4 位是 BCD 码,高 4 位是 0。

④字符(英文,包括字母、数字、标点、运算符等)编码

字符的编码采用国际通用的 ASCII 码(American Standard Code for Information Interchange,美国信息交换标准代码),每个 ASCII 码以 1 个字节(Byte)储存,00H 到 7FH 分别代表 128 个数字、字母、符号的 ASCII 码。例如大写 A 的 ASCII 码是 41H,小写 a 则是 61H。128 个 ASCII 码中,其中有 96 个可打印字符,包括常用的字母、数字、标点符号等,另外还有 32 个控制字符。标准 ASCII 码使用 7 个二进制位对字符进行编码,对应的 ISO 标准为 ISO646 标准。字母和数字的 ASCII 码的记忆是非常简单的。我们只要记住了一个字母或数字的 ASCII 码(例如记住 A 为 41H),知道相应的大小写字母之间差 20H,就可以推算出其余字母的 ASCII 码。

5.基础型实验

①以下程序完成单字节的 ASCII 码到十六进制数转换,完成空白处程序填写,并在 Keil 环境运行程序,观察寄存器及相应地址内存单元内容的变化。

RESULT   EQU   30H

```
ORG    0000H
MOV    A,#41H              ;"A"的 ASCII 码
CLR    C
SUBB   A,_____          ;转换为十六进制值 A
MOV    RESULT,A
LJMP   $
END
```

②以下程序完成单字节 BCD 码到十六进制数的转换,在 Keil 环境运行程序,观察寄存器及相应地址内存单元内容的变化。

```
RESULT EQU    30H
ORG    0000H
MOV    A,#23H
MOV    R0,A
ANL    A,#0F0H
SWAP   A
MOV    B,#0AH
MUL    AB
MOV    RESULT,A            ;转换高位
MOV    A,R0
MOV    B,#0FH
ADD    A,RESULT
MOV    RESULT,A            ;转换低位
SJMP   $
END
```

③以下程序将单字节十六进制数 A 的值转换为十进制数,存放在 30H～32H 中,完成空白处程序填写,并在 Keil 环境运行程序,观察寄存器及相应地址内存单元内容的变化。

```
RESULT EQU    30H
ORG    0000H
MOV    A,#7BH
MOV    B,#_____
DIV    AB
MOV    RESULT,A            ;除以 100 得百位数
MOV    A,B
MOV    B,#_____
_____
MOV    RESULT+1,A          ;除以 10 得十位数
MOV    RESULT+2,B          ;余数为个位数
```

```
SJMP    $
END
```

6.设计型实验

①将 30H、31H 单元中的十六进制数,转换成 ASCII 码,存放到 40H 开始的 4 个单元中。

②单字节十六进制数转换为十进制数的程序设计。设单字节十六进制数存放在内部 RAM 30H 中,结果要求存放到内部 RAM 40H～41H 中。

③单字节压缩 BCD 码数转换成十六进制数的程序设计。设压缩 BCD 码数存放在内部 RAM 30H 中,结果要求存放在内部 RAM 40H 中。

7.实验扩展及思考

①多字节十六进制数转换为十进制数的程序设计。设多字节十六进制数存放在内部 RAM 30H 开始的单元中,要求结果存放在内部 RAM 40H 开始的单元中。

②多字节压缩 BCD 码数转换成十六进制数的程序设计。设压缩 BCD 码数存放在内部 RAM 30H 开始的单元中,要求结果存放在内部 RAM 40H 开始的单元中。

③ASCII 码与十六进制数如何实现相互转换?

④多字节十六进制数转换为十进制数的方法?给出数学表达。

实验 3   算术运算实验

1.实验目的

①掌握算术运算指令的使用及循环程序的编写方法;

②掌握 BCD 码、补码表示数值的方法。

2.预习要求

①理解 8051 单片机的算术运算指令;

②理解补码表示数值的方法;

③理解压缩、非压缩 BCD 码表示数值的方法;

④如何实现多位数的 BCD 码加、乘、除运算;

⑤如何实现多位数的 BCD 码减法运算;

⑥预习本节实验内容,编写实验程序。

3.实验条件

①PC 微机一台;

②Keil μVision2 软件开发环境。

4.实验说明

在计算机中,表示数值的数字符号只有 0 和 1 两个数码,对于带符号数,规定最高位为符号位,用 0 表示正数,用 1 表示负数。这样,机器中的数值和符号全"数码化"了。为简化机器中数据的运算操作,采用了原码、补码、反码等几种方法对数值位和符号位统一进行编码。为区别起见,我们将数在机器中的这些编码表示称为机器数(如:10000001),

而将原来一般书写表示的数称为机器数的真值(如:−0000001)。

①原码表示法

原码表示法是一种简单的机器数表示法,即符号和数值表示法,设 x 为真值,$[x]_原$ 为机器数表示。例:若 $x=1100110$,则 $[x]_原=01100110$

若 $x=-1100111$,则 $[x]_原=11100111$

②反码表示法

正数的反码就是真值本身;负数的反码,只需对符号位以外各位按位"求反"(0 变 1,1 变 0)即可。例:若 $x=1100110$,则 $[x]_反=01100110$

若 $x=-1100111$,则 $[x]_反=10011000$

③补码表示法

负数用补码表示时,可以把减法转化成加法。正数的补码就是真值本身;负数的补码是符号位为 1,数值各位取反(0 变为 1,1 变为 0),最低位加 1。例:

若 $x=1100110$,则 $[x]_补=01100110$

若 $x=-1100111$,则 $[x]_补=10011001$

从上面关于原码、反码、补码的定义可知:一个正数的原码、反码、补码的表示形式相同,符号位为 0,数值位是真值本身;一个负数的原码、反码、补码的符号位都为 1,数值位原码是真值本身,反码是各位取反,补码是各位取反,最低位加 1。真值 0 的原码和反码表示不唯一,而补码表示是唯一的,即

$[+0]_原=000\cdots0,[-0]_原=100\cdots0$

$[+0]_反=000\cdots0,[-0]_反=111\cdots1$

$[+0]_补=[-0]_补=000\cdots0$

不同编码表示的整数的范围如下(以 n 位二进制位为例):

原码:$-2^{n-1}-1\sim2^{n-1}-1$

反码:$-2^{n-1}-1\sim2^{n-1}-1$

补码:$-2^{n-1}\sim2^{n-1}-1$

很明显可以看出,补码表示的范围最大。

尽管原码表示法最简单,但作减法不方便。用补码表示法进行运算时有两大好处:补码运算时的符号位和数值位可以一起参与运算,也就是运算时可以不必区分数值位和符号位,等算完再定;补码运算时可以将减法化为补码加法来作,因减法电路复杂,而加法电路简单,可大大降低运算器电路的制作成本。

因此补码在各类计算机中都获得了广泛的应用。引入反码的概念,主要是为了求补码,负数的反码加 1 就能得到这个负数的补码了,反码除了用于求补码以外,别无其他用途。

5.基础型实验

①以下程序完成单字节的 BCD 码加法功能,完成空白处程序填写,并在 Keil 环境运行程序,观察寄存器及内存单元的变化。

```
RESULT  EQU  30H
ORG  0000H
```

```
MOV    A,#99H
MOV    B,#99H
ADD    ____,____
                              ;BCD 码相加并得到 BCD 码结果
_____
MOV    RESULT,A
MOV    A,#00H
____A,#00H
MOV    RESULT+1,A            ;高位处理
LJMP   $
END
```

②下列程序完成多字节 BCD 码加法运算。内部 RAM 30H 开始的 4 字节长的 BCD 码和外部 RAM 1000H 开始的 4 字节长的 BCD 码相加,结果存放在 1100H 开始的单元中(从低字节到高字节顺序存放)。

```
      ORG   0000H
      CLR   C
      MOV   R5,#04H
      MOV   R0,#30H
      MOV   R1,#10H
      MOV   R2,#00H
      MOV   R3,#11H
      MOV   R4,#00H
L1:   MOV   DPH,R1
      MOV   DPL,R2
      MOVX  A,@DPTR
      ADDC  A,@R0
      DA    A                ;十进制调整
      MOV   DPH,R3
      MOV   DPL,R4
      MOVX  @DPTR,A
      INC   R2
      INC   R4
      INC   R0
L2:   DJNZ  R5,L1
      JNC   L3
      MOV   DPTR,#1104H   ;有进位则结果的第五个字节置一
      MOV   A,#01H
      MOVX  @DPTR,A
```

　　L3：NOP

　　　END

6. 设计型实验

①设计程序，实现任意字节（设字节数为 n）压缩 BCD 码的相加。加数分别存放在外部 RAM 1000H 和内部 RAM 30H 开始的单元中，结果保存到内部 RAM 40H 开始的单元中。

②设计程序，实现多字节（设字节数为 n）十六进制无符号数的减法。被减数和减数分别存放在外部 RAM 1000H 和内部 RAM 30H 开始的单元中，结果保存到内部 RAM 40H 开始的单元中。

③从内部 RAM 30H 单元开始，存放着一串带符号数据（负数用补码表示），数据长度在 10H 中（设数据长度小于等于 16）；编程分别求其中正数之和与负数之和，并存入内部 RAM 的 2CH 与 2EH 开始的 2 个单元中，记录程序运行结果。

例如：内部 RAM 的 30H～35H 单元中，分别存放 −1，5，−2，19，−8，对应的补码分别为 0FFH，5H，0FEH，13H，0F8H，则正、负数的和分别为 24、−11，对应的补码分别为 16H，0F5H。

7. 实验扩展及思考

①设计程序，实现十六进制无符号数双字节与单字节的乘法，结果存放于内部 RAM 40H 开始的 3 个单元中，使用单步、断点方式调试程序，查看结果。（如 35A6H×56H）

②设计一个实现无符号数双字节乘双字节的通用程序。

③常用数制之间如何进行转换？举例加以说明。

④三种数值表示法之间的转换方式。

实验 4　查找与排序实验

1. 实验目的

①掌握比较指令的使用及循环程序的编写方法；

②掌握数据排序算法的程序优化设计方法。

2. 预习要求

①理解排序程序的思路和算法；

②掌握多重循环程序的编写方法；

③预习本节实验内容，编写实验程序。

3. 实验条件

①PC 微机一台；

②Keil μVision2 软件开发环境。

4. 实验说明

关于查找：

要查找在一定长度的字符串中是否存在特定字符串，通常将待查找的特定字符串拆分为单个字符,查找是否连续存在这些字符。一种情况是能够找到特定字符串,根据要求保存结果并结束查找;另一种情况是找不到特定字符中,以整个字符串查找完毕,作为结束条件。

关于排序:

排序就是把一组元素(数据或记录)按照某个域的值的递增或递减的次序重新排列元素的过程。基本的排序方法有 4 种:插入排序、冒泡排序、选择排序和希尔排序。

①插入排序

插入排序使用两层嵌套循环,逐个处理待排序的记录。每个记录与前面已经排好序的记录序列进行比较,并将其插入到合适的位置。假设数组长度为 n,外层循环控制变量 i 由 1 至 $n-1$ 依次递进,用于选择当前处理哪条记录;里层循环控制变量 j,初始值为 i,并由 i 至 1 递减,与上一记录进行对比,决定将该元素插入到哪一个位置。这里的关键思想是,当处理第 i 条记录时,前面 $i-1$ 条记录已经是有序的了。需要注意的是,因为是将当前记录与相邻的上一记录相比较,所以循环控制变量的起始值为 1(数组下标),如果为 0 的话,上一记录为-1,则数组越界。

②冒泡排序

数组记录的交换由里层循环来完成,控制变量 j 初始值为 $n-1$(数组下标),一直递减到 1。数组记录从数组的末尾开始与相邻的上一个记录相比,如果上一记录比当前记录的关键码大,则进行交换,直到当前记录的下标为 1 为止(此时上一记录的下标为 0)。整个过程就好像一个气泡从底部向上升,于是这个排序算法也就被命名为冒泡排序。

③选择排序

选择排序是对冒泡排序的一个改进。

选择排序的思路是:第一次,搜索整个数组,寻找出最小的,然后放置在数组的 0 号位置;第二次,搜索数组的 $n-1$ 个记录,寻找出最小的(对于整个数组来说则是次小的),然后放置到数组的第 1 号位置。在第 i 次时,搜索数组的 $n-i+1$ 个记录,寻找最小的记录(对于整个数组来说则是第 i 小的),然后放在数组 $i-1$ 的位置(注意数组以 0 起始)。可以看出,选择排序显著地减少了交换的次数。

④希尔排序

希尔排序利用了插入排序的一个特点来优化排序算法,这个特点就是:当数组基本有序的时候,插入排序的效率比较高。

希尔排序的总体思想就是先让数组基本有序,最后再应用插入排序。具体过程如下:假设有数组 int a[]={42,20,17,13,28,14,23,15},不失一般性,我们设其长度为 length。

第一次,步长 step=length/2=4,将数组分为 4 组,每组 2 个记录,则下标分别为(0,4),(1,5),(2,6),(3,7);转换为对应的数组元素,则为{42,28},{20,14},{17,23},{13,15},然后对每个分组进行插入排序,之后分组数值为{28,42},{14,20},{17,23},{13,15},而实际的原数组的值就变成了{28,14,17,13,42,20,23,15}。这里要注意的是分组中记录在原数组中的位置,以第 2 个分组{14,20}来说,它的下标是(1,5),所以这两个记录在原数组的下标分别为 a[1]=14,a[5]=20。

第二次,步长 step=step/2=2,将数组分为 2 组,每组 4 个记录,则下标分别为(0,2,4,6)(1,3,5,7);转换为数值,则为{28,17,42,23},{14,13,20,15},然后对每个分组进行插入排序,得到{17,23,28,42}{13,14,15,20}。此时数组就成了{17,13,23,14,28,15,42,20},已经基本有序。

第三次,步长 step＝step/2＝1,此时相当进行一次完整的插入排序,得到最终结果{13,14,15,17,20,23,28,42}。

5.基础型实验

①以下程序完成求 10 个单字节无符号数最大值功能,在 Keil 环境运行程序,观察寄存器及内存单元的变化。

```
        ORG    0000H
        MOV    R0,＃30H
        MOV    R2,＃9
LO:     MOV    A,@R0
        MOV    B,A              ;取出的数作备份
NEXT:   MOV    A,B
        INC    R0
        SUBB   A,@R0            ;两个数比较
        JNC    BIG
        MOV    B,@R0            ;小于
BIG：   DJNZ   R2,  NEXT        ;大于
        LJMP   $
        END
```

②下一程序完成查找关键字节(1 字节),要查找的字节在 R3 中,一串字节存放在 30H 开始的 20 个单元中,查找到则将其地址放入 A,若查找不到,则将＃0FFH 放入 A。

```
        ORG    0000H
        MOV    R3,＃05H          ;R3 中为要查找的关键字
        MOV    R2,＃20
        MOV    R0,＃30H
L：     MOV    A,R3
        MOV    20H,@R0
        CJNE   A,20H,L0
        SJMP   L2
L0：    INC    R0
        DJNZ   R2,L
L1：    MOV    A,＃0FFH          ;未找到
        SJMP   L3
L2：    MOV    A,R0             ;找到则存放关键字地址
L3：    NOP
        SJMP   $
        END
```

③以下程序完成十个单字节无符号数从大到小排列,在 Keil 环境运行程序,观察寄存器及内存单元的变化。

```
        ORG   0000H
        MOV   R2,#9
L0:     MOV   A,R2              ;外循环
        MOV   R3,A
        MOV   R0,#30H
L1:     MOV   A,@R0             ;内循环
        MOV   B,A               ;数据备份
        MOV   40H,R0
        MOV   R1,40H
NEXT:   INC   R0
        SUBB  A,@R0
        JNC   L                 ;数据比较
        MOV   A,B               ;小于交换
        XCHG  A,@R0
        XCHG  A,@R1
L:      DJNZ  R3,L1
        DJNZ  R2,L0
        SJMP  $
        END
```

6. 设计型实验

①在内部 RAM 30H 单元开始,存放着一串带符号数据块,其长度在 10H 单元中。请分别求出这一串数据块中正数、负数和 0 的个数,存入 2DH、2EH 和 2FH 单元中。

②在外部 RAM 1000H 开始处有 10H 个带符号数,请找出其中的最大值和最小值,分别存入内部 RAM 的 20H、21H 单元中。

③设计程序,实现求出 10 个无符号数的平均值,并统计大于均值和小于均值的数据个数,使用单步、断点方式调试程序,查看结果。

7. 实验扩展及思考

①设计程序,实现冒泡法对 10 个无符号数的从大到小排序,统计出数据比较的次数及交换的次数,与基础型实验③比较说明两种排序方法的效率,使用单步、断点方式调试程序,查看结果。

②设计程序,实现在字符串"aBcdfBaejKH"中搜索是否存在着"Ba"这个数据,如果有指出该数据在字符串中的位置,使用单步、断点方式调试程序,查看结果。

③分析比较几种排序法的特点。

实验 5　查表及散转实验

1. 实验目的

①掌握字符查找的思路和算法；

②理解并能运用散转指令。

2. 预习要求

①理解掌握对分查找的算法思路；

②理解多分支结构程序的编程方法；

③预习本节实验内容，编写实验程序。

3. 实验条件

①PC 微机一台；

②Keil μVision2 软件开发环境。

4. 实验说明

运用查表指令设计查表程序，可以使单片机方便地实现一些复杂函数（如 $\sin x$、$x + x^2$）等的运算。事先把其全部可能存在的函数值按一定规律编成表格存放在计算机的程序存储器中，通过调用查表程序就可以得到函数值。这种方法节省了运算步骤，程序简单，执行速度快。

①查表指令

近程查表指令：MOVC　A，@A+PC

该指令以 PC 作为基址寄存器，PC 的内容和 A 的内容看作无符号数，相加后所得的数作为程序存储器的地址，取出该地址单元的内容送入累加器 A。这条指令执行完以后 PC 的内容不发生变化，仍指向查表指令的下一条指令。近程查表指令的优点在于预处理较少且不影响其他特殊功能寄存器的值；缺点在于相应的表格只能存放在这条指令后的 00～FFH 之内，这就造成表格所在的程序空间受到限制。

近程查表指令特点：

指令中的 PC 是执行完本条指令后的 PC 值，即 PC 等于本条指令地址加 1。

A 是修正值，它等于查表指令和欲查数据相间隔的字节数。A 的范围是 0～255，该指令只能查找本指令后的 256B 范围内的表格，故称为近程查表。

远程指令：MOVC　A，@A+DPTR

该指令把 A 中的内容作为一个无符号数与 DPTR 中的内容相加，所得结果为某一程序存储单元的地址，然后把该地址单元中的内容送入累加器 A。DPTR 作为一个基址寄存器，执行完这条指令后，DPTR 的内容不变，仍为执行加法以前的内容。

远程查表指令特点：

A、DPTR 都可以改变，因此可在 64KB 范围内查表，故称为远程查表。

利用这两条指令可以很方便地查找放在程序存储器中数据表格的内容。

②查表程序设计

在单片机应用系统中,查表程序使用比较频繁。利用它能避免进行复杂的运算或转换过程,广泛应用于显示、打印字符的转换以及数据补偿、计算、转换等程序中。

查表就是根据自变量 x 的值,在表中查找 y,使 $y=f(x)$。x 和 y 可以是各种类型的数据,表的结构也是多种多样的。表格可以放在程序存储器中,也可以存放在数据存储器中。一般情况下,对自变量 x 有变化规律的数据,可以根据这一规律形成地址,对应的 y 则存放于该地址单元中;对 x 没有变化规律的数据,在表中存放 x 及其对应的 y 值。前者形成的表格是有序的,后者形成的表格可以是无序的。

③散转程序设计

根据不同的输入条件或不同的运算结果,使程序转向不同的处理程序,称之为散转程序。散转程序是一种分支结构程序。散转程序需要一个表,但表中所列的不是普通数据,而是某些功能程序的入口地址、偏移量或转向这些功能程序的转移指令。

51 单片机中用 JMP @A+DPTR 指令实现程序散转,它是一条单字节指令,转移的目标地址由 A 中 8 位无符号数与 DPTR 的 16 位内容之和来确定,DPTR 内容为基址,A 的内容为变址。因此,只要把 DPTR 的值固定,而给 A 赋予不同的值,即可实现程序的多分支转移。

5. 基础型实验

①以下程序完成共阴数码管数值显示译码的功能,在 Keil 环境运行程序,观察寄存器及内存单元的变化,并将变化结果注释于右侧。

```
        ORG   0000H
        MOV   R2,#10H
        MOV   DPTR,#TBL
L0: MOV   A,#00H
        MOVC  A,@A+DPTR
        INC   DPTR
        DJNZ  R2,L0
        SJMP  $
TBL: DB   3FH,06H,5BH,4FH,66H,6DH
        DB   7DH,07H,7FH,6FH,77H,7CH
        DB   58H,5EH,79H,71H,00H,40H
        END
```

②以下子程序完成一个两位十六进制数到 ASCII 码的转换,十六进制数存放在 R2 中,转换结果一个字节存于 R2,另一字节存于 R3,用 PC 指针做基址实现程序设计,在 Keil 环境运行程序,观察寄存器及内存单元的变化,并将变化结果注释于右侧。

```
        ORG   0000H
HEXA: MOV   R2,#1BH
        MOV   A,R2
```

```
        ANL    A,♯0FH
        ADD    A,♯09H
        MOVC   A,@A+PC
        XCH    A,R2
        ANL    A,♯0F0H
        SWAP   A
        ADD    A,♯02H
        MOVC   A,@A+PC
        MOV    R3,A
        RET
TAB：   DB     '0','1','2','3','4'
        DB     '5','6','7','8','9'
        DB     'A','B','C','D','E','F'
        END
```

③以下程序完成 256 字节范围内程序散转的功能,根据 R7 的内容转向各个子程序,在 Keil 环境运行程序。观察寄存器及内存单元的变化,并将变化结果注释于右侧。

```
        ORG    0000H
START：MOV     DPTR,♯TAB
        MOV    A,R7
        ADD    A,R7          ;R7 * 2 为了与 JMP@A+DPTR 的机器码匹配,若 TAB
        JMP    @A+DPTR       ;中的 AJMP 换成 LJMP 则 R7 * 3
        ORG    0100H
TAB：   AJMP   PROG0
        AJMP   PROG1
        AJMP   PROG2
        AJMP   PROG3
        SJMP   $
PROG0：MOV     A,♯00H
        SJMP   RE
PROG1：MOV     A,♯01H
        SJMP   RE
PROG2：MOV     A,♯02H
        SJMP   RE
PROG3：MOV     A,♯03H
RE：    NOP
        END
```

6.设计型实验

①分别用近程查表指令和远程查表指令查找 R3 内容的平方值,其中 R3 内容小于等

于 0FH，即平方值为单字节数据。

②根据外部 RAM 8100H 单元中的值 X，决定 Y 的值，保存到 8101H 单元中。

$$Y = \begin{cases} 2X & X \text{ 大于 } 0 \text{ 时;} \\ 80\text{H} & X \text{ 等于 } 0 \text{ 时;} \\ X \text{ 的反} & X \text{ 小于 } 0 \text{ 时.} \end{cases}$$

③分别用近程查表指令和远程查表指令，查找 R3 内容的平方值，其中 R3 内容大于 0FH，其平方值为双字节数据。

7. 实验扩展及思考

①在片内 30H 和 31H 单元中各有一个数，用查表指令编程求这两个数的平方和，结果存到 40H 和 41H 单元。

②根据 R3 的内容，转向各个操作程序。R3＝0，1，…，n，分别转入 PROG0，PROG1，…，PROGn。

③编写一个对分搜索程序，对一个已排好序的数组 1，2，3，4，5，6，7，8，9，10，12，14，15 查找是否存在关键字 6，如果有指出该数据在字符串中的位置。

第 3 章

C51 程序设计实验

实验 6　内存操作实验

1. 实验目的

①深入理解寄存器、内部数据存储器、外部数据存储器及程序存储器的作用;

②复习各种存储器的寻址方式;

③熟练掌握 Keil C51 环境下各种存储器类型变量定义的规则。

2. 预习要求

①理解外部数据存储器及程序存储器的硬件扩展方法;

②理解寄存器、内部数据存储器、外部数据存储器和程序存储器的寻址方式;

③理解 Keil C51 环境下 data、idata、pdata、xdata、bdata、bit、code 关键字实现变量的定义有何区别,产生的汇编代码的寻址方式有何不同;

④预习本节实验内容,编写实验程序。

3. 实验条件

①PC 微机一台;

②Keil μVision2 软件开发环境。

4. 实验说明

①变量的数据类型

与标准 C 语言相似,C51 的基本数据类型有 char、int、short、long 和 float。除 float 外均可以使用 signed 和 unsigned 指定有符号型和无符号型,默认情况下都是 signed。char 占用 1 个字节,int 和 short 都占 2 个字节,long 和 float 都占 4 个字节。C51 专有的数据类型有 bit、sfr、sfr16 以及 sbit。bit 变量存储在可位寻址区,保存 1 位二进制数。注:不能用指针指向位变量。sfr 和 sfr16 指的是特殊功能寄存器变量。sbit 声明的是可位寻址变量的 1 个位。可位寻址的变量就是存储在 bdata 的变量以及部分 sfr。

②变量的存储区域

C51 中可以指定变量存储在具体的存储器区域内:如片内 RAM、片外 RAM,或者是 ROM 里。表 3-1 所示为 8051 的存储区域分配情况。

表 3-1　8051 存储区域分配

存储类型	说　明
data	直接寻址内部数据区,128 字节,访问变量速度最快
idata	间接寻址内部数据区,可访问全部内部地址空间 256 字节
pdata	分页 256 字节,外部数据区,由 MOVX @Rn 访问
xdata	外部数据区,64K 字节,由 MOVX @DPTR 访问
bdata	内部位寻址数据区,支持位和字节混合访问,16 字节
code	程序存储区,64K 字节,用 MOVC 指令访问

③指针与存储区域

与变量相同,我们也可以指定指针的存储区域,以及指针所指向的变量的存储区域。指明了所指向变量的具体存储区域的指针效率要更高一些,占用的存储空间也少一些。

④绝对地址的变量

有时在 Keil 中也需要定义相应的地址,其实完全可以不用管变量在什么地方,一切交给编译器去完成,但是有时想知道这个变量放在什么地方,或者需要指针明确指向外部硬件设备地址,就需要变量绝对地址定位功能。不同的编译器设置的方法略有不同,在 Keil 中大致方法有以下几种:

a.宏定义方法,这个方法需要添加头文件 ABSACC.H。

(a)#define MyVar1 DBYTE[0x28]　　//内部 ram

(b)#define MyVar2 PBYTE[0x29]　　//外部 ram

(c)#define MyVar3 XBYTE[0x3fff]　　//外部 ram

(d)#define MyVar3 CBYTE[0xabcd]　　//代码 rom

b._at_ 定位法。

(a)unsigned char data MyVar1 _at_ 0xaa;

(b)unsigned char pdata MyVar2 _at_ 0xbb;

(c)unsinged char xdata MyVar3 _at_ 0x7fff;

(d)unsigned char code MyVar[100] _at_ 0xabcd;//这个常数变量一般不指定地址

5.基础型实验

①调试以下程序,进入 debug 状态,调出 View-Watch & Call Stack Window 及 Memory Window,说明代码 $p = \&i$ 所代表的意义,并单步运行程序,观察指针变量 p、指针内容 $*p$、变量 i 及与 p 相对应的内存单元的变化;分别将程序中斜体字内容 $data$ 改成 idata、bdata、xdata,重复该实验步骤的实验内容。

```
void main(void)
{
    unsigned char data   i,j;
    unsigned char * p;
    p = &i;
```

```
        for(i = 0;i<10;i++)
        {
            j = i;
        }
    }
```

②基于基础型实验步骤①程序,分别将程序中斜体字内容 *data* 改成 pdata 重复基础型实验步骤①的实验内容,请指出 p 所对应的内存单元地址应为多少,并从 Memory Window 观察 p 所指向的内存单元的值是否发生变化,

③调试以下程序,进入 debug 状态,调出 View-Watch & Call Stack Window 及 Memory Window,说明代码 p=&i 所代表的意义,并单步运行程序,观察指针变量 p、指针内容 * p、变量 i 及与 p 相对应的内存单元的变化。

```
void main(void)
{
    unsigned char code    i = 0x16;
    unsigned char * p;
    p = &i;
}
```

④调试以下程序,进入 debug 状态,调出 View-Watch & Call Stack Window 及 Memory Window,并单步运行程序,观察位变量 j、内存单元 D:0x20 内容的变化,并解释原因。

```
void main(void)
{
    bit j;
    j = 1;
}
```

6.设计型实验

①设计程序,采用 Keil C51 语言的指针定位操作,将内部 RAM 的 0x20~0x7F 地址内容写为 0xff,外部 RAM 的 0x0120~0x017f 地址内容写为 0xff,使用单步、断点方式调试程序,查看结果。

②基于设计型实验内容步骤①,采用 Keil C51 语言的指针定位操作,将外部 RAM 0x0120~0x017f 地址内容拷贝到内部 RAM 0x20~0x7F 区域,使用单步、断点方式调试程序,查看结果。

③设计程序,将数据内容 0x01,0x02,0x03,0x04,0x05,0x06,0x07 固定存放到程序存储器,并分别拷贝到内部 RAM 的 0x20~0x26 及外部 RAM 的 0x1020~0x1026的地址中,使用单步、断点方式调试程序,查看结果。

7.实验扩展及思考

①利用系统的关键字_at_实现对 data、pdata、xdata、code 类型全局变量的地址定位。

②利用系统的关键字 CBYTE、DBYTE、PBYTE、XBYTE,实现各种类型存储器寻址定位,运用此关键字须包含 absacc.h 头文件。

实验 7　数制及代码转换实验

1.实验目的

①了解微机系统中的数制与代码表示方法;

②掌握计算机中使用的各种代码转换方法;

③掌握实现各种码制之间的转换方法。

2.预习要求

①理解十进制数、十六进制数的数制表示方法;

②理解 BCD 码、ASCII 码的编码方式;

③熟悉十六进制数与 BCD 码、ASCII 码与十六进制数的转换关系;

④ 预习本节实验内容,编写实验程序。

3.实验条件

①PC 微机一台;

②Keil μVision2 软件开发环境。

4.实验说明

参见实验 2 实验说明部分。

5.基础型实验

①以下程序完成单字节 ASCII 码到十六进制数转换,完成空白处程序填写,并在 Keil 环境运行程序,改变不同 i 的初值,观察寄存器及内存单元的变化,将变化结果注释于右侧。

```
void main(void)
{
    unsigned char i;
    while(1)
    {   i = 0x31;
        if((i> = 'a')&&(i< = 'f'))
        _____
        else if((i> = 'A')&&(i< = 'F'))
        _____
        else if((i> = ____)&&(i< = ____))
        i- = 0×30;
    }
}
```

②以下程序完成单字节的两位 BCD 码到十六进制数转换,完成空白处程序填写,并

在 Keil 环境运行程序,改变不同 i 的初值,观察寄存器及内存单元的变化,将变化结果注释于右侧。

```c
void main(void)
{
    unsigned char i,temp1,temp2;
    while(1)
    {   i = 0x31;
        temp1 = i&0xf0;
        temp1 = temp1≫4;
        temp2 = i&0x0F;
        i = _____;
    }
}
```

③以下程序完成单字节的十六进制数到 BCD 码转换,完成空白处程序填写,并在 Keil 环境运行程序,改变不同 i 的初值,观察寄存器及内存单元的变化,将变化结果注释于右侧。

```c
void main(void)
{
    unsigned char i,res[3];
    while(1)
    {   i = 255;
        res[2] = i/100;
        res[1] = _____;
        res[0] = _____;
    }
}
```

6. 设计型实验

①设计程序,将大写字母的 ASCII 字符转换成小写字母的 ASCII 字符,其他 ASCII 字符不变,使用单步、断点方式调试程序,查看结果。

②设计程序,将十六进制数 BC614EH 转换成 ASCII 码,使用单步、断点方式调试程序,查看结果。

③设计程序,将 BCD 码 12345678 所代表的数值转换成十六进制数,使用单步、断点方式调试程序,查看结果。

④设计程序,将十六进制数 BC614E 转换成 BCD 码,使用单步、断点方式调试程序,查看结果。

⑤设计程序,将 ASCII 字符串'BC614E'(内存单元依次存放为 42H,43H,36H,31H,34H,45H)所代表的数值转换成 BCD 码,使用单步、断点方式调试程序,查看结果。

7.实验扩展及思考

①理解 STDLIB.H 定义的标准库文件内的 atof（char ＊s1）、atol（char ＊s1）、atoi（char ＊s1)的含义,并利用该库函数实现 ASCII 码到浮点数、长整型、整型数据的转换。

②理解 STDIO.H 定义的标准库文件内的 sprintf(char ＊, const char ＊,…)、vsprintf（char ＊, const char ＊, char ＊)的含义,并利用该库函数实现浮点数、长整型、整型数据到 ASCII 码的转换。

实验 8　数据排序实验

1.实验目的

①掌握有符号数、无符号数的表示方法;

②掌握数据排序算法的程序优化设计方法。

2.预习要求

①理解 Keil C51 中字节型、整型、浮点型有符号、无符号数的表示方法;

②掌握排序程序的思路和算法;

③掌握多重循环程序的编写方法;

④预习本节实验内容,编写程序及实验预习报告。

3.实验条件

①PC 微机一台;

②Keil μVision2 软件开发环境。

4.实验说明

参见实验 4 实验说明部分。

5.基础型实验

①以下程序完成求 7 个单字节有符号数最大值功能,完成空白处程序填写,并在 Keil 环境运行程序,观察寄存器及内存单元的变化,将变化结果注释于右侧。

```
# include "intrins.h"
void main(void)
{    char code array[] = {3,88,−8,53,−1,94,127};
    unsigned char i,max;
    max = array[0];
    for(i = 1;i<7;i + +)
        {
            if(____)
                max = array[i];
        }
    _nop_();
}
```

②以下程序完成 7 个单字节无符号数从大到小排列,完成空白处程序填写,并在 Keil 环境运行程序,观察寄存器及内存单元的变化,将变化结果注释于右侧。

```
# include "intrins.h"
void main(void)
{    char array[] = {3,88, - 8,53, - 1,94,127};
     unsigned char i,j,temp;
     for(i = 0;i<7;i+ + )
         {
             for(j = 0;j<____;j+ + )
             {
                 if(array[j]< array[j+1])
                 {
                     _____
                     _____
                     _____
                 }
             }
         }
     _nop_();
}
```

6. 设计型实验

①在基础型程序设计的步骤②的基础上,修改程序,统计出数据比较的次数及交换的次数,使用单步、断点方式调试程序,查看结果。

②设计程序,实现求出 10 个有符号字节型数据的平均值,并统计大于均值和小于均值的数据个数,使用单步、断点方式调试程序,查看结果。

③设计程序,实现对 10 个有符号数的从大到小排序,统计出数据比较的次数及交换的次数,与设计型实验的步骤①比较说明两种排序方法的效率,使用单步、断点方式调试程序,查看结果。

7. 实验扩展及思考

①采用冒泡法排序设计程序,统计出基础型实验步骤③和设计型实验步骤③的比较次数,说明冒泡法排序的优点。

②编写其他算法的排序子程序,统计出数据比较的次数及交换的次数,比较各种算法的效率。

实验 9　查找及散转实验

1. 实验目的

①掌握字符查找的思路和算法；

②理解并能运用散转程序的设计方法。

2. 预习要求

①理解掌握对分查找的算法思路；

②理解多分支结构程序的编程方法；

③预习本节实验内容，编写程序及撰写实验预习报告。

3. 实验条件

①PC 微机一台；

②Keil μVision2 软件开发环境。

4. 实验说明

①查找算法

查找是在大量的信息中寻找一个特定的信息元素，在计算机应用中，查找是常用的基本运算，例如编译程序中符号表的查找。用关键字标识一个数据元素，查找时根据给定的某个值，在表中确定一个关键字的值等于给定值的记录或数据元素。在计算机中进行查找的方法是根据表中记录的组织结构确定的。

顺序查找也称为线性查找，从数据结构线性表的一端开始，顺序扫描，依次将扫描到的结点关键字与给定值 k 相比较，若相等则表示查找成功；若扫描结束仍没有找到关键字等于 k 的结点，表示查找失败。

二分查找要求线性表中的结点按关键字值升序或降序排列，用给定值 k 先与中间结点的关键字比较，中间结点把线性表分成两个子表，若相等则查找成功；若不相等，再根据 k 与该中间结点关键字的比较结果确定下一步查找哪个子表，这样递归进行，直到查找到或查找结束发现表中没有这样的结点。

分块查找也称为索引查找，把线性表分成若干块，每一块中数据元素的存储顺序是任意的，但要求块与块之间须按关键字值的大小有序排列，还要建立一个按关键字值递增顺序排列的索引表，索引表中的一项对应线性表中的一块。索引项包括两个内容：键域存放相应块的最大关键字；链域存放指向本块第一个结点的指针。分块查找分两步进行，先确定待查的结点属于哪一块，然后在块内查找结点。

哈希表查找是通过对关键字值进行运算，直接求出结点的地址，是关键字到地址的直接转换方法，不用反复比较。假设 f 包含 n 个结点，Ri 为其中某个结点（$1 \leqslant i \leqslant n$），keyi 是其关键字值，在 keyi 与 Ri 的地址之间建立某种函数关系，可以通过这个函数把关键字值转换成相应结点的地址，有：addr(Ri)＝H(keyi)，addr(Ri)为哈希函数。

②分支程序设计

分支程序设计是指在程序执行过程中，根据指定条件的当前值在两条或多条程序路径中选择一条执行。通常有三种形式:单分支选择结构、双分支选择结构及多分支选择结构。单分支选择结构和双分支选择结构,又称为条件结构,多分支选择结构也叫情况分支结构。

a.单分支选择结构

语法:if　＜条件＞

　　　　＜语句序列＞

功能:执行该语句,先判断条件的值是否为真,然后决定程序运行的走向:当条件值为真时,顺序执行 IF 后的＜语句序列＞,然后执行下一个语句;否则,绕过＜语句序列＞直接执行下一个语句。

b.双分支选择结构

语法:if　＜条件＞

　　　　＜语句序列1＞

　　　else

　　　　＜语句序列2＞

功能:程序执行时,先判断条件的值。如果条件的值为真时,顺序执行 IF 与 ELSE 之间的＜语句序列1＞,然后执行＜语句序列2＞的下一个语句;否则,执行 ELSE 后的＜语句序列2＞,然后执行＜语句序列2＞的下一个语句。

c.多分支选择结构

语法:switch(表达式)

　　　　case＜常量表达式1＞:

　　　　　　＜语句序列1＞

　　　　case＜常量表达式2＞:

　　　　　　＜语句序列2＞

　　　　……

　　　　case＜常量表达式 n＞:

　　　　　　＜语句序列 n＞

　　　　default:

　　　　　　＜语句序列 n＋1＞

功能:当 switch 表达式的值与某一个以 case 子句中的常量表达式的值相匹配时,就执行此 case 子句中的内嵌语句,若所有的 case 子句中的常量表达式的值都不能与 switch 表达式的值匹配,就执行 default 子句的内嵌语句。

5.基础型实验

① 以下程序完成统计7个元素数组中数值为－1个数的功能,完成空白处程序填写,并在 Keil 环境运行程序,观察寄存器及内存单元的变化,将变化结果注释于右侧。

```
# include "intrins.h"
void main(void)
{    char code array[] = {-1,88,-8,53,-1,94,127};
     char key;
```

```
    unsigned char i,num;
    key = - 1;num = 0;
    for(i = 0;i<7;i + +)
        {
            if(_____)
                num + + ;
        }
_nop_();
}
```

②以下程序完成特定范围数据统计功能,并在 Keil 环境运行程序,观察寄存器及内存单元的变化,将变化结果注释于右侧。

```
# include "intrins.h"
void main(void)
{   unsigned int code array[] = {203,405,307,53,77,999,127};
    unsigned int res;
    unsigned char i1 = i2 = i3 = i4 = 0;
    for(i = 0;i<7;i + +)
        {
            res = array[i]/100;
            switch(res)
                {   case 0:
                    case 1:
                            i1 + + ;break;
                    case 2:
                    case 3:
                    case 4:
                            i2 + + ;break;
                    case 5:
                            i3 + + ;break;
                    default:
                            i4 + + ;break;
                }
        }
    _nop_();
}
```

6.设计型实验

①设计程序,实现在字符串"aBcdfBaejKH"中搜索是否存在着"Ba"这个数据,如果有,指出该数据在字符串中的位置,使用单步、断点方式调试程序,查看结果。

②编写一个对分搜索程序,对一个已排好序的数组 1,2,3,4,5,6,7,8,9,10,12,14,15 查找是否存在关键字 6,如果有指出该数据在字符串中的位置,使用单步、断点方式调试程序,查看结果。

7.实验扩展及思考

①在设计型实验步骤②基础上,实现二分法查找并将字符插入正确的位置,使得新数组排序顺序不变。

②编写一个其他算法的查找子程序。

实验 10　软件时钟设计实验

1.实验目的

①掌握 Keil C51 中断程序的设计方法;

②掌握中断程序设计中工作寄存器切换的方法;

③了解可重入函数的设计方法;

④了解 volatile 关键字在程序设计中的应用;

⑤了解 Keil C51 嵌套汇编语言的程序设计方法。

2.预习要求

①理解 Keil C51 中断程序的编写方法;

②理解中断程序设计中工作寄存器的切换方法;

③初步了解可重入函数的设计方法;

④了解 volatile 关键字修饰变量的作用;

⑤预习本节实验内容,编写实验程序。

3.实验条件

①PC 微机一台;

②Keil μVision2 软件开发环境。

4.实验说明

①中断函数

Keil C51 编译器支持在 C 源程序中直接开发中断过程,因此减轻了使用汇编语言的繁琐工作,提高了开发效率。中断服务函数的完整语法如下:

void　函数名(void)interrupt n [using r]

其中 $n(0\sim31)$ 代表中断号。Keil C51 编译器允许 32 个中断,具体使用哪个中断由 80C51 系列的芯片决定。$r=0\sim3$ 代表第 r 组寄存器。在调用中断函数时,要求中断过程调用的函数所使用的寄存器组必须与其相同。Keil C51 编译器及其对 C 语言的扩充允许编程者对中断所有方面的控制和寄存器组的使用。这种支持能使编程者创建高效的中断服务程序,用户只需在 C 语言下关心中断和必要的寄存器组切换操作。在编写中断服务程序时必须注意不能用形参进行参数传递,不能有函数返回值。

②函数可重入性

一个可重入的函数简单来说就是可以被中断的函数，也就是说，可以在这个函数执行的任何时刻中断它，执行另外一段代码，而返回控制时不会出现什么错误；而不可重入的函数由于使用了一些系统资源，比如全局变量区、中断向量表等，所以它如果被中断的话，可能会出现问题。

可重入函数在并行运行环境中非常重要，但是一般要为访问全局变量付出一些性能代价。编写可重入函数时，若使用全局变量，则应通过关中断、信号量（即 P、V 操作）等手段对其加以保护。

③volatile 用于防止相关变量被优化

由于访问寄存器的速度要快过外部 RAM，所以编译器一般都会作减少存取外部 RAM 的优化。在某一线程内，当读取一个变量时，为提高存取速度，编译器优化时有时会先把变量读取到一个寄存器中，再取变量值时，就直接从寄存器中取值；当变量因别的线程等而改变了数值，但该寄存器的值不会相应改变，从而造成应用程序读取的值和实际的变量值不一致。

对有些外部设备的寄存器来说，读写操作可能都会引发一定硬件操作，但是如果不加 volatile，编译器会把这些寄存器作为普通变量处理，例如连续多次地对同一地址写入，会被优化为只有最后一次的写入。另一个使用场合是中断。如果一个全局变量，在中断函数和普通函数里都用到过，那最好对这个变量加 volatile 修饰。否则普通函数里，可能会仅从寄存器里读取这个变量以便加快速度，而不去实际地址读取该变量。

5. 基础型实验

①以下程序完成定时器 0 中断服务程序及测试函数的设计，理解程序中 *interrupt* 1 和 *using* 1 的含义，运行程序到 time＋＋处，验证中断服务程序能否被执行，并观察变量的变化；修改 *interrupt* 1 为 *interrupt* 2，验证程序能否正确运行；修改 *using* 1 为 *using* 2，验证程序能否正确运行，并解释原因。

```
# include "intrins.h"
# include "reg51.h"
unsigned char time;
void Timer0_ISR (void) interrupt 1 using 1
{
     time＋＋;
}
void main(void)
{    time＝0;          TMOD  ＝   0x01;
     TR0＝0;           TH0＝0x28;
     TL0＝0x00;        ET0＝1;
     EA ＝1;           TR0＝1;
     while(1)
        _nop_();
}
```

②以下程序完成定时器 0 中断服务程序及测试函数的设计,void test(int * y)程序同时被中断服务程序和主程序调用,试分析程序运行过程会互相影响吗? 运行程序验证,如何改动程序使得 void test(int * y)功能不变同时为可重入函数。

```
# include "intrins.h"
# include "reg51.h"
unsigned char time;
void Timer0_ISR (void) interrupt 1 using 1
{    unsigned int tt;
     test(tt);
}
void test(int * y)
{
     * y = time;
}
void main(void)
{    int i,j;
     time = 0;      TMOD   =   0x01;
     TR0 = 0;       TH0 = 0x28;
     TL0 = 0x00;    ET0 = 1;
     EA   = 1;      TR0 = 1;
     for(i = 0;i<1000;i + + )
     {
         time + + ;
         test(j);
     }
         _nop_();
}
```

③以下程序完成对 XRAM 区域变量读取,设置断点在 $t2 = *p$ 处,并连续运行程序,观察变量 $t1$ 的内容;修改外部 XRAM 的 0x0000 地址处内容为 0x8,再单步运行程序,观察变量 $t2$ 的内容。将 unsigned char xdata 改成 volatile unsigned char xdata,重复以上步骤,观察 $t1$、$t2$ 变量内容,解释原因。

```
void main(void)
{
     unsigned char xdata junk = 5;
     unsigned char xdata * p = &junk;
     unsigned char t1, t2;
     t1 = * p;
     t2 = * p;
}
```

6. 设计型实验

①根据定时器中断程序的设计方法，设计一秒表程序，使用单步、断点方式调试程序，查看结果。

②根据定时器中断程序的设计方法，实现 24 小时实时时钟的程序设计。

③以下两段子程序是否为可重入函数，说明理由并修改为可重入的函数。

```
char cTemp;//全局变量
void Swap1(char * IpcX, char * IpcY)
{
    cTemp = * IpcX;
    * IpcX = * IpcY;
    IpcY = cTemp;//访问了全局变量
}


void Swap2(char * IpcX,char * IpcY)
{
    static char cTemp;//静态局部变量
    cTemp = * IpcX;
    * IpcX = * IpcY;
    IpcY = cTemp;//使用了静态局部变量
}
```

7. 实验扩展及思考

①如何解决中断程序与子程序之间的参数传递。

②如果使用定时器 0 中断产生 10 Hz 方波，同时使用定时器 1 实现 10 kHz 方波，均采用中断方式，在拍频节点如何处理？

第 4 章

基本硬件及扩展实验

实验 11　I/O 口控制实验

1. 实验目的

①掌握基本 I/O 输入输出操作指令；

②熟练运用 Keil 环境对硬件接口进行调试。

2. 预习要求

①理解 51 单片机内部 I/O 接口的结构和功能，了解 P0、P1、P2、P3 口作为普通 I/O 接口时的应用特性；

②理解软件延时程序的设计方法，延时时间估算和精确计算方法；

③认真预习本节实验内容，设计出实验的硬件连接，编写实验程序。

3. 实验条件

①基于 51 单片机的开发板或实验开发箱；

②PC 微机一台；

③Keil μVision2 软件开发环境。

4. 实验说明

8051 共有 P0、P1、P2、P3 四个 I/O 端口，32 条口线，每个口为 8 条。当作为普通 I/O 口使用时，它们都是准双向口，因此在作输入口使用时，首先要向每个口的锁存器写 1。32 条 I/O 口线的定义为：P0.0～P0.7；P1.0～P1.7；P2.0～P2.7；P3.0～P3.7。

①P0 有 3 个功能：外部扩充存储器或并行 I/O 接口时，分时复用为数据总线（D0～D7）和低八位地址总线（A0～A7）；不扩充时，用作普通 I/O 接口，内部无上拉电阻，因此作为普通 I/O 使用时应外加上拉电阻。

②P1 只作普通 I/O 口使用，有内部上拉电阻。

③P2 有两个功能：扩充外部存储器时，作高八位地址总线（A8～A15）使用；不扩充时，用作普通 I/O 接口，有内部上拉电阻。

④P3 有两个功能：除作为普通 I/O 口（有内部上拉电阻）外，每条口线都有第二功能，如 INT0、INT1、TXD、RXD；T0、T1；WR、RD。

5.基础型实验

①在 Keil 环境运行如下程序,设系统晶振为 12MHz,粗略计算此程序的执行时间。

```
        ORG       0000H
Delay:  MOV       R6,#0
Dloop1: MOV       R7,#0
Dloop0: DJNZ      R6,Dloop0
        DJNZ      R7,Dloop1
        RET
```

②8 位逻辑电平显示的接口电路设计如图 4-1 所示,用 P1 口作输出口,接 8 个 LED。程序功能使发光二极管依次轮流循环点亮。在 Keil 环境运行该程序,观察发光二极管显示情况。P1 口循环点灯程序流程如图 4-2 所示。

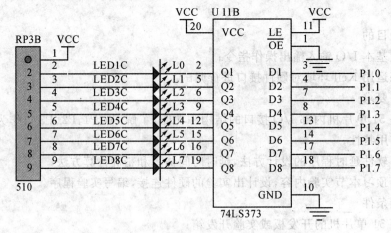

图 4-1   8 位逻辑电平显示接口电路

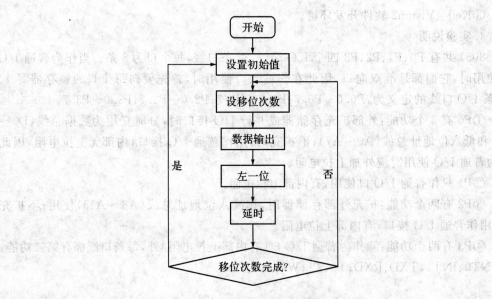

图 4-2   P1 口循环点灯程序流程

```
            ORG    0
LOOP:       MOV    A, #0FEH
            MOV    R2, #8
OUTPUT:     MOV    P1, A
            RL     A
            ACALL  DELAY
            DJNZ   R2, OUTPUT
            LJMP   LOOP
DELAY:      MOV    R6, #0
            MOV    R7, #0
DELAYLOOP:  DJNZ   R6, DELAYLOOP        ;延时程序
            DJNZ   R7, DELAYLOOP
            RET
            END
```

③8 位拨动开关的接口电路如图 4-3 所示,P2 口接收拨码开关的输入值,结合上面的 8 位逻辑电平显示接口电路,进行 I/O 输入输出实验。在 Keil 环境运行该程序,使用单步、断点、连续运行调试程序,查看结果。

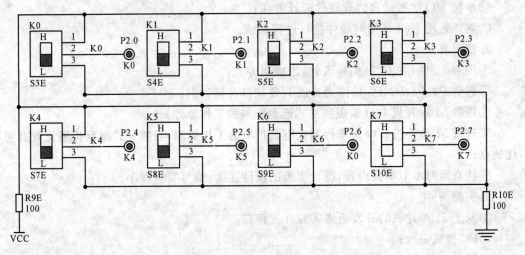

图 4-3　拨码开关接口电路

```
            ORG    0000H
LL: MOV      P2, #0FFH
            NOP
            MOV    A, P2
            NOP
            MOV    P1, A
            LJMP   LL
            END
```

6. 设计型实验

①画出流程并设计程序实现 8 位逻辑电平显示模块奇偶位 LED 循环亮灭闪烁显示，闪烁间隔为 1s。

②画出流程并设计程序实现 8 位逻辑电平依次轮流 LED 点亮，间隔为 1s。

③设计硬件连接图，画出流程并设计程序。当开关 K0 往上拨时，实现设计型实验内容①，否则 LED 全灭；当开关 K1 往上拨时，实现设计型实验内容②，否则 LED 全灭；当 K0、K1 同时往上拨的时候，LED 全亮。

7. 实验扩展及思考

①P0 口作为基本的输入输出口与 P1、P2、P3 口有何区别？硬件上要如何设计保证它作为基本输入输出口与 P1、P2、P3 口的结果一致？

②当 1 个 I/O 口需要同时驱动 4 个 LED 时，如何增加 I/O 口的驱动能力？

实验 12　键盘接口实验

1. 实验目的

①进一步掌握基本 I/O 输入输出操作指令的灵活应用；

②掌握 I/O 扩展键盘的软硬件设计方法；

③熟练运用 Keil 环境对硬件接口进行调试。

2. 预习要求

①理解 51 单片机 I/O 的输入、输出控制方式；

②理解 P0、P1、P2、P3 口作为普通 I/O 接口有何区别；

③理解 51 单片机 I/O 实现独立式键盘扩展的工作原理；

④理解 51 单片机 I/O 实现行列式键盘扩展的工作原理，与独立式键盘扩展比较有何优缺点；

⑤认真预习本节实验内容，设计实验的硬件连接，编写实验程序。

3. 实验条件

①基于 51 单片机的开发板或实验开发箱；

②PC 微机一台；

③Keil μVision2 软件开发环境。

4. 实验说明

①键盘的组织形式与工作原理

独立式键盘：当按键数量较少时（如 5 个以下），通常采用独立式按键，即一条口线连接一个按键；独立式键盘软件简单，定时读取这些口线的电位，即可判断按键是否按下，是哪个按键按下；但是当按键较多时，需要消耗的 I/O 口线就多。

矩阵式（行列式）键盘：当按键数量较多时，为了节省 I/O 口资源，通常采用矩阵式键盘，对于 n 列、m 行的 $n×m$ 个按键，仅需 $n+m$ 条口线。在矩阵式键盘中，每条水平线和垂直线在交叉处不直接连通，而是通过一个按键加以连接。在需要的按键数量较多时，通常采用矩阵式键盘。

②矩阵键盘的扫描方式

a. 行扫描法

行扫描法又称为逐行扫描查询法,是一种最常用的按键识别方法,扫描步骤如下:

(a)按键判断:判断键盘中有无键按下,过程为:全部行线输出低电平,然后检测列线的状态。只要列线不全为1(高电平),则表示键盘中有键被按下。若所有列线均为高电平,则键盘中无键按下。

(b)按键识别:在确认有键按下后,则要确定所闭合按键的位置即进行逐行扫描。扫描过程为:依次将行线置为低电平并输出,然后读取各列线的电平状态,若某列为低,则表示该列线与置为低电平的行线交叉处的按键就是闭合的按键。通过逐行扫描,可以检测到按键的操作。

b. 线路反转法

线路反转法识别按键的过程分为两步:

第一步:将矩阵键盘的行作为输出,列作为输入。行线全置为低电平并输出,输入各列的电平,当有键按下时,读入的列值必定为非全1。第二步:线路反转,即列作为输出,行作为输入。列线全置为低电平并输出,输入各行的电平,同样当有键按下时,读入的行值必定为非全1。低电平的行和列的交叉点上的按键即为被按下的键。

线路反转法要求连接键盘行列的 I/O 接口需为双向 I/O 接口。

③键盘的工作方式

a. 编程扫描方式

编程扫描方式是利用 CPU 完成其他工作的空余时间,调用键盘扫描子程序来响应键盘输入的方式。在执行其他功能程序时,CPU 不再响应按键的操作,直到 CPU 重新调用键盘扫描程序。该扫描方式简单,缺点是响应速度慢,可能出现按键操作得不到响应的情况。

b. 定时扫描方式

定时扫描方式就是每隔一段时间对键盘扫描一次。它利用单片机内部的定时器产生一定时间(例如 20ms)的定时,在定时中断中调用键盘扫描程序,即进行按键判断和按键识别,再执行该键的功能程序;为避免中断服务程序过长,通常把按键的功能程序转移到主程序中执行。定时中断扫描的效率较高,但是由于按键操作的频度相当于 20ms 来说是很低的,大量的中断程序是没有效率的空执行,所以还是存在着 CPU 资源浪费的情况。

c. 中断扫描方式

采用上述两种键盘扫描方式时,无论是否按键,CPU 都要定时扫描键盘,而单片机应用系统工作时,并非经常需要键盘输入,因此,CPU 经常处于空扫描状态。为提高 CPU 的工作效率,可采用中断扫描工作方式。其工作过程为:当无键按下时,CPU 处理主程序和其他中断等工作;当有键按下时,产生中断请求,CPU 转去执行键盘扫描子程序,进行按键识别和功能执行。中断扫描方式具有响应速度快,占用 CPU 资源合理等特点,但硬件上需要有外部逻辑电路的支持。

5. 基础型实验

①如图 4-4 所示的独立式键盘的接口电路,采用 P1 口连接 8 个按键。填写下列程序中的空白处,说明独立键盘扫描的过程,并在 Keil 环境运行该程序,观察寄存器及内存单元的变化。

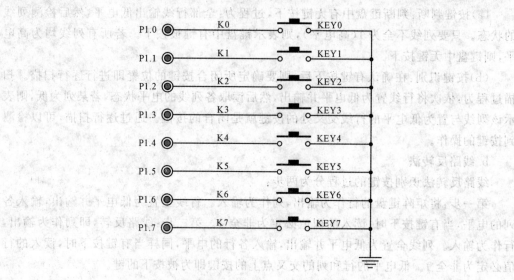

图 4-4   独立式键盘扩展电路

```
        ORG    0000H
L0:     MOV    P1,#0FFH
L1:     MOV    A,P1
        CJNE   A,#0FFH,KEYPUT
        SJMP   L1
KEYPUT: CJNE   A,#0FEH,NEXT1
        SJMP   K0
NEXT1:  CJNE   A,#0FDH,NEXT2
        SJMP   K1
        ……                    ;该段代码省略,请读者自行填写
K0:     MOV    B,#00H
        LJMP   L0
K1:     MOV    B,#01H
        LJMP   L0
        ……                    ;该段代码省略,请读者自行填写
        END
```

②如图 4-5 所示的行列式键盘的接口电路,采用 P2.0、P2.1 作为键盘的扫描输出线,P1.0~P1.7 作为列输入线。填写下列程序中的空白处,说明行列键盘扫描的过程,并在 Keil 环境运行该程序,观察寄存器及内存单元的变化。

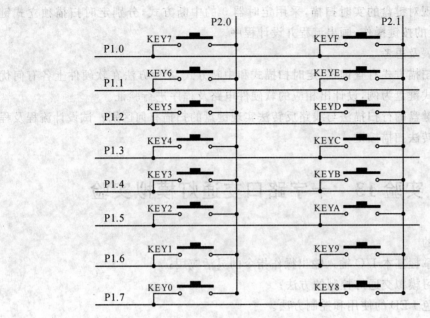

图 4-5　行列式键盘扩展电路

```
        ORG     0000H
L0:     MOV     P2, #00H
L1:     MOV     P1, #0FFH
        MOV     A,  P1
        CJNE    A,  #0FFH,KEYPUT
        SJMP    L1
KEYPUT: MOV     P2, #0FEH
        MOV     A, P1
        CJNE    A,#0FFH,L2
        MOV     P2, #0FDH
        MOV     A,P1
        CPL     A
L2:MOV     B,A
        SJMP    $
        END
```

6．设计型实验

①采用独立式键盘,指定 I/O 与键盘的连接,画出流程并设计程序实现对键盘的扫描、按键去抖动及多键同时按下的处理。当 K0～K7 键按下时分别对寄存器 B 赋值 0～7,使用单步、断点方式调试程序,查看特殊功能寄存器的变化。

②采用行列式键盘,指定 I/O 与键盘的连接,画出流程并设计程序实现对键盘的扫描、按键去抖动及多键同时按下的处理。当 KEY0～KEYF 键按下时分别对寄存器 B 赋值 0～F 的键值,使用单步、断点方式调试程序,查看特殊功能寄存器的变化。

③为了实现对键盘的实时扫描,采用定时器 0 的中断方式,分别定时扫描独立式键盘、行列式键盘的按键操作,画出流程并设计程序。

7. 实验扩展及思考

①键盘的扫描方式有查询式、定时扫描式和中断方式,3 种方法在软硬件上各有何优缺点? 以独立式键盘为例,设计出相应的软硬件电路及程序进行验证。

②矩阵式键盘的行扫描法与线路反转法实现键盘的扫描有何区别? 试设计流程及程序实现线路反转法扫描按键。

实验 13　十字路口交通灯模拟实验

1. 实验目的

①进一步掌握基本 I/O 输入输出操作指令的灵活应用;

②掌握学习模拟交通灯控制的方法;

③学习双色 LED 的使用和控制方法。

2. 预习要求

①理解交通灯的工作逻辑;

②基于定时器倒计时软件的设计;

③认真预习本节实验内容,设计实验的硬件连接,编写实验程序。

3. 实验条件

①基于 51 单片机的开发板或实验开发箱;

②PC 微机一台;

③Keil μVision2 软件开发环境。

4. 实验说明

可以采用双色发光二极管(双色 LED)作为交通指示灯。双色发光二极管,即在一个 LED 发光二极管中封装了 2 个独立的 PN 结,通过控制可以分别显示两个 LED 的单独颜色及两个 LED 同时亮的混合颜色,因此有 3 种显示色。常用的双色 LED 由红色和绿色 LED 构成,如图 4-6 所示。

当红色 LED 被点亮,绿色 LED 不点亮时,发光二极管显示红色;

当绿色 LED 被点亮,红色 LED 不点亮时,发光二极管显示绿色;

当红色 LED、绿色 LED 同时被点亮时,发光二极管呈现的是黄色。

实际上,当控制双色 LED 红、绿两个 PN 结流过不同比例的电流时,可以使其发出粉红、淡绿、淡黄、黄色等不同彩色来,可以达到简单的"彩色"显示效果。

双色 LED 分有共阴、共阳两种封装形式,提供 3 个引脚,其中一个为公共端,两个为显示控制端,如图 4-6 所示。

共阴结构　　　　　　共阳结构　　　　　　公共端

图 4-6　双色 LED 结构和原理图

5. 基础型实验

如图 4-7 所示是采用 P1 口控制双色 LED 的接口电路。在 Keil 环境运行例程程序，使用单步运行调试程序，查看结果。

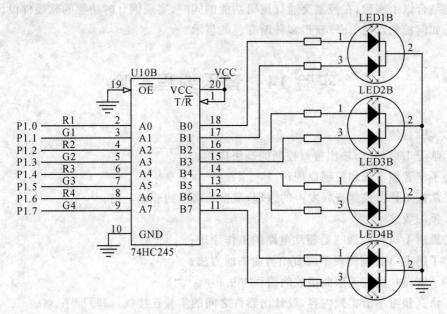

图 4-7　双色 LED 显示的接口电路

```
ORG     0000H
L: MOV    P1,#0FFH
   NOP
   MOV    P1,#05AH
   NOP
   MOV    P1,#0A5H
   NOP
   LJMP   L
   END
```

6. 设计型实验

①电路如图 4-7 所示，设计程序，使 4 个双色 LED 同时显示红色、绿色、黄色各 1s

后,再分别显示不同的颜色并实现显示色的滚动。

②模拟十字路口交通灯

交通信号灯控制逻辑如下:开始 4 个路口的红灯全部亮 2s 后,东西路口的绿灯亮,南北路口的红灯亮,东西路口方向通车,延时一段时间后(20s),东西路口的绿灯闪烁若干次后(3s),东西路口的绿灯熄灭,同时东西路口的黄灯亮,延时一段时间后(2s),东西路口的红灯亮,南北路口的绿灯亮,南北路口方向通车,延时一段时间后(20s),南北路口的绿灯闪烁若干次后(3s),南北路口的绿灯熄灭,同时南北路口的黄灯亮,延时一段时间后(2s),再切换到东西路口的绿灯亮,南北路口的红灯亮,之后重复以上过程。画出流程并设计程序实现交通灯控制的逻辑功能。

7. 实验扩展及思考

①结合以上实验,在控制交通灯逻辑功能的同时,实现倒计时功能的软硬件设计。

②如何控制双色 LED 获得多种渐变色的显示?

实验 14   音乐编程实验

1. 实验目的

①学习 I/O 输入/输出接口控制的高级应用;

②了解音频实现和控制原理;

③掌握单片机控制音频发声的原理,掌握蜂鸣器的驱动电路。

2. 预习要求

①理解 I/O 控制蜂鸣器驱动电路的工作原理;

②了解 I/O 控制实现不同节拍与曲调的方法;

③了解单片机实现乐曲播放的编程方法;

④认真预习本节实验内容,设计出器件之间的实验连接线,编写程序。

3. 实验条件

①基于 51 单片机的开发板或实验开发箱;

②PC 微机一台;

③Keil μVision2 软件开发环境;

④蜂鸣器。

4. 实验说明

运用单片机的 I/O 口线输出音频脉冲,并经放大滤波后,可以驱动蜂鸣器或扬声器发声,从而实现单片机系统播放音乐的功能。

①音调的实现

要产生音频脉冲,首先要计算出某一音频的周期(1/频率),然后将此周期除以 2,得到半周期的时间。利用定时器的定时功能进行这个半周期时间的定时,在定时中断程序中令输出脉冲的 I/O 口反相,就可在 I/O 引脚上得到此音频的脉冲输出。

例如中音"哆"的频率为 523Hz,其周期 $T = 1/523 = 1912\mu s$,因此可令定时器的定时

时间为 $956\mu s$,在每次 $956\mu s$ 的定时中断程序中,对输出 I/O 口线求反,通过蜂鸣器就可得到中音"哆"的发声。

由音频 Fr 确定定时器定时初值 T 的方法:

$$N=Fi\div 2\div Fr$$

式中:N 为定时器的计数脉冲值,Fi 为定时器/计数器内部定时脉冲的频率,Fr 为要产生的音频频率。

则定时器的定时初值 $T=65536-N=65536-Fi\div 2\div Fr$

各简谱音调对应的定时初值 T,如表 4-1 所示(设定时脉冲频率 Fi 为 1MHz)。

为编写程序方便,对简谱用 1~F 进行编码,得到每个简谱的简谱编码,也列于表4-1。

表 4-1　简谱编码与定时器初值表

简谱	发音	简谱编码	T 值
5	低音 SO	1	64260
6	低音 LA	2	64460
7	低音 TI	3	64524
1	中音 DO	4	64580
2	中音 RE	5	64684
3	中音 MI	6	64777
4	中间 FA	7	64820
5	中音 SO	8	64898
6	中音 LA	9	64968
7	中音 TI	A	65030
1	高音 DO	B	65058
2	高音 RE	C	65110
3	高音 MI	D	65157
4	高音 FA	E	65178
5	高音 SO	F	65217
	不发音	0	

②音乐的曲调

每个乐曲均有一个曲调(通常标注于乐曲题目下排的左边),如 4/4、2/4 等。表 4-2 列出了常用的曲调值,表中的 DELAY 为对应各曲调的基本延时时间。如对于曲调为4/4 的乐曲,其基本节拍即 1/4 节拍的延时为 125ms;如对于曲调为 4/8 的乐曲,其基本节拍即 1/8 节拍的延时为 62ms。

表 4-2　常用的曲调值

各调 1/4 节拍的时间设定		各调 1/8 节拍的时间设定	
曲调值	DELAY	曲调值	DELAY
调 4/4	125ms	调 4/8	62ms
调 3/4	187ms	调 3/8	94ms
调 2/4	250ms	调 2/8	125ms

③节拍的控制

由乐曲的曲调可以得到其基本节拍的延时时间,即表 4-2 中的 DELAY 值。如对于曲调为 4/4 的乐曲,其基本节拍即 1/4 节拍为 1 个 DELAY,1 拍就为 4 个 DELAY;如对于曲调为 4/8 的乐曲,其基本节拍即 1/8 节拍为 1 个 DELAY,1 拍就为 8 个 DELAY。依据这种方法就可以得到乐曲中每个音符节拍对应的时间(即 DELAY 数)。

为了方便程序的编写,对不同的节拍数用数字进行编码,得到表 4-3 所示的节拍编码表。

表 4-3　节拍编码表

节拍编码	1	2	3	4	5	6	8	A	C	F
1/4 节拍数	1/4 拍	2/4 拍	3/4 拍	1 拍	1 又 1/4 拍	1 又 1/2 拍	2 拍	2 又 1/2 拍	3 拍	3 又 3/4 拍
1/8 节拍数	1/8 拍	2/8 拍	3/8 拍	4/8 拍	5/8 拍	6/8 拍	1 拍	1 又 2/8 拍	1 又 4/8 拍	

④音乐的建立

根据以上介绍的音调、曲调和节拍的控制与实现方法,以及"简谱编码"表和"节拍编码"表,就可以根据乐曲的简谱,建立单片机播放音乐的数据表,结合相应的程序,实现单片机播放音乐的功能。

音乐建立步骤为:

第一步:建立简谱频率表,即每个简谱对应的定时初值 T 的数据表,表头设为 TABLE1;将表 4-1 中的全部简谱"低音 5～高音 5"的 T 值,转换为双字节 16 进制数后,依次保存建立起简谱频率数据表格(每个 T 值为 2 字节);乐曲《欢乐颂》的简谱频率表如后面的 TABLE1 所示。

第二步:建立乐曲的简谱-节拍数据表,表头设为 TABLE。每个简谱和该简谱的节拍为一个字节,该字节的高 4 位为简谱编码(从表 4-1 中获得),低 4 位为该简谱的节拍编码(从表 4-3 中获得)。依据这种方法,根据每个乐曲的曲谱就可以得到该乐曲的简谱-节拍数据表。

根据乐曲《欢乐颂》的曲谱(见图 4-8),得到的简谱-节拍表如后面的 TABLE 所示。

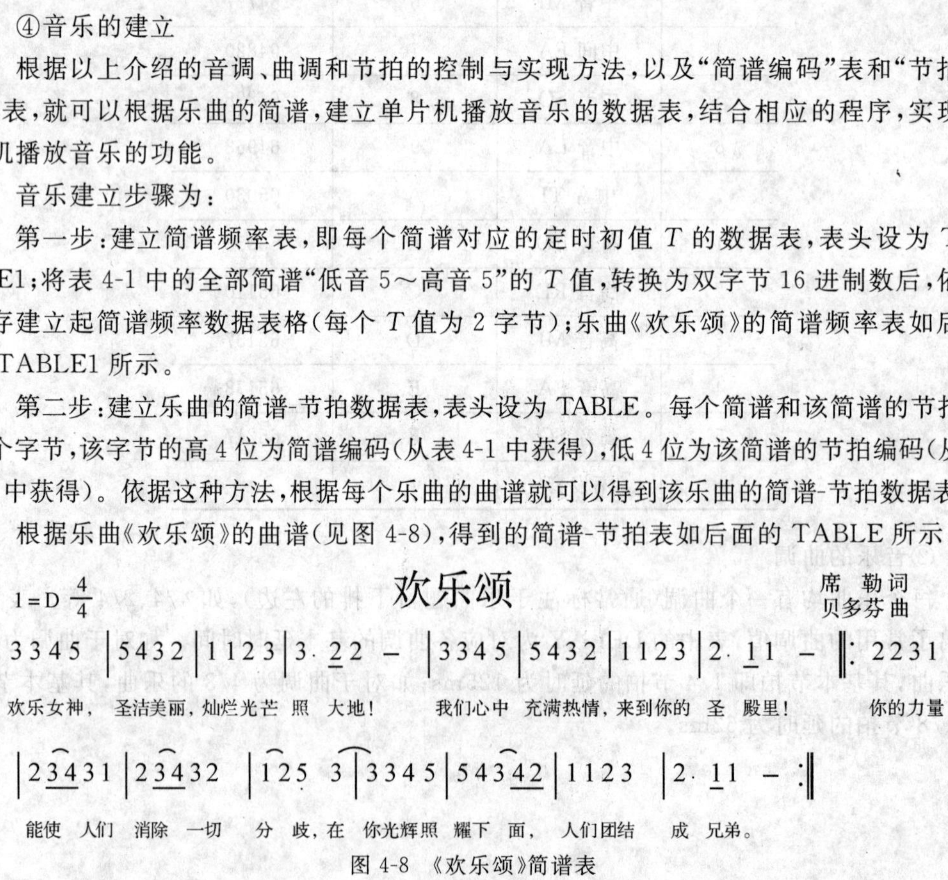

图 4-8　《欢乐颂》简谱表

```
TABLE：   DB 64H,64H,74H,84H,84H,74H,64H,54H;
         DB 44H,44H,54H,64H,66H,52H,58H;
         DB 64H,64H,74H,84H,84H,74H,64H,54H;
         DB 44H,44H,54H,64H,56H,42H,48H;
         DB 54H,54H,64H,44H,54H, 62H,72H,64H,44H
         DB 54H,62H,72H,64H,54H, 44H,54H,14H,64H;
         DB 64H,64H,74H,84H,84H,74H,64H,72H,52H;
         DB 44H,44H,54H,64H,56H,42H,48H,00H;
TABLE1： DB 0FBH,04H,0FBH,0CCH,0FCH,0CH;低音5-低音7
         DB 0FCH,44H,0FCH,0ACH,0FDH,09H;中音1-中音3
         DB 0FDH,34H,0FDH,82H,0FDH,0C8H;中音4-中音5
         DB 0FEH,06H,0FEH,22H,0FEH,56H; 中音6-高音1
         DB 0FEH,85H,0FEH,9AH,0FEH,0C1H;高音2-高音5
```

5.基础型实验

①采用 P1.0 口控制蜂鸣器的接口电路设计如图 4-9 所示。在 Keil 环境使用连续运行例程程序,观察实验结果。试着改变不同的延时时间,并观察实验结果的变化。

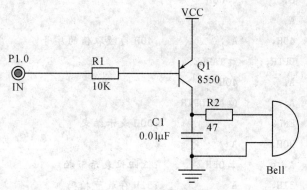

图 4-9　蜂鸣器控制电路

```
          ORG     0000H
          OUTPUT  BIT P1.0
LOOP：    CLR     C
          MOV     OUTPUT,C
          ACALLL  DELAY
          SETB    C
          MOV     OUTPUT,C
          CALL    DELAY
          AJMP    LOOP
DELAY：   MOV     R5,＃4
A1：      MOV     R6,＃0FFH
A2：      MOV     R7,＃0FFH
```

```
DLOOP:      DJNZ      R7,DLOOP
            DJNZ      R6,A2
            DJNZ      R5,A1
            RET
            END
```

②《欢乐颂》播放程序

```
            ORG       0000H
            LJMP      START
            ORG       000BH
            LJMP      INT00
            ORG       0030H
START:  CLR       TR0
            MOV       TMOD,     #01H
            SETB      ET0
            SETB      EA
MUSIC0: MOV       B,        #00H
            CLR       A
            MOV       40H,      A               ;40H存放取值的序号
MUSIC1: MOV       DPTR,     #TABLE
            MOV       A,        40H
            MOVC      A,        @A+DPTR
            JZ        END0                      ;00H表示结束
            MOV       30H,      A
            ANL       A,        #0FH            ;低四位表示节拍
            MOV       31H,      A               ;31H存放节拍码
            MOV       A,        30H
            SWAP      A
            ANL       A,        #0FH
            MOV       32H,      A               ;32H存放音符频率代码
            CJNE      A,        #00H,MUSIC2
            CLR       TR0
            SJMP      DEL_MS
MUSIC2: MOV       DPTR,     #TABLE1
            MOV       A,        32H
            RL        A
            DEC       A
            MOV       34H,      A
            MOVC      A,        @A+DPTR
```

```
            MOV     TL0,        A              ;根据音符频率得到定时器的初值
            MOV     44H,        TL0            ;保存定时器初值
            DEC     34H
            MOV     A,          34H
            MOVC    A,          @A+DPTR
            MOV     TH0,        A
            MOV     45H,        TH0
            SETB    TR0
DEL_MS:     MOV     33H,        31H            ;节拍码放入 33H,作延时
            ACALL   DELAY
            MOV     A,          40H
            INC     A
            MOV     40H,        A
            SJMP    MUSIC1
END0:       MOV     33H,        #10H           ;歌曲结束,延时 1s 后继续
            ACALL   DELAY
            SJMP    START
DELAY:      MOV     R2,         33H
DEL1:       MOV     R3,         #02
DEL2:       MOV     R4,         #100
DEL3:       MOV     R5,         #255
DEL4:       DJNZ    R5,         DEL4
            DJNZ    R4,         DEL3
            DJNZ    R3,         DEL2
            DJNZ    R2,         DEL1
            RET

INT00:      CLR     EA
            MOV     TH0,        45H
            MOV     TL0,        44H
            PUSH    ACC
            CPL     P3.3
            POP     ACC
            SETB    EA
            RETI

TABLE:  DB 64H,64H,74H,84H,84H,74H,64H,54H,44H,44H,54H,64H,66H,52H,58H
        DB 64H,64H,74H,84H,84H,74H,64H,54H,44H,44H,54H,64H,56H,42H,48H
        DB 54H,54H,64H,44H,54H,62H,72H,64H,54H,62H,72H,64H,54H,44H,54H,12H,64H
        DB 64H,64H,74H,84H,84H,74H,64H,54H,44H,44H,54H,64H,56H,42H,48H,00H
```

TABLE1：DB 0FBH,04H,0FBH,0CCH,0FCH,0CH,0FCH,44H,0FCH,0ACH,0FDH,09H,0FDH,34H;低
音 5-中音 4

DB 0FDH,82H,0FDH,0C8H,0FEH,06H,0FEH,22H,0FEH,56H,0FEH,85H,0FEH,9AH,
0FEH,0C1H；中音 5-高音 5

END

6.设计型实验

①根据基础型实验内容,编写能发出"哆"到"西"的程序,每个音均为一拍。

②对于给定的乐曲,如《祝你生日快乐》,设计程序实现该乐曲的播放。

7.实验扩展及思考

①根据单片机控制发音的原理,如何利用定时器得到含有泛音的声音使音色更好?

②在实际应用系统中,如何提高声音的音量? 如何用软件对音量进行调节?

实验 15   8 段数码管显示实验

1.实验目的

①掌握数字、字符转换成显示段码的软件译码方法;

②掌握静态显示的原理和相关程序编写方法;

③掌握动态显示的原理和相关程序编写方法。

2.预习要求

①理解 8 段数码管静态显示的电路工作原理及静态显示的优缺点;

②理解 8 段数码管动态显示的电路工作原理及动态显示的优缺点;

③了解用普通 I/O 口线实现同步串行扩展的方法及软件设计;

④理解运用串行口工作方式 0 扩展 I/O 的方法;

⑤认真预习本节实验内容,设计实验硬件连接电路,编写实验程序。

3.实验说明

LED 显示器有两种工作方式:静态显示方式和动态显示方式。

①静态显示方式

静态显示的特点是每个数码管需要一个具有锁存功能的 8 位输出口,用来锁存待显示的字形码。要显示数的段码输出到端口,数码管会立刻显示并一直保持到接收到新的新字形码为止。静态显示的优点:显示程序简单,占用 CPU 时间少。但当数码管数量较多时,静态显示方式就需要外扩较多的输出端口,因此静态显示的缺点是消耗硬件资源多,成本较高。

②动态显示方式

动态显示的特点是将多个数码管相对应的段码连接在一起,通过对数码管位控信号的控制,分时选通各个数码管。这样多个数码管的段码只要一个输出端口控制(称为段码输出口),多个(如 8 个)数码管的位选信号用一个输出端口控制(称为位控输出口),因此可大大简化硬件电路。数码管采用动态扫描显示,即轮流向段码输出口输出字形码和向

位控输出口输出位选信号,并进行 1~2ms 的短时延时,这样利用发光管的余辉和人眼视觉暂留作用,能够得到全部数码管全部稳定显示的效果。在同样驱动电流的情况下,动态显示的亮度比静态显示要差一些,所以动态显示电路的限流电阻通常比静态显示电路的限流电阻小。

4.实验条件

①基于 51 单片机的开发板或实验开发箱;

②PC 微机一台;

③Keil μVision2 软件开发环境。

5.基础型实验

①6 位动态数码管显示的接口电路设计如图 4-10 所示,假设 P0 口输出显示的字形段码,P2 口输出位码。例程程序实现在 6 位数码管上动态显示"168168",在 Keil 环境连续运行该程序,观察实验结果。

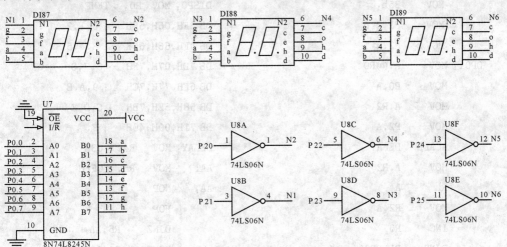

图 4-10 6 位动态数码管显示接口电路

程序流程如图 4-11 所示。

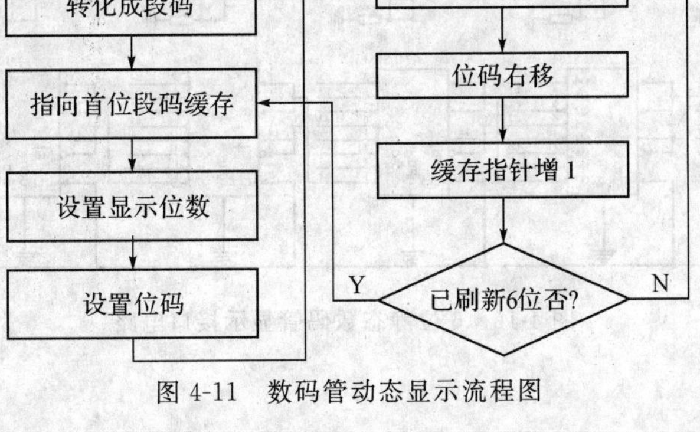

图 4-11 数码管动态显示流程图

源程序：

```
        DBUF  EQU  30H
        TEMP  EQU  40H                          MOV   R0,＃DBUF
        ORG   0000H                             MOV   R1,＃TEMP
        LJMP  disp                              MOV   R2,＃6
        ORG   0100H                             MOV   DPTR,＃SEGTAB
disp:                                   DP00:   MOV   A,@R0
        MOV   30h,＃8                            MOVC  A,@A+DPTR
        MOV   31h,＃6                            MOV   @R1,A
        MOV   32h,＃1                            INC   R1
        MOV   33h,＃8                            INC   R0
        MOV   34h,＃6                            DJNZ  R2,DP00
        MOV   35h,＃1                    DISP0:  MOV   R0,＃TEMP
        MOV   R1,＃6                             DB 3FH,06H,5BH   ; 0,1,2
        MOV   R2,＃1                             DB 4FH,66H,6DH   ; 3,4,5
DP01:   MOV   A,@R0                             DB 7DH,07H,7FH   ; 6,7,8
        MOV   P0,A                              DB 6FH,77H,7CH   ; 9,A,B
        MOV   A,R2                              DB 58H,5EH,7BH   ; C,D,E
        MOV   P2,A                              DB 71H,00H,40H   ; F, ,-
        ACALL DELAY                     DELAY:  MOV   R4,＃03H
        MOV   A,R2                      AA1:    MOV   R5,＃0FFH
        RL    A                         AA:     NOP
        MOV   R2,A                              NOP
        INC   R0                               DJNZ  R5,AA
        DJNZ  R1,DP01                          DJNZ  R4,AA1
        SJMP  DISP0                            RET
SEGTAB:                                        END
```

②用单片机中普通 I/O 口线串行扩展 6 位静态显示数码管的接口电路如图 4-12 所示，

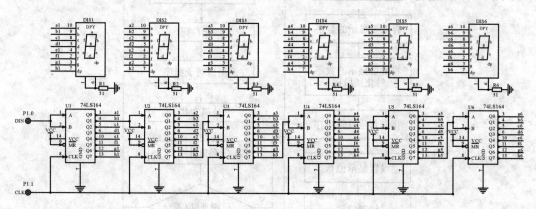

图 4-12 6 位静态数码管显示接口电路

图例中用 P1.0、P1.1 分别与串入并出的 74LS164 芯片的 DIN、CLK 连接,6 片 164 采用级联方式连接,每片 164 连接一个 8 段数码管,实现静态显示接口电路。在 Keil 环境连续运行该程序,观察实验结果。

```
        DBUF    EQU     30H
        DAT     EQU     P1.0
        CLK     EQU     P1.1
        ORG     0000H
        MOV     DBUF,#00H
        MOV     DBUF+1,#01H
        MOV     DBUF+2,#02H
        MOV     DBUF+3,#03H
        MOV     DBUF+4,#04H
        MOV     DBUF+5,#05H
        MOV     R0,#DBUF
        MOV     DPTR,#TAB
        MOV     R2,#06H
DP0:    MOV     A,@R0
        MOVC    A,@A+DPTR
        MOV     R3,#08H
DP1:    RLC     A
        MOV     DAT,C
        CLR     CLK
        SETB    CLK
        DJNZ    R3,DP1
        INC     R0
        DJNZ    R2,DP0
TAB:    DB 3FH,06H,5BH,4FH,66H,6DH     ; 0,1,2,3,4,5
        DB 7DH,07H,7FH,6FH,77H,7CH     ; 6,7,8,9,A,B
        DB 58H,5EH,79H,71H,00H,40H     ; C,D,E,F, ,-
        END
```

6. 设计型实验

①分别指定 I/O 控制动态扫描显示模块、静态显示模块电路,在最后一个数码管上依次循环显示 a,b,…,DP 各段,每段显示时间为 100ms。用软件进行 100ms 定时。

②分别指定 I/O 控制动态扫描显示模块、静态显示模块电路,画出流程并设计程序实现数码管显示自己的学号后 6 位号码。

③分别基于动态扫描显示模块、静态显示模块电路,画出流程并设计程序实现数码管从右到左滚动显示自己的学号的所有位数。

7. 实验扩展及思考

①利用单片机的定时器资源,实现 6 位动态数码管的显示刷新,画出流程并设计程序

实现设计型实验内容的步骤①和②。

②采用串行通信接口的方式 0 同步串行通信方式,实现对静态显示模块的软件控制。

实验 16 SRAM 外部数据存储器扩展实验

1. 实验目的

①掌握 8051 单片机扩展外部 RAM 的方法;

②掌握外部 SRAM 寻址指令;

③掌握 SRAM62256 读写数据的方法。

2. 预习要求

①了解 8051 单片机实现外部 SRAM 的扩展方法,单片机地址、数据总线和控制总线与芯片引脚的连接;

②深入理解采用 R0、R1 与采用 DPTR 对外部 RAM 寻址的区别;

③认真预习本节实验内容,设计出实验的硬件连接,编写实验程序。

3. 实验条件

①基于 51 单片机的开发板或实验开发箱。

②PC 微机一台。

③Keil μVision2 软件开发环境。

4. 实验说明

RAM 的自检测试应该包含 4 个方面:数据线测试、地址线测试、单元测试和可靠性测试。实际上,在进行单元测试时,数据线和地址线也同时得到了测试,并且数据线和地址线连接的正确性,可以通过电路设计和印刷线路板制作工艺以保证。因此这里仅介绍单元测试和可靠性测试。

①单元测试

单元测试用于对被测 RAM 的存储区域进行测试。对单元的测试过程是向所有单元依次写入 0x55 和 0xaa(设数据线位数为 8,其他情况以此类推),如果读出的数据和写入的数据相等,则表示该单元测试正确,如果存在一次读写错误,则该单元测试错误。

②可靠性测试

在实时控制过程中,干扰经常会导致 RAM 中的数据冲毁或破坏,如果 RAM 中的各种原始数据、标志、变量被破坏,可能会造成系统出错或无法运行。因此,在系统软件中通常将重要数据及校验码分别保存在 RAM 的几个不同区域。在使用这些数据时,首先要验证其正确性,对于校验不正确的数据可以判断发生了数据保存出错,即可靠性测试错误。只有经可靠性测试正确的数据才能使用。数据块的可靠保存和测试,常用累加和或异或和方法。

a. 累加和测试

保存时,将数据块逐一存入存储区,同时求和并把累加和存放在数据块之后的单元。使用数据块时,首先读取数据块数据并求和,将读取时产生的累加和与保存时的累加和比较,若相等,表示该数据块保存正常可以使用,否则表示有错误。

　　b.异或和测试

　　保存时,将数据块逐一存入存储区,同时求异或(异或初值为0xff)并把异或和存放在数据块之后的单位。使用数据块时,首先读取数据块数据并求异或,将读取时产生的异或和与保存时的异或和比较,若相等,表示该数据块保存正常可以使用,否则表示有错误。

　　5.基础型实验

　　①外部32KB SRAM的扩展原理图如图4-13所示。在Keil环境下运行该程序,使用单步、断点、连续运行调试程序,查看结果。

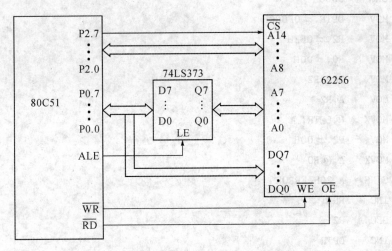

图4-13　32KB SRAM的扩展原理图

```
        ORG     0000H
        MOV     DPTR,#0000H
        MOV     R2,#00H
L0:     MOV     A,DPH
        CJNE    A,#80H,L2
        MOV     A,DPL
L1:     CJNE    A,#00H,L2
        SJMP    RIGHT
L2:     MOV     20H,R2
        MOV     A,R2
        MOVX    @DPTR,A
        MOVX    A,@DPTR
        CJNE    A,20H,ERROR
        INC     R2
        INC     DPTR
        MOV     B,#0FFH
        LJMP    L0
```

```
ERROR: MOV        B,#00H
       SJMP       ENDD
RIGHT: MOV        B,#0FFH
ENDD:  SJMP       $
       END
```

②基于基础型实验步骤①运行以下程序,在 Keil 环境运行该程序,使用单步、断点、连续运行调试程序,查看结果,并说明实验结果。

```
       ORG        0000H
       MOV        DPTR,#0F000H
       MOV        R2,#0FFH
       MOV        R0,#00H
L0:    MOV        20H,R2
       MOV        A,R2
       MOVX       @DPTR,A
       MOV        P2,#00H
       MOVX       A,@R0
       CJNE       A,20H,ERROR
       INC        R0
       DEC        R2
       INC        DPTR
       MOV        B,#0FFH
       CJNE       R2,#00H,L0
       SJMP       STOP
ERROR: MOV        B,#00H
STOP:  SJMP       $
       END
```

6. 设计型实验

①对于给定的外部 SRAM 扩展电路,画出流程并设计程序实现对外部 SRAM 的单元测试。

②画出流程并设计程序实现对外部 SRAM 可靠性存储的设计。较为简单的为异或校验,即将地址 0000H～07FFEH 单元中的内容异或其结果再与 0FFH 异或,并将该结果存储于 07FFFH;读取 SRAM 数据时,先对 0000H～07FFEH 单元中的内容异或,结果再与 0FFH 异或,得到的结果与 07FFFH 单元内容比较,相等表示保存的内容为可靠,否则出错。

7. 实验扩展及思考

①采用 CRC 校验算法实现对外部 SRAM 存储的可靠性设计。

②MARCH-G 算法是进行 RAM 检测的一种标准算法,查阅该算法的实现过程,试设计程序实现对 SRAM 的自检。

实验 17 Flash ROM 外部数据存储器实验

1. 实验目的

① 掌握 Flash ROM 29F010 数据读写方法;

② 掌握 8051 单片机扩展外部 ROM 作为数据存储器的方法。

2. 预习要求

① 理解 8051 单片机采用外部 XRAM 扩展方法扩展 Flash ROM 29F010,并了解其用途。

② 掌握采用 XRAM 实现对 Flash ROM 29F010 读写、擦除等操作;

③ 认真预习本节实验内容,设计实验的硬件连接,编写实验程序。

3. 实验条件

① 基于 51 单片机的开发板或实验开发箱;

② PC 微机一台;

③ Keil μVision2 软件开发环境;

④ AM29F010 芯片 1 片。

4. 实验说明

AM29F010 是 AMD 公司的多用途闪烁内存,容量为 1Mbit(128K×8)。与普通静态 RAM 芯片相似,AM29F010 的主要引脚包括地址线(A0～A16)、数据线(DQ0～DQ7)、片选信号(芯片使能,$\overline{E}$)、读信号(输出使能,$\overline{G}$)、写信号(写使能,$\overline{W}$)。按照 51 单片机扩展外部 RAM 的方法进行 AM29F010 扩展,要注意的一个问题是 51 单片机的地址线为 16 条,而 128K 容量的 AM29F010 需要 17 条地址线,因此其最高位地址线要连接到一根 I/O 口线上,单片机访问 Flash 的前 64K 时,该口线置低电平;访问 Flash 的后 64K 时,该口线置高电平。具体连接示意图如图 4-14 所示。

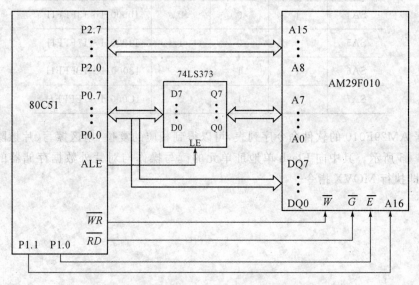

图 4-14 扩展 Flash ROM 29F010 的原理图

　　AM29F010 闪烁存储器读操作与普通存储器的读操作一致,而擦、写操作相对复杂一些,需要向 Flash Memory 命令寄存器写入一串命令序列来完成相应的操作。软件命令序列如表 4-4 所示。

表 4-4　软件命令序列表

命令序列	总线写周期1		总线写周期2		总线写周期3		总线写周期4		总线写周期5		总线写周期6	
	地址	数据	地址	数据	地址	数据	地址	数据	地址	数据	地址	数据
读	RA	RD										
复位	5555	AA	2AAA	55	5555	0F0						
字节编码	5555	AA	2AAA	55	5555	0A0						
扇区擦除	5555	AA	2AAA	55	5555	80	5555	0AA	2AAA	55	SA	10
片擦除	5555	AA	2AAA	55	5555	80	5555	0AA	2AAA	55	5555	30

注:a. RA 为所读存储器地址;b. RD 为所读存储器地址中的数据;c. SA 为扇区地址;d. 表中地址、数据皆为十六进制数。

　　AM29F010 闪烁存储器共分为 8 个扇区,每个扇区为 16K 个单元,如表 4-5 所示。

表 4-5　AM29F010 扇区地址表

扇区	A16	A15	A14	地址范围
SA0	0	0	0	00000H～03FFFH
SA1	0	0	1	04000H～07FFFH
SA2	0	1	0	08000H～0BFFFH
SA3	0	1	1	0C000H～0FFFFH
SA4	1	0	0	10000H～13FFFH
SA5	1	0	1	14000H～17FFFH
SA6	1	1	0	18000H～1BFFFH
SA7	1	1	1	1C000H～1FFFFH

　　根据 AM29F010 的软件命令序列表,可以得到相应的复位、扇区擦写、片擦除程序流程如图 4-15 所示。其中向 Flash 单地址单元的读写操作与对片外数据存储器的读写操作一致,即执行 MOVX 指令。

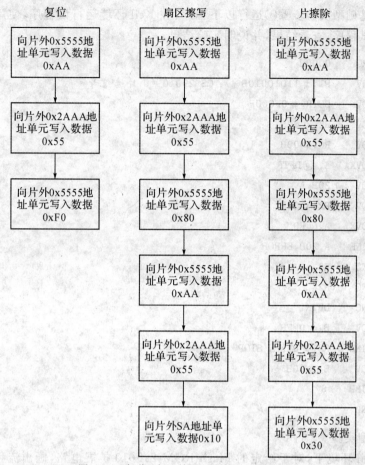

图 4-15 复位、扇区擦写、片擦除程序流程

5. 基础型实验

①在 Keil 环境运行该程序,使用单步、断点、连续运行调试程序,查看结果。

```
            ORG     0000H
CHIP_RESET: MOV     P1,#11111100B      ;E̅=0 片选信号有效
            MOV     DPTR,#5555H        ;芯片复位
            MOV     A,#0AAH
            MOVX    @DPTR,A            ;5555H/AAH
            MOV     DPTR,#2AAAH
            MOV     A,#55H
            MOVX    @DPTR,A            ;2AAAH/55H
            MOV     DPTR,#5555H
            MOV     A,#0F0H
            MOVX    @DPTR,A            ;5555H/F0H
            LJMP    $
            END
```

②基于基础型实验步骤①运行以下程序，在 Keil 环境运行该程序，使用单步、断点、连续运行调试程序，查看结果，并说明实验结果。

```
            ORG     0000H
            MOV     P1,#11010010B    ;CS_29010＝0 片选信号
            MOV     DPTR,#0F000H
            MOV     R2,#00H
            MOV     R0,#00H
L0:         MOVX    A,@DPTR
            MOV     20H,A
            MOV     P2,#00H
            MOVX    A,@R0
            CJNE    A,20H,ERROR
            INC     R0
            INC     R2
            INC     DPTR
            MOV     B,#0FFH
            CJNE    R2,#0FFH,STOP
ERROR:MOV          B,#00H
STOP: SJMP         $
            END
```

6.设计型实验

①在 Keil 环境下，对于给定的 Flash ROM 29F010 扩展电路，画出流程并设计程序实现对外部 Flash ROM 29F010 的片擦除、块擦除程序的设计。

②在 Keil 环境下，对于给定的 Flash ROM 29F010 扩展电路，画出流程并设计程序实现对外部 Flash ROM 字节写操作。

③参照实验 16 设计型实验步骤③，画出流程并设计程序采用校验和方法实现对 Flash ROM 29F010 的可靠性存储设计。

7.实验扩展及思考

①画出流程并设计程序采用 CRC 方法实现对 Flash ROM 29F010 的可靠性存储设计。

②查阅国标汉字库的存储方法，思考如果采用 29F010 存储 16×16 点阵的国标一、二级汉字库，汉字点阵库在 29F010 是如何存储的，编写程序实现对指定机内码的汉字点阵的读取。

实验 18 定时器实验

1. 实验目的

①掌握 8051 的定时器中断编程方法；

②了解定时器的应用、定时程序的设计和调试技巧。

2. 预习要求

①理解定时器的 4 种工作方式；

②理解 TMOD 寄存器中 GATE、C/T 控制位的作用；

③理解定时器中断服务程序的响应过程；

④理解定时器实现精确定时的方法；

⑤认真预习本节实验内容，设计硬件连接电路，编写实验程序。

3. 实验条件

①基于 51 单片机的开发板或实验开发箱；

②PC 微机一台；

③Keil μVision2 软件开发环境。

4. 实验说明

利用软件延时和定时器定时都可以实现定时功能。两种方法的不同之处是，软件延时需要消耗 CPU 时间，而利用定时器的定时功能和中断功能，可以在很少消耗 CPU 资源的情况下，得到精确的定时间隔。

但是对于几微秒到几十微秒的定时，通常采用软件延时实现。例如运用软件方式结合 I/O 口线，可以获得较高频率的脉冲波（或方波）。若利用定时器定时，由于需要响应中断和执行中断服务程序，脉冲的最高频率反而受到限制。

以下例程设 80C51 单片机的晶振为 12M，即机器周期为 $1\mu s$。

产生最高频率脉冲波的程序：

```
        ORG     0100H
LOOP: SETB    P1.0            ;1 个机器周期
        CLR     P1.0            ;1 个机器周期
        SJMP    LOOP            ;2 个机器周期
        END
```

该程序在引脚 P1.0 上产生了周期为 $4\mu s$、频率为 250kHz 的脉冲波形。在每个周期中，高电平时间为 $1\mu s$，低电平时间为 $3\mu s$，占空比为 1/4。

产生最高频率方波信号的程序：

```
        ORG     0100H
LOOP: CPL     P1.0            ;1 个机器周期
        SJMP    LOOP            ;2 个机器周期
        END
```

该程序周期为 $6\mu s$,高电平时间＝低电平时间＝$3\mu s$。占空比为 $1/2$,即是方波。

利用定时器产生不同长度时间间隔的方法(在系统晶振＝12M 时),如表 4-6 所示。

表 4-6　利用定时器产生不同长度时间间隔的方法

最长时间间隔(μs)	方法
256	8 位定时器,自动重装载方式
65536	16 位定时器
无限长	16 位定时器及软件循环

5. 基础型实验

①系统的时钟为 12MHz,现欲实现 10ms 的精确定时,完成空白处程序填写,并在 Keil 环境运行程序,观察实验现象。

```
ORG     0000H
MOV     TMOD, # _____
MOV     TL0, # _____
MOV     TH0, # _____
SETB    TR0
JNB     TF0, $
CLR     TF0
SJMP    $
END
```

②如图 4-16 所示,假设采用 P1.0 口控制外部 LED,用拨动开关控制外部中断连接到高电平或低电平。在 Keil 环境运行以下程序,分别拨动 KEY 于高低电平位置,观察实验现象,并说明所发生实验现象的原因。

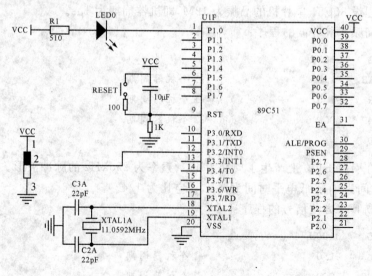

图 4-16　INT0 引脚控制定时器启停电路

```
        ORG     0000H
        LJMP    MAIN
        ORG     000BH
        LJMP    TIMER0
        ORG     0030H
MAIN:   CLR     P1.0
        MOV     TMOD,#0AH
        MOV     TL0,#50H
        MOV     TH0,#50H
        SETB    TR0
        SJMP    $
TIMER0: CPL     P1.0
        RETI
        END
```

③硬件连接同上,定时器采用工作方式 2,即 8 位自动重装载方式,定时器 100μs 中断一次。软件对 100μs 中断次数计数 10000 次,就是 1s。全速运行下列程序,可以看到发光二极管 LED0 隔 1s 点亮一次,点亮时间为 1s。

流程图如图 4-17 所示。

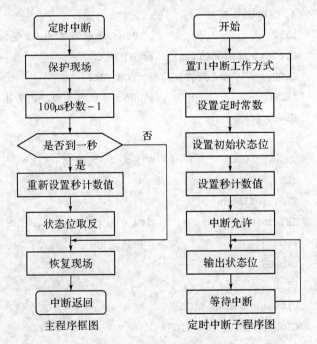

图 4-17 1s 定时程序流程

源程序：

```
              TICK      EQU   10000        ; 10000 × 100μs = 1s
              T100us    EQU   20           ; 100μs 时间常数(6M)
              C100us    EQU   5H           ; 100μs 记数单元
              LEDBUF    BIT   00H
              LED       BIT   P1.0


              ORG       0000H
              LJMP      START
              ORG       000BH
              LJMP      TOINT
              ORG       0100H
TOINT:  PUSH      PSW
              MOV       A, C100us + 1
              JNZ       GOON
              DEC       C100us
GOON:   DEC       C100us + 1
              MOV       A, C100us
              ORL       A, C100us + 1
              JNZ       EXIT              ; 100μs 计数器不为 0, 返回
              MOV       C100us, #HIGH(TICK)  ; #HIGN(TICK)
              MOV       C100us + 1, #LOW(TICK) ; #LOW(TICK)
              CPL       LEDBUF            ; 100μs 计数器为 0, 重置计数器, 取反 LED
EXIT:   POP       PSW
              RETI
START:  MOV       TMOD, #02H        ; 方式 2, 定时器
              MOV       TH0, #T100us
              MOV       TL0, #T100us
              MOV       IE, #10000010B    ; EA = 1, IT0 = 1
              SETB      TR0               ; 开始定时
              CLR       LEDBUF
              CLR       P1.0
              MOV       C100us, #HIGH(TICK)
              MOV       C100us + 1, #LOW(TICK)
LOOP:   MOV       C, LEDBUF
              MOV       P1.0, C
              SJMP      LOOP
              END
```

6. 设计型实验

①设计利用定时器的 16 位定时方式实现 1s 定时的程序,说明与 8 位自动重装载方式的差异。

②结合实验 15 显示模块,画出流程并设计程序实现利用定时器设计 1min 倒计时器。

③结合实验 15 显示模块,画出流程并设计程序实现 24h 实时时钟功能。

7. 实验扩展及思考

①利用单片机的定时器,由某一 I/O 口线输出一周期为 200ms 的 PWM 波,占空比从 0%~100%线性调节,调节时间为 10s。

②用单片机实现的电子钟走时精度与哪些因素有关?

实验 19　计数器与频率测量实验

1. 实验目的

①掌握 8051 的计数器中断编程方法;

②了解计数器的应用。

2. 预习要求

①理解定时器/计数器的 4 种工作方式及异同点;

②理解 INT0、INT1 对计数器的控制作用;

③理解测频的基本原理;

④认真预习本节实验内容,设计实验的硬件连接图,编写实验程序。

3. 实验条件

①基于 51 单片机的开发板或实验开发箱;

②PC 微机一台;

③Keil μVision2 软件开发环境;

④信号发生器 1 台。

4. 实验说明

①测频原理

所谓“频率”,就是周期信号在单位时间(秒)内变化的次数。若外部信号为脉冲信号,则要测量的“频率”就是单位时间内检测到的脉冲数。对于频率测量有两种方法,一种是测量单位时间内被测信号的脉冲个数,称为“测频法”,通常用于测量高频信号;另一种是测量待测信号的周期,再用周期计算出频率,这种间接测量的方法称为“测周法”,通常用于测量低频信号。

测频法的测量过程如图 4-18 所示。在定时时间 T(计数闸门)内,对输入脉冲信号进行计数,即可得到其频率。设在定时时间 T 内计数器的计数值为 N,则待测信号的频率 $f_x = N/T$。假设定时时间 $T = 1s$,计数器的值 $N = 1000$,则待测信号频率 $f_x = 1000\text{Hz}$。

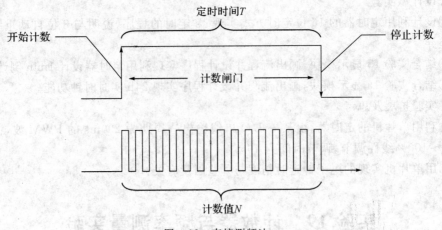

图 4-18   直接测频法 a

下面分析运用测频法测量频率的精度。如图 4-19 所示，在定时时间 T 内，脉冲信号基本上只有 3 个周期，但由于是上升沿计数，实际的计数值为 4，即多计了一个脉冲。而图 4-20 所示情况是脉冲信号基本上是 4 个周期，但实际计数值为 3，即少计了一个脉冲。因此计数器的计数误差是 ± 1。从以上分析可知，在定时时间 T 内，假设实际脉冲数为 N，而实际计数值可能为 N、$N+1$ 或 $N-1$，± 1 的计数误差是计数原理决定的。因此频率测量误差为：

$$\Delta = \frac{f_{测量} - f_{实际}}{f_{实际}} = \frac{\dfrac{N \pm 1}{T} - \dfrac{N}{T}}{\dfrac{N}{T}} = \frac{\dfrac{\pm 1}{T}}{\dfrac{N}{T}} = \frac{\pm 1}{N} = \frac{\pm 1}{f_{测量}}$$

由上式可知，测量误差与待测脉冲信号在定时时间内的实际个数 N 有关，N 越大，则测量误差 Δ 越小，反之则越大。对于同一待测信号，若增大定时时间 T，则闸门时间内的实际脉冲数 N 会增大，即频率测量误差 Δ 变小，反之则变大。在实际测量系统中，如基于 51 单片机的测量系统，由于其内部是 16 位的计数器（最大计数值是 65536），有时需要通过减小定时时间 T 的办法来增大测量频率上限，但是也增大了测量误差，因此在实际应用中应综合考虑频率范围和测量精度，设置合理的定时时间 T。

总之，测频法比较适合于测量 N 值较大的信号（前提是在计数器的计数范围内），即频率较高的信号。

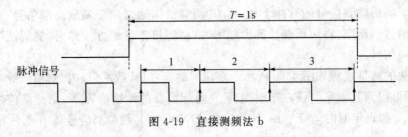

图 4-19   直接测频法 b

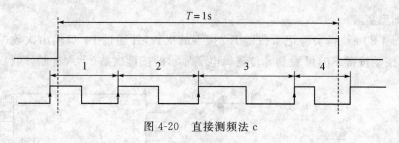

图 4-20　直接测频法 c

②测频电路及软件设计

根据测频法的原理,待测信号可以连接单片机中一个定时器/计数器的输入端(T0 或 T1),另一个定时器/计数器通常用作闸门时间 T 的定时。硬件连接如图 4-21 所示。

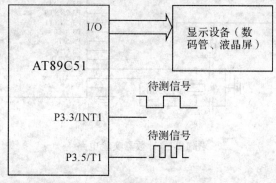

图 4-21　测频、测周硬件连接图

软件设计流程如图 4-22 所示。设置定时器 T0 工作于定时方式,T1 工作于计数方式,计数脉冲为外部待测信号。设置 T0 的定时时间为 50ms,允许中断,即 50ms 产生一次中断,当 T0 产生第 20 次中断时,表示定时 1s 时间到,此时读取 T1 的计数值,即为 1s 时间内记录的外部脉冲数,也即信号的频率值,将该数值转化为十进制数送显示设备进行显示。

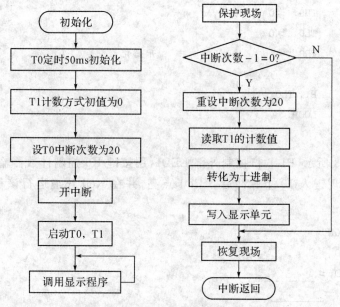

图 4-22　测频法主程序和中断服务程序流程

5. 基础型实验

①如图 4-23 所示,实验记录按键 K0 按下的次数,并通过 P1 口输出次数。运行以下程序,连续按动按键 K0,可看到 8 位逻辑电平显示的按键次数(十六进制计数)。

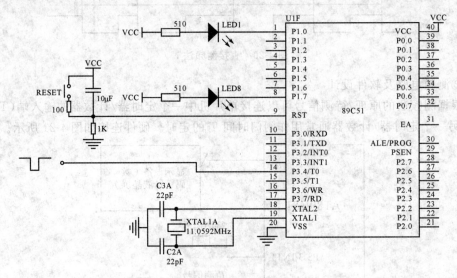

图 4-23　计数器实验电路

源程序:

```
        ORG    0000H
        LJMP   START
        ORG    0030H
START:
        MOV    TMOD, #00000101b      ;方式 1,计数器
        MOV    TH0, #0
        MOV    TL0, #0
        SETB   TR0                    ;开始记数
LOOP:
        MOV    P1, TL0
        SJMP   LOOP
        END
```

②如图 4-23 所示,P1.0 口控制外部 LED1,用按键 K0 控制计数器输入。完成空白处程序填写,实现键入 10 个脉冲后,LED1 点亮,并在 Keil 环境运行该程序,观察实验现象。

```
ORG    0000H
SETB   P1.0
MOV    TMOD, # _____
MOV    TL0, # _____
```

```
    MOV    TH0,#_____
    SETB   TR0
    JNB    TF0,$
    CLR    TF0
    CLR    P1.0
    SJMP   $
    END
```

6. 设计型实验

①累计按键 K0 按下的次数保存到内部 RAM 30H 单元中,并且每按键一次,LED0 点亮 0.25s。

②画出流程并设计程序实现对 100kHz 频率 TTL 方波信号进行 10 分频的设计,占空比分别为 1:1 和 4:1,并用示波器查看结果。

③基于测频原理,画出流程并设计程序实现测量外部脉冲信号的频率,并实时显示测量频率值。

7. 实验扩展及思考

①对于频率为 10Hz～10kHz 的脉冲信号,分析采用测频法的最大测量误差和最小测量误差(设闸门时间为 1s)。

②可以通过哪些方法来提高频率的测量上限?

实验 20　　外部中断与周期测量实验

1. 实验目的

①理解外部中断的响应过程;

②掌握外部中断的应用及编程方法。

2. 预习要求

①深入理解外部中断的响应过程,掌握边沿触发、电平触发两种外部中断触发方式;

②掌握中断优先级的设置方法;

③理解测周法实现频率测量的方法与程序设计;

④认真预习本节实验内容,设计实验的硬件连接图,编写实验程序。

3. 实验条件

①基于 51 单片机的开发板或实验开发箱;

②PC 微机一台;

③Keil μVision2 软件开发环境。

4. 实验说明

①测周原理

对于低频信号可以通过测量信号的周期,获得信号的频率。

测量电路如图 4-21 所示,被测信号连接于单片机的外部中断输入端(INT0 或

INT1),可以通过中断方式检测待测信号相邻的两个下降沿(一个周期的起始和结束),来测得信号的周期。

测量过程如图 4-24 所示。设置 INT1 外部中断为下降沿触发方式,则外部脉冲信号的下降沿将产生 INT1 外部中断请求。用一个定时器如 T0 工作在定时方式 1(设置初值为 0000H)进行计时。第一次中断时,令 T0 开始定时,即 T0 开始计数,计数脉冲为单片机系统的机器周期 T_{sys};第二次中断时,令 T0 停止工作,并读取 T0 定时器 TH0、TL0 寄存器的值即 N,该数值即为两次中断(即两个下降沿)的时间间隔,也即为待测信号的周期。

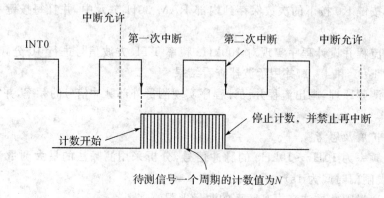

图 4-24   测周法原理(间接测频法)

由计数误差分析可知,周期测量同样存在±1 个定时脉冲的测量误差。设待测信号的实际周期为 $T_{实}$,则待测信号的测量周期 $T_{测}＝T_{实}±T_{sys}$。测量误差为:

$$\Delta=\frac{f_{测}-f_{实}}{f_{实}}=f_{测}/f_{实}-1=T_{实}/T_{测}-1=\frac{T_{实}}{T_{实}±T_{sys}}-1=\frac{±T_{sys}}{T_{实}±T_{sys}}\approx\frac{±T_{sys}}{T_{实}}$$

由以上分析可知,对于一个给定的待测信号,系统的测量误差与信号周期和系统机器周期 T_{sys} 有关,周期越小(即频率越高)测量误差越大。对于低频信号,由于 $T_{实}$ 比较大,因此测量误差就比较小。对于实际的单片机系统 T_{sys} 是确定的,如当 51 单片机的晶振频率为 12M 时,其机器周期 T_{sys} 为 1μs。例如测周法得到一个周期的计数值 $N＝24000$,即周期为 24ms,则其频率为 $\frac{1}{24ms}=41.7Hz$,测量误差 $\frac{±1\mu s}{24\times10^6\mu s}$ 可以忽略不计。

在实际测量时,通常信号的频率范围较宽,为保证整个频段范围内的测量精度,要分段对高频采用测频法,对低频采用测周法。

例如:某一脉冲信号的频率范围为 10Hz～5kHz,要求测量精度≤±0.2%。请设计测量方法。

解答:主要问题是用测频法或用测周法的分界频率的确定。

由于测频法的最大误差为:$\frac{±1}{f_{测量}}$,频率越低误差越大,为达到给定的测量精度,采用测频法的最低频率 f_{min} 必须满足:$\frac{±1}{f_{min}}=±0.2\%$,则 $f_{min}=\frac{±1}{0.2\%}=500Hz$

因此,对于频率≥500Hz 的信号,采用测频法(定时 1s),最大测量误差是±0.2%。

对于频率≤500Hz 的脉冲信号，采用测周法，其误差为 $\dfrac{T_{sys}}{T_{实}}$。最大误差为 500Hz 时的测量误差为±1μs/2000μs＝±0.05%。满足题目的测量精度要求。

②测周软件设计

测周程序流程如图 4-25 所示。T0 工作在定时方式，INT1 设置为下降沿触发方式，则外部信号每一个下降沿触发一次外部中断。第一次 INT1 中断时，设置 T0 的时间常数为 0，并启动 T0 开始定时；在下一次 INT1 中断时，停止 T0 工作，并读取 T0 寄存器的值，该值即为外部信号的周期。由该周期可以计算得到信号的频率。例如，测得 T0 的计数值为 N，单片机晶振频率为 f_s，则被测信号的周期为：$T_x = 12N/f_s$，被测信号的频率为：$f_x = f_s/(12N)$。

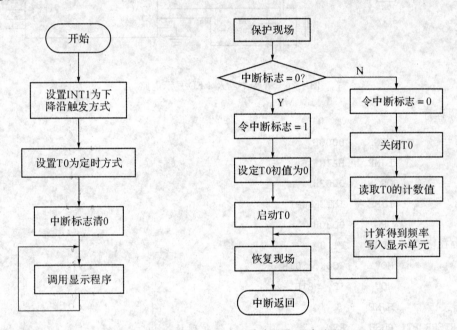

图 4-25　测周法主程序和中断服务程序流程

5. 基础型实验

①如图 4-26 所示，假设采用 P1.0 口控制外部 LED0，按键 Key 控制外部中断 INT0，在 Keil 环境运行以下程序，观察实验现象。

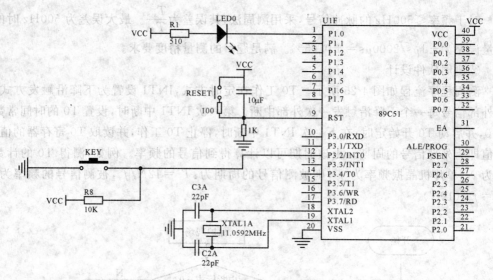

图 4-26 外部中断及 LED 显示电路

源程序：

```
            ORG     0000H
            LJMP    MAIN
            ORG     0003H
            LJMP    INTERRUPT
            ORG     0030H
MAIN:       CLR     P1.0
            MOV     TCON,#01H
            MOV     IE,#81H
            SJMP    $
INTERRUPT:  PUSH    PSW             ;保护现场
            CPL     P1.0
            POP     PSW             ;恢复现场
            RETI
            END
```

②在上述步骤①，如果改变中断的触发方式为电平触发方式，试改动程序，并在 Keil 环境运行程序，观察实验现象，说明实验结果。

6.设计型实验

①累计按键 Key 按下的次数保存到内部 RAM 中，并且每按键一次，LED0 点亮 0.25s。

②采用外部中断的电平触发方式，编写并运行程序，观察运行结果。记录一次按键动作，进入中断的次数。

③基于测周原理，设计程序实现测量外部脉冲信号的频率，并实时显示测量频率值。

7. 实验扩展及思考

①采用外部中断方式实现行列键盘扫描的设计,有何优点? 设计相应硬件电路及程序。

②低中断优先级的中断响应如何被高级中断响应所嵌套? 相同的中断是否会引起中断嵌套? 设计实验验证中断响应嵌套的过程。

实验 21 I^2C 总线编程与应用实验

1. 实验目的

①了解 I^2C 总线的标准及使用;

②掌握用 I^2C 总线方式读写串行 E^2PROM 24C02 的方法;

③熟悉 24C02 芯片的功能。

2. 预习要求

①理解 I^2C 总线实现器件的扩展及 I^2C 器件地址的作用;

②掌握 I^2C 总线时序,采用 I/O 实现 I^2C 总线时序的模拟;

③了解基于 I^2C 时序的串行 E^2PROM 在系统中的应用。

3. 实验条件

①基于 51 单片机的开发板或实验开发箱;

②PC 微机一台;

③Keil μVision2 软件开发环境;

④E^2PROM 24C02 芯片,静态数码管模块。

4. 实验说明

I^2C 总线为同步串行数据传输总线,用于单片机的外围扩展,包括一根数据线(SDA)和一根时钟信号线(SCL)。I^2C 总线器件的连接比较简单,80C51 单片机与多个 I^2C 总线器件连接的电路如图 4-27 所示。由于传统的 51 单片机没有集成 I^2C 总线接口,因此用两根口线连接并模拟 I^2C 总线时序(主)实现对 I^2C 从器件的操作。具体模拟程序的编写不在这里描述。

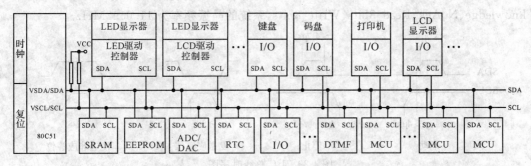

图 4-27 单片机与多个 I^2C 器件的硬件连接图

本实验以 E^2PROM 24C02 的自检程序为例说明 I^2C 总线的应用。对 24C02 的操作包括：单字节写、连续字节写、单字节读、连续字节读等，有关子程序流程如图 4-28 所示。

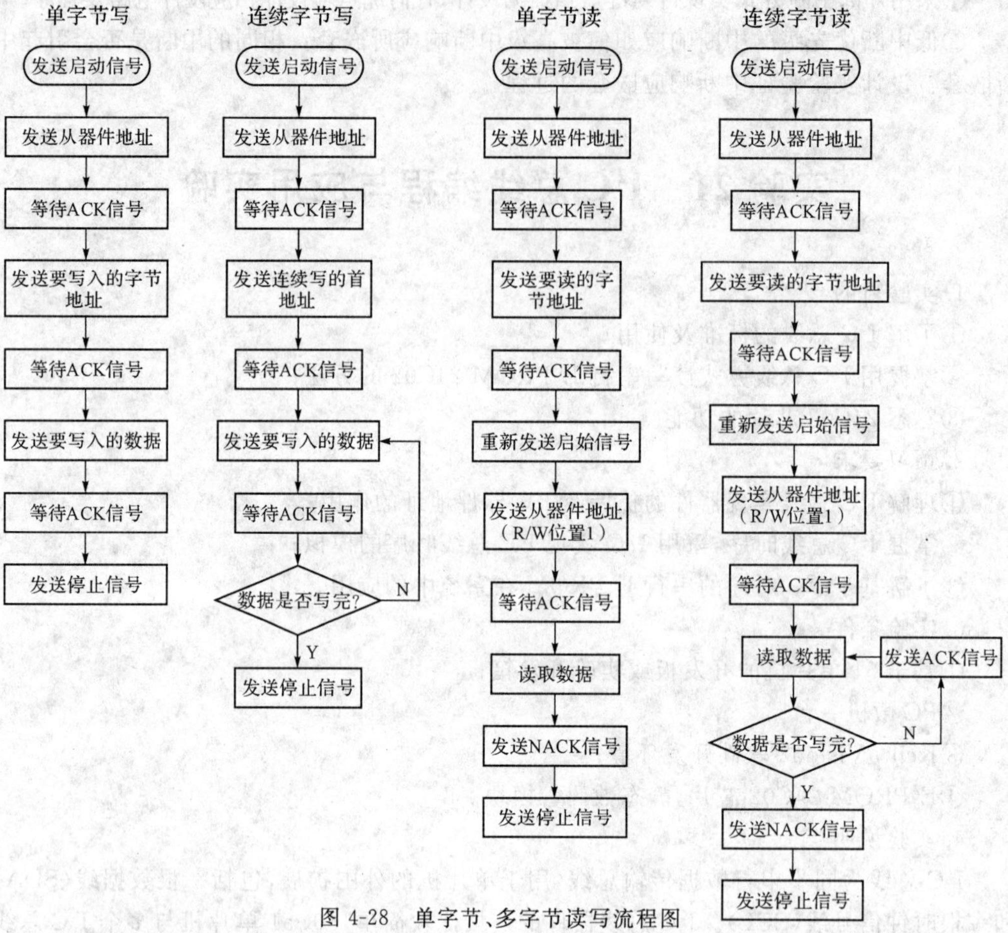

单字节写
发送启动信号
发送从器件地址
等待ACK信号
发送要写入的字节地址
等待ACK信号
发送要写入的数据
等待ACK信号
发送停止信号
连续字节写
发送启动信号
发送从器件地址
等待ACK信号
发送连续写的首地址
等待ACK信号
发送要写入的数据
等待ACK信号
数据是否写完?
N
Y
发送停止信号
单字节读
发送启动信号
发送从器件地址
等待ACK信号
发送要读的字节地址
等待ACK信号
重新发送启始信号
发送从器件地址（R/W位置1）
等待ACK信号
读取数据
发送NACK信号
发送停止信号
连续字节读
发送启动信号
发送从器件地址
等待ACK信号
发送要读的字节地址
等待ACK信号
重新发送启始信号
发送从器件地址（R/W位置1）
等待ACK信号
读取数据
发送ACK信号
数据是否写完?
N
Y
发送NACK信号
发送停止信号

图 4-28 单字节、多字节读写流程图

5. 基础型实验

①根据图 4-29 时序，分别编写用 I/O 端口模拟 I^2C 总线的启动、停止、发送应答位、发送非应答位、读八位数据、写八位数据子程序，程序名称分别命名为 Start、Stop、Acknowledge、NoAck、Read_8bits、Write_8bits，系统的晶振频率为 11.0592MHz。

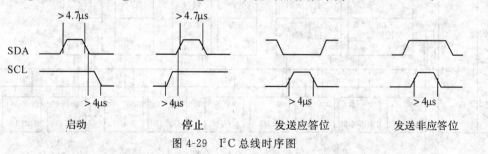

>4.7μs
>4.7μs
SDA
SCL
>4μs
>4μs
>4μs
>4μs
启动
停止
发送应答位
发送非应答位

图 4-29 I^2C 总线时序图

②根据基础型实验①设计的子程序，设计读取 24C02 一个字节数据的子程序如下，请仔细阅读，并设计调用主程序。

;读操作,分为字节读和连续读取操作

;字节读,一次读取一个字节,A-读取地址

```
Read_Byte:       PUSH     ACC
                 LCALL    Start
                 MOV      A,＃A24C02_Write
                 LCALL    Write_8bits
                 LCALL    Acknowledge
                 POP      ACC
                 LCALL    Write_8bits
                 LCALL    Acknowledge
Read_Current:    LCALL    Start
                 MOV      A,＃A24C02_Read
                 LCALL    Write_8bits
                 LCALL    Acknowledge
                 LCALL    Read_8bits
                 LCALL    Stop
                 RET
```

③根据基础型实验①设计的子程序,设计写入 24C02 一个字节数据的子程序如下,请仔细阅读,并设计调用主程序。

;页写,一次写入 8 个字节数据,A 中存放起始写入地址,R0 中存放数据首地址

```
Write_Page:      PUSH     07H
                 MOV      R7,＃8
                 PUSH     ACC
                 MOV      A,＃A24C02_WRITE
                 LCALL    Start
                 LCALL    Write_8bits
                 LCALL    Acknowledge
                 POP      ACC
                 LCALL    Write_8bits
                 LCALL    Acknowledge
                 PUSH     ACC
Write_Page_1:    MOV      A,@R0
                 LCALL    Write_8bits
                 LCALL    Acknowledge
                 INC      R0
                 DJNZ     R7,Write_Page_1
                 LCALL    Stop
                 CLR      A
```

```
              LCALL    AckPolling
              POP      ACC
              POP      07H
              RET
```

;等待写操作完成

```
AckPolling:MOV        A,#A24C02_Write
              LCALL    Start
              LCALL    Write_8bits
              SETB     SDA
              SETB     SCL
              LCALL    Delay_Time
              JB       SDA,AckPolling
              CLR      SCL
              LCALL    Stop
              RET
```

6.设计型实验

①编写页擦写子程序。

②设计 24C02 的自检程序。自检程序的设计思想为：向 24C02 的起始单元写数据 0x55，然后读出数据，查看读出数据是否与写入数据相同，如果相同则检测下一单元，直到 256 个字节检测结束；如果 256 个字节检测全部正确，则重复上述步骤，只是写入数据改成 0xAA。如果两次循环过程中，每个字节的写入和读出数据一致，则在静态数码管上显示"Good"；如果有任一单元出现写入和读出不一致的状况，则在数码管上显示"Er-ror"。

7.实验扩展及思考

①一个系统当中最多可以扩展几片 24C02？如何对不同 24C02 进行寻址？

②一个系统当中最多可以扩展几片 I^2C 器件，为什么？

实验 22   7279 应用实验

1.实验目的

①掌握采用 SPI 串行方式实现器件的扩展；

②掌握用 HD7279A 芯片实现显示的编程方法；

③掌握用 HD7279A 芯片实现键盘程序设计方法。

2.预习要求

①仔细阅读 HD7279 的芯片说明书，理解 HD7279 读写时序及控制指令；

②理解 HD7279 实现多位 8 段数码管显示的控制方法；

③理解 HD7279 实现行列式键盘的扩展方法；

④认真预习本节实验内容,设计器件之间的实验连接线,编写实验程序。

3.实验条件

①基于 51 单片机的开发板或实验开发箱;

②PC 微机一台;

③Keil μVision2 软件开发环境;

④HD7279A 芯片 1 个;

⑤8 位共阴极数码管和 4 行×4 列键盘。

4.实验说明

HD7279A 是采用串行接口的键盘/显示管理驱动芯片,可连接 64 个按键的键盘矩阵,能驱动 8 个共阴极数码管(或 64 只独立 LED)。HD7279A 具有译码、非译码等多种显示功能,消隐、闪烁、左移、右移、段寻址等多种控制功能,以及自动扫描和识别键盘功能;当扫描到有按键按下时,输出引脚 KEY 变低,该信号可以连接到单片机的中断引脚或普通 I/O 口线,单片机以中断方式或查询方式读取键值。与单片机构成的系统可如图 4-30 所示。

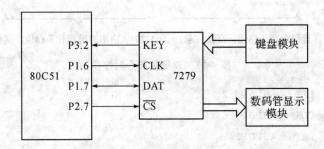

图 4-30　模拟实时时钟的硬件连接

HD7279A 的指令分为三类:

①不带数据的纯指令:单字节指令。

②带数据字节的指令:双字节指令,第一字节为指令码,第二字节为数据。

③读取键值指令:双字节指令,第一字节为 MCU 发送到 HD7279 表示要读取键值的指令码;第二字节为 HD7279A 返回给 MCU 的键值。

7279A 的具体指令和操作方式这里不作详细介绍。

5.基础型实验

根据图 4-31、图 4-32 和图 4-33 所示三个时序图编写的 HD7279 数据读写的子程序如下,请仔细阅读,完成空白处指令填写,并设计调用主程序。

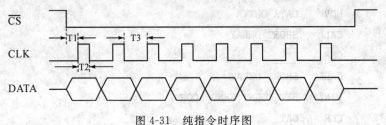

图 4-31　纯指令时序图

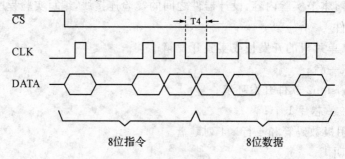

8位指令   8位数据

图 4-32　带数据指令时序

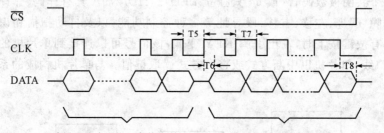

读键盘指令(8位，高位在前)　HD7279A输出的键盘代码(8位，高位在前)

图 4-33　读键盘指令时序图

```
        KEY     BIT P3.2
        CLK     BIT P1.6
        DAT     BIT P1.7
        CS      BIT P2.7

;发送子程序
SEND：        MOV     BIT_COUNT,＃8
              CLR     CS
              CALL    LONG_DELAY

SEND_LOOP：    MOV     C,DATA_OUT.7
              MOV     DAT,__
              SETB    ____
              MOV     A,DATA_OUT
              RL      ____
              MOV     DATA_OUT,A
              CALL    SHORT_DELAY
              CLR     ____
              CALL    SHORT_DELAY
              DJNZ    BIT_COUNT,SEND_LOOP
              CLR     DAT
```

```
                    RET
;接收子程序
RECEIVE:      MOV     BIT_COUNT, #8
              SETB    DAT
              CALL    LONG_DELAY
RECEIVE_LOOP:
              SETB    ____
              CALL    SHORT_DELAY
              MOV     A,DATA_IN
              RL      A
              MOV     DATA_IN,A
              MOV     C,__
              MOV     DATA_IN.0,C
              CLR     ____
              CALL    SHORT_DELAY
              DJNZ    BIT_COUNT,RECEIVE_LOOP
              CLR     DAT
              RET
;延时子程序
LONG_DELAY:   MOV     TIMER, #80
DELAY_LOOP:   DJNZ    TIMER,DELAY_LOOP
              RET
SHORT_DELAY:  MOV     TIMER, #6
SHORT_LP:     DJNZ    TIMER,SHORT_LP
              RET
              END
```

6. 设计型实验

①基于基础型实验编写的 HD7279 读写程序，结合图 4-34 所示的 HD7279 扩展 8 段数码显示及键盘电路图，设计流程并编写程序，实现在数码管上逐位显示按键键值的功能。

②基于设计型实验①，设计流程并编写程序，实现学号的输入，并自右向左滚动显示学号的功能。

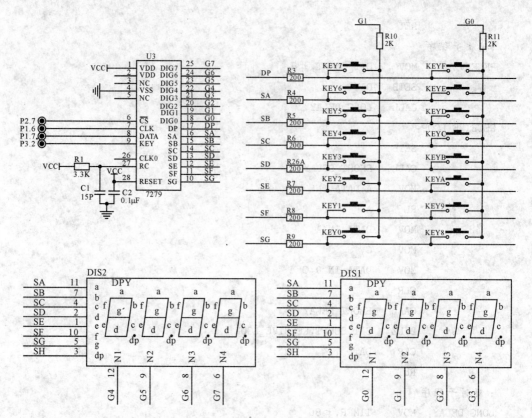

图 4-34 HD7279 实现 8 段数码显示及键盘扩展电路图

7. 实验扩展及思考

① 结合定时器功能,设计流程并编写程序,实现 24 小时实时时钟的功能。

② 如何进行 7279 的级联,实现 16 位或更多位数码管的显示?

实验 23 并行 A/D、D/A 实验

1. 实验目的

① 掌握采用并行接口实现外部器件的扩展方法;

② 掌握 ADC0809 模/数转换芯片与单片机的接口设计及 ADC0809 的典型应用;

③ 掌握 DAC0832 数/模转换芯片与单片机的接口设计及 DAC0832 的典型应用。

2. 预习要求

① 理解内存与 I/O 统一编址的外设端口地址的映射及控制;

② 理解用查询方式、中断方式完成模/数转换程序的编写方法;

③ 理解 DAC0832 直通方式、单缓冲器方式、双缓冲器方式的编程方法;

④ 认真预习本节实验内容,设计硬件连接电路图,编写实验程序。

3. 实验条件

①基于 51 单片机的开发板或实验开发箱；

②PC 微机一台；

③Keil μVision2 软件开发环境；

④万用表 1 个；

⑤示波器 1 台；

⑥ADC0809 芯片 1 个；

⑦DAC0832 芯片 1 个。

4. 实验说明

①关于 ADC0809

ADC0809 的内部结构和转换时序如图 4-35 所示。

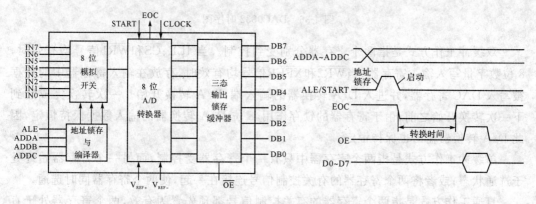

图 4-35　ADC0809 内部结构和转换时序图

ADC0809 从启动转换到转换结束的转换时间为 $100\mu s$ 左右。ADC0809 转换是否结束可以通过 EOC 管脚表征。START 信号下降沿启动转换，EOC 随即变为低电平，并保持到 A/D 转换结束，EOC 变为高电平。EOC 信号可用来作为 A/D 转换结束的查询信号或中断请求信号。读取转换结果有三种方法：延时法、查询法和中断法。

延时法：启动 A/D 转换，调用延时子程序（延时时间≥转换时间），读取 A/D 转换结果。

查询法：启动 A/D 转换，随后不断查询 EOC（该引脚连接到 MCU 的 I/O 引脚上）的电平状态，并判断是否为高电平。如果条件满足，表示转换结束，可读取转换结果。

中断法：利用 EOC 转换结束后产生的电平变化，触发单片机的外部中断，在中断服务程序中，读取转换结果。由于转换结束 EOC 从低电平变为高电平，即产生上升沿，与89C51 单片机外部中断的下降沿触发要求相反，所以 EOC 需经过一个反相器，再与外部中断引脚连接。

②关于 DAC0832

DAC0832 的内部结构如图 4-36 所示，由输入寄存器、DAC 寄存器和 8 位 D/A 转换器组成，采用双缓冲寄存器结构，能实现双缓冲、单缓冲和直通三种工作方式。

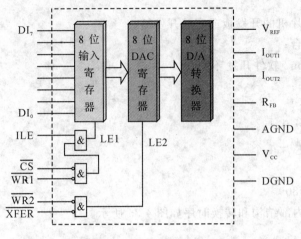

图 4-36   DAC0832 时序图

双缓冲工作方式是指两个寄存器分别受到控制。当 ILE、$\overline{CS}$ 和 $\overline{WR1}$ 信号均有效时，8 位数字量写入输入寄存器；当 $\overline{WR2}$ 和 $\overline{XFER}$ 信号均有效时，存放在输入寄存器中的数据被写入 DAC 寄存器，并进入 D/A 转换器的输入端，D/A 转换开始。一次转换完成后到下一次转换开始之前，由于寄存器的锁存作用，8 位 D/A 转换器的输入数据保持恒定，因此 D/A 转换器输出也保持恒定。

单缓冲工作方式是指两个寄存器中只有一个寄存器受控，而另一个寄存器始终处于选通状态；或者将两个寄存器的有关控制信号连接在一起，使两个寄存器同时选通。

直通工作方式是指两个寄存器的有关控制信号都预先置为有效，两个寄存器处于直接选通状态。此时，只要芯片数字量输入端数据变化，就立即进入 D/A 转换器进行转换。这种方式应用较少。

5. 基础型实验

① 80C51 扩展 ADC0809 的硬件电路如图 4-37 所示。在 Keil 环境设置断点运行以下程序，调节 IN0 端的输入电压，观察寄存器内容变化情况。

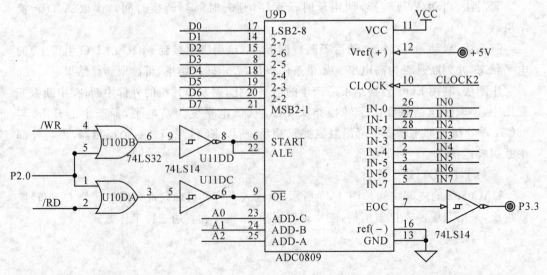

图 4-37   ADC0809 的扩展电路图

```
        ORG     0000H
MAIN: CLR     A
        SETB    P3.3                ;设定与 EOC 接口 I/O 处于接收状态
        MOV     DPTR,#0FEF8H        ;选择 A/D 端口地址
        NOP
        MOVX    @DPTR,A             ;启动 A/D 转换
WAIT: JB      P3.3,WAIT
        MOVX    A,@DPTR             ;读入结果
        NOP
        MOV     R0,A
        SJMP    $
```

②80C51 单片机扩展 8AC0832 的硬件电路如图 4-38 所示。填写下列程序中的空白处，在 Keil 环境设置断点运行该程序,用万用表测量输出值 Vout 的变化。

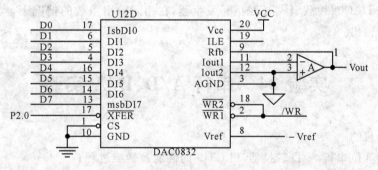

图 4-38　DAC0832 的扩展电路图

```
        ORG     0100H
START: MOV     DPTR,#0FEFFH        ;置 DAC0832 的地址
LP:   MOV     A,#0FFH             ;设置输出值
        MOVX    @DPTR,A             ;启动 D/A 转换,输出满量程电压值
        LCALL   DELAY              ;延时
        MOV     A,#00H              ;设置输出值
        MOVX    @DPTR,A             ;启动 D/A 转换,输出 0 电平
        LCALL   DELAY              ;延时
        SJMP    LP                 ;连续输出
DELAY: MOV     R3,#11             ;延时子程序
D1:   NOP
        NOP
        NOP
        NOP
        NOP
        DJNZ    R3,D1
```

```
RET
END
```

6. 设计型实验

① 根据基础型实验①、②，利用 DAC0832 输出模拟量，并由 ADC0809 进行采集。分配端口实现硬件连接，画出流程并设计程序实现数据输出和采集功能。比较输出的数据跟采集到的数据是否一致，如不一致分析误差产生的原因。

② 分别采用延时法、查询法、中断法编写 ADC0809 的数据采集程序，并将采集到的十六进制结果显示在 8 段数码管上。

③ 采用 DAC0832 设计一简易的信号发生器。设计流程并编写程序产生 50Hz 的方波、锯齿波。

7. 实验扩展及思考

① 采用 ADC0809 的 8 个通道采集 8 个模拟量信号，并将实际电压值分通道、分时地显示在数码管上。

② 采用 DAC0832 设计一正弦信号发生器，在相同输出点数的情况下，实现最高频率正弦信号的输出。

实验 24   串行 A/D、D/A 实验

1. 实验目的

① 熟悉 8 位串行 A/D 转换器 TLC549 的性能及转换过程；

② 掌握单片机和 TLC549 的硬件连接及软件编程方法；

③ 熟悉 8 位串行 D/A 转换器 LTC1446 的性能及转换过程。

④ 掌握单片机和 LTC1446 硬件连接及软件编程方法。

2. 预习要求

① 熟悉 TLC549 使用说明，理解 TLC549 的 I/O 定义及其控制时序图；

② 熟悉 LTC1446 使用说明，理解 LTC1446 的 I/O 定义及其控制时序图；

③ 认真预习本节实验内容，设计硬件连接电路图，编写实验程序。

3. 实验条件

① 基于 51 单片机的开发板或实验开发箱；

② PC 微机一台；

③ Keil μVision2 软件开发环境；

④ 万用表 1 个；

⑤ 示波器 1 台；

⑥ TLC549 芯片 1 个；

⑦ LTC1446 芯片 1 个。

4.实验说明

①TLC549 使用说明

TLC549 是一个采用 SPI 总线的 8 位逐次逼近式模/数转换器,由采样/保持电路(T/H)、内部系统时钟电路、8 位电容阵列逐次比较寄存器、8 位并行转串行输出移位寄存器和逻辑控制及输出计数部件组成。TLC549 的输入信号在 REF−～REF＋范围内,转换时间包括 T/H 采样时间在内约为 $20\mu s$。串行接口只需三根数据线:$\overline{CS}$、CLOCK 和 DOUT,与微处理器的接口非常简单。其内部结构及控制时序如图 4-39、图 4-40 所示。

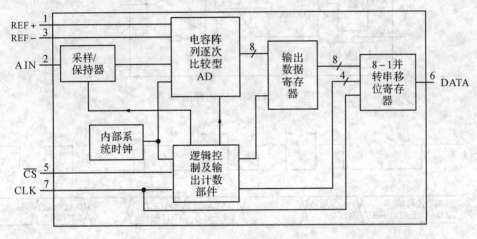

图 4-39　TLC549 内部结构

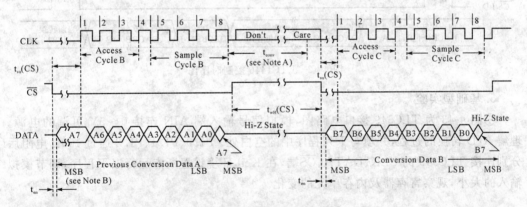

图 4-40　TLC549 控制时序图

②LTC1446 使用说明

LTC1446 是采用 SPI 接口的轨到轨的 DAC 转换器,输出的模拟电压的范围接近供电电源的范围,其内部由 24 位移位寄存器、上电复位电路、两个 DAC 转换器和输出放大器组成。移位寄存器实现数据串行输入到并行输出的转换,DAC 寄存器实现缓冲隔离作用,通过外电路的锁存控制,在 DAC 转换器转换期间,实现移位寄存器的输出与 DAC 转换器的连接,保证转换期间的数字量保持不变。其内部结构及控制时序如图 4-41、图 4-42 所示。

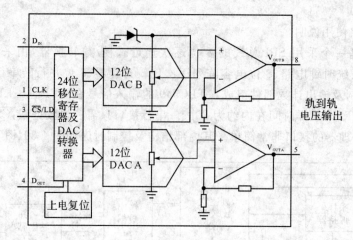

图 4-41 LTC1446 内部结构

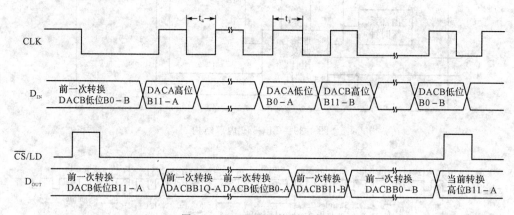

图 4-42 LTC1446 控制时序图

5. 基础型实验

①图 4-43 为 TLC549 接口电路图,模拟信号输入端 AIN 连接 0～5V 可调的电源。理解 A/D 转换的过程,并填写下列程序中的空白处。P1.0、P1.1、P1.2 通过 100Ω 电阻后分别连接 TLC549 的 CLK、DATA、$\overline{CS}$ 端,在 Keil 环境设置断点运行以下程序,调节模拟输入的大小,观察寄存器及内存单元的变化。

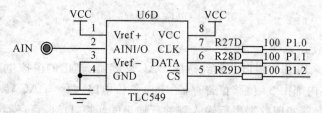

图 4-43 TLC549 接口电路图

```
        DATA      BIT     P1.0
        CLK       BIT     P1.1
        CS        BIT     P1.2
                  ORG   0000H
MAIN:             ACALL TLC549_ADC
L0:               MOV   R7,#0
                  DJNZ  R7,$
                  ACALL TLC549_ADC
                  MOV   R7,A              ;存转换结果
                  SJMP  L0
TLC549_ADC:CLR    A                       ;串行显示处理程序,结果存在A中
           CLR    ____
           CLR    ____
           MOV    R6,#8
ADLOOP:    SETB   ____
           NOP
           NOP
           MOV    __,DATA
           ____   A
           CLR    ____
           NOP
           DJNZ   R6,ADLOOP
           SETB   ____
           SETB   ____
           RET
           END
```

②图 4-44 为 LTC1446 接口电路图,设芯片的 CLK、DIN、CS 引脚通过 100Ω 电阻分别与 P1.0、P1.1、P1.2 相连。理解 D/A 转换的过程,填写下列程序的空白处。在 Keil 环境设置断点运行以下程序,并用万用表测量 OUT 端,观察其变化。

```
        DAT       BIT     P1.1
        CLK       BIT     P1.0
        CS        BIT     P1.2
        DATAH     EQU     50H
        DATAL     EQU     51H
        ORG       0000H
START:  MOV       SP,#60H
        MOV       DATAH,#0FH         ;改变数值可以改变高电平的峰值
        MOV       DATAL,#0FFH
```

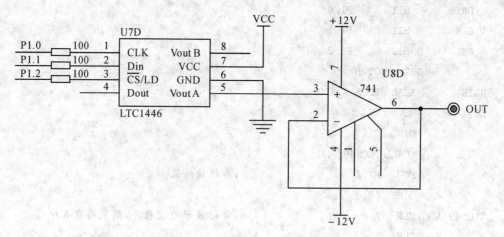

图 4-44　LTC1446 接口电路图

	ACALL	LTC1446_DAC	;调发送子程序
	MOV	DATAH,#000H	
	MOV	DATAL,#000H	
	ACALL	LTC1446_DAC	;调发送子程序
	MOV	DATAH,#000H	
	MOV	DATAL,#000H	;改变数值可以改变低电平的峰值
	ACALL	LTC1446_DAC	
	ACALL	LTC1446_DAC	;调发送子程序
	SJMP	START	;改变延时可以改变频率
LTC1446_DAC:	SETB	____	
	CLR	____	
	NOP		
	CLR	____	
	MOV	A,DATAH	;通道1高4位
	SWAP	A	
	MOV	R7,#4	
DALOOP1:	SETB	____	
	NOP		
	NOP		
	____	A	
	MOV	DAT,____	
	CLR	____	
	NOP		
	DJNZ	R7,DALOOP1	
	MOV	A,DATAL	;通道1低8位
	MOV	R7,#8	

```
DALOOP2：    SETB    ____
            NOP
            NOP
            RLC     A
            MOV     DAT,C
            CLR     CLK
            NOP
            DJNZ    R7,DALOOP2
            SETB    ____
            SETB    ____
            RET
            END
```

6. 设计型实验

① 根据基础型实验①、②，通过 LTC1446 输出模拟信号，再由 TLC549 进行数据采集。分配端口进行硬件连接，画出流程并设计程序实现该过程。比较输出数据与采集结果的一致性，分析存在误差的原因。

② 设计流程并编写程序实现将 TLC549 的采集结果显示在数码管上。

③ 采用 LTC1446 设计一简易的信号发生器，实现产生 50Hz 的方波和锯齿波。

7. 实验扩展及思考

① 采用 LTC1446 设计一正弦信号发生器，在相同输出点数的情况下，实现最高频率的输出。

② 某一系统需要 4 路模拟输出信号，若采用 LTC1446，如何设计电路实现级联以满足系统的要求。

第 5 章

硬件综合实验

实验 25   双色 LED 点阵显示实验

1. 实验目的

①掌握串行方式扩展并行 I/O 接口的方法；

②了解 8×8 LED 阵列显示的基本原理和功能；

③掌握 8×8 LED 阵列和单片机的硬件接口和软件设计方法。

2. 预习要求

①理解并行 I/O 扩展、串转并 I/O 扩展的异同点；

②了解 74HC595 实现串转并 I/O 扩展的时序；

③理解点阵 LED 显示的基本方法；

④认真预习本节实验内容，设计硬件连接电路图，编写实验程序。

3. 实验条件

①基于 51 单片机的开发板或实验开发箱；

②PC 微机一台；

③Keil μVision2 软件开发环境；

④双色 LED 阵列模块。

4. 实验说明

与 8 段数码管相比，点阵式 LED 能够显示更多的信息，如字符、简单的汉字等。常用的 LED 点阵有 5×7,8×8 等多种结构。

①点阵式 LED

图 5-1 所示的点阵式 LED 显示器，其每一行上 5 个 LED 按共阳连接，每一列上 7 个 LED 按共阴极连接。在点阵式 LED 上显示字符，首先要得到该字符的显示字模，然后通过逐行扫描方式，输出字模中的每行数值，即可实现多种字符的显示。一个点阵式 LED，需要行、列 2 个输出接口。

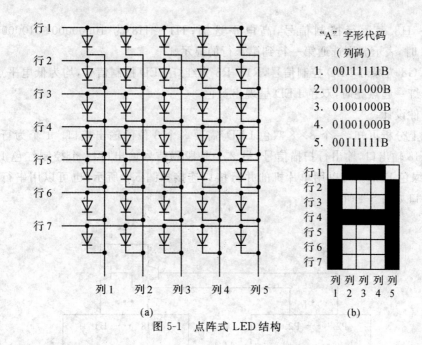

"A" 字形代码

（列码）

1. 00111111B
2. 01001000B
3. 01001000B
4. 01001000B
5. 00111111B

图 5-1 点阵式 LED 结构

②双色 LED 阵列

采用双色发光二极管构成的 LED 阵列即为双色 LED 阵列。图 5-2 为由 64 个双色 LED 组成的 8×8 LED 阵列结构图。

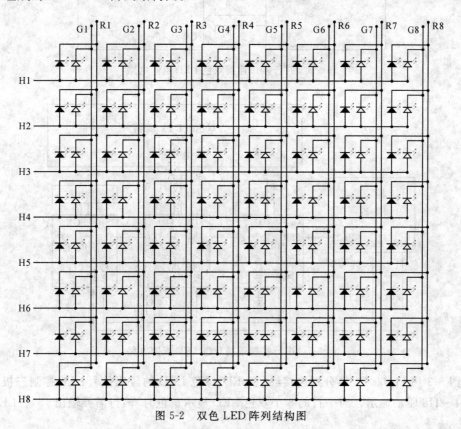

图 5-2 双色 LED 阵列结构图

H1～H8 表示行控制信号,高电平选通;H1～H8 为 10000000、01000000、…、00000001 时,表示分别选通第一行到第八行的显示。

G1～G8 为绿灯 LED 控制信号,R1～R8 为红灯 LED 控制信号,均为低电平点亮;当红灯和绿灯一起点亮时,双色 LED 呈现出黄色。

③硬件设计

由以上分析可知,一个 8×8 双色 LED,需要 3 个 8 位的输出接口。1 个为行控制信号 H1～H8 输出口,输出行扫描信号;另 2 个是段码信号输出口,1 个控制红色 LED,另 1 个控制绿色 LED。可以用单片机的并行接口连接如图 5-3 所示,也可以用串行方式扩展输出接口如图 5-4 所示。

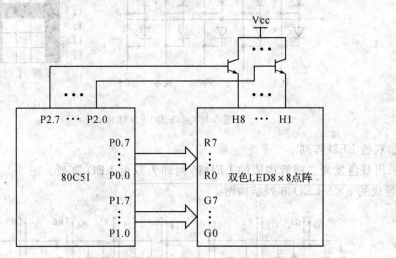

图 5-3　并行接口连接双色 LED 点阵电路

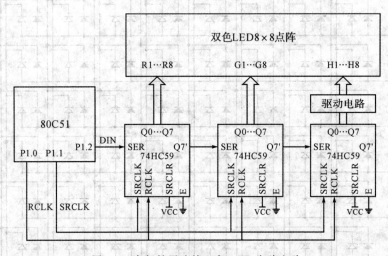

图 5-4　串行扩展连接双色 LED 点阵电路

图 5-3 用 P0 口、P1 口分别连接红色 LED、绿色 LED 的段码信号;P2 控制三极管控制 H1～H8 驱动显示。当一行的 8 个双色 LED 显示黄色时,该行需要输出 16 个 LED 的

驱动电流,因此要求 H1～H8 能够提供较大的驱动电流。图 5-4 是运用 74HC595 串入并出移位寄存器芯片扩展三个输出接口的电路连接图。通过 3 个 74HC595 的扩展为 8×8 LED 阵列提供了 R1～R8、G1～G8、H1～H8 三种控制信号(H1～H8 需经驱动),而对于 51 单片机仅仅使用了三根 I/O 口线,分别是串行数据输入(P1.2)、移位寄存器移位时钟信号(P1.1)、存储器输出信号(P1.0)。

74HC595 是具有锁存功能的移位寄存器,其内部有一个 8 位移位寄存器,一个存储寄存器和一个三态输出控制器。移位寄存器的移位和存储器的储存分别由时钟信号 SRCLK 和 RCLK 控制。串行输入数据位(SER)在 SRCLK 的上升沿输入移位寄存器,移位寄存器中的数据在 RCLK 的上升沿锁存进入存储寄存器,由 Q0～Q7 输出。另外,还有一个串行输出数据位 Q7',可以很方便地实现多片芯片的级联使用。

④程序设计

通过编程可以在 8×8 LED 上显示数字、简单汉字和简单图形,并具有红色、绿色和黄色三种颜色。根据要显示的字符和颜色,确定红色、绿色的段码值。然后按 H1 到 H8 的行扫描次序和一定的频率,输出红色和绿色段码信号即可实现不同字符、不同颜色的显示和获得字符颜色变化以及滚动显示等效果。图 5-5 是数字 2 的显示效果。

根据该图,可以得到显示红色 2、绿色 2 和黄色 2 时,G 输出口和 R 输出口的控制信号,如表 5-1 所示。同样以一定规则得到汉字和图形的控制信号数值,点亮 LED 阵列中相应的 LED,即可实现汉字和图形的显示。显示黄色"2"的程序流程如图 5-6 所示。

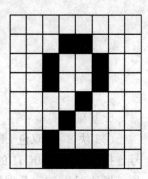

图 5-5 数字的显示

表 5-1 显示不同颜色的"2"对应的控制信号

行数	显示红色 2		显示绿色 2		显示黄色 2	
	绿色控制信号	红色控制信号	绿色控制信号	红色控制信号	绿色控制信号	红色控制信号
1	0FFH	0FFH	0FFH	0FFH	0FFH	0FFH
2	0FFH	0E7H	0E7H	0FFH	0E7H	0E7H
3	0FFH	0DBH	0DBH	0FFH	0DBH	0DBH
4	0FFH	0DBH	0DBH	0FFH	0DBH	0DBH
5	0FFH	0F7H	0F7H	0FFH	0F7H	0F7H
6	0FFH	0EFH	0EFH	0FFH	0EFH	0EFH
7	0FFH	0DFH	0DFH	0FFH	0DFH	0DFH
8	0FFH	0C3H	0C3H	0FFH	0C3H	0C3H

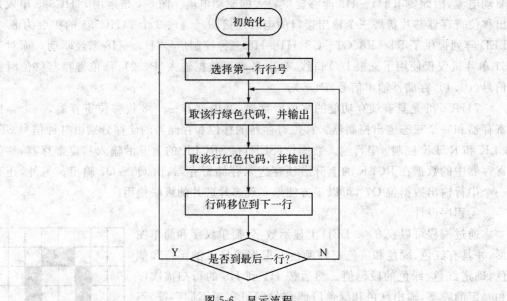

图 5-6   显示流程

5.基础型实验

①2 块 8×8 双色 LED 阵列显示控制电路如图 5-7 所示,2 块 LED 阵列的行控制信号连接在一起。80C51 的 P1.0、P1.1、P1.2 分别与 74HC595 的 RCLK、SRCLK、DIN 相连扩展的五片 595,分别控制 2 块阵列的红色 LED、绿色 LED 以及 2 块 LED 阵列共用的行选通控制。在 Keil 环境连续运行程序,观察实验结果。试着改变不同的延时时间,观察实验结果有什么变化。

```
          RCLK    BIT    P1.0;
          SRCLK   BIT    P1.1
          DIN     BIT    P1.2;
          ORG     0000H
MAIN:     CLR     R_CLK
          MOV     SP,#60H
A0:       MOV     R3,#080H       ;第一行
          MOV     R2,#08H
LOOP:     MOV     R1,#2
          MOV     A,R3
          RR      A              ;行码右移一位转下一行
          MOV     R3,A
          LCALL   OUTDATA
A1:       MOV     A,#00H
          LCALL   OUTDATA
          MOV     A,#0FFH
```

```
        LCALL   OUTDATA
        DJNZ    R1,A1
        SETB    R_CLK              ;显示一行
        CLR     R_CLK
        ACALL   DEL
        DJNZ    R2,LOOP            ;下一行
        LJMP    MAIN

OUTDATA:MOV     R6，＃8
OUT1 :  RRC     A
        MOV     DIN，C
        CLR     CLK
        SETB    CLK
        NOP
        NOP
        DJNZ    R6,OUT1
        RET
DEL:    MOV     R4,＃0FFH
DEL1:   MOV     R5,＃0FFH
DEL2:   DJNZ    R5,DEL2
        DJNZ    R4,DEL1
        RET
        END
```

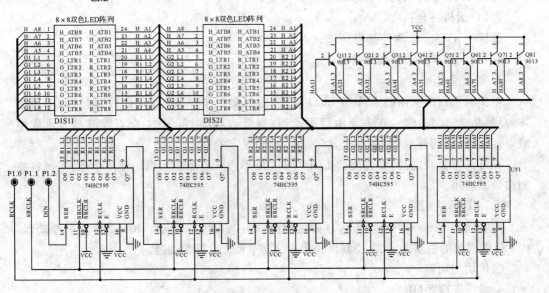

图 5-7　双色点阵 LED 显示控制电路

②修改程序实现其他颜色显示。

6.设计型实验

①画出流程并设计程序实现在点阵 LED 显示变颜色的数字。

②画出流程并设计程序实现在点阵 LED 滚动显示自己的学号。

7.实验扩展及思考

①利用定时器控制屏幕的刷新,结合按键实验,实现用户输入键值并实时显示在双色 LED 阵列上。

②画出流程并设计程序,在 8×8 点阵 LED 上显示可以解析的汉字。

实验 26　点阵型液晶显示实验

1.实验目的

①了解点阵型液晶显示器的工作原理;

②了解点阵型液晶显示器的控制方式。

2.预习要求

①仔细阅读液晶控制器的使用说明,掌握液晶显示缓存的寻址方法及液晶控制命令的使用方法;

②理解液晶屏上显示汉字的基本原理;

③理解液晶屏上作图的基本方法;

④认真预习本节实验内容,设计硬件连接电路图,编写实验程序。

3.实验条件

①基于 51 单片机的开发板或实验开发箱;

②PC 微机一台;

③Keil μVision2 软件开发环境;

④128×64 点阵型 LCD 模块。

4.实验说明

本实验例程所采用的点阵型 LCD 模块,内部集成了驱动控制 IC 以及显存,不带字库,点阵数为 128×64。它主要由行驱动器/列驱动器及 128×64 全点阵液晶显示屏组成,可实现图形的显示和 8×4 个(16×16 点阵)汉字的显示。

在开展本实验之前,要先阅读 LCD12864 图形点阵液晶显示模块使用手册,了解各控制命令及应用。

①LCD 模块组成

本实验用 128×64 点阵型 LCD 模块结构框图,如图 5-8 所示。IC1、IC2 为列驱动器,IC1 控制模块的右半屏,IC2 控制模块的左半屏,IC3 为行驱动器。

②模块与功能

a. 指令寄存器(IR)

IR 是用于存放指令的寄存器,与数据寄存器存放数据相对应,当 D/Ī=0 时在 E 信号

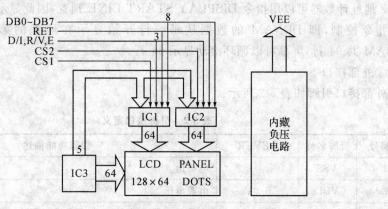

图 5-8　LCD 模块结构框图

下降沿将指令写入 IR

　　b. 数据寄存器(DR)

　　DR 用于寄存数据,与指令寄存器寄存指令相对应,当 D/Ī=1 时在 E 信号的下降沿,将显示数据写入 DR,或在 E 信号高电平作用下,将 DR 的内容通过 DB7~DB0 数据总线读入单片机,DR 和 DDRAM 之间的数据传输是模块内部自动执行的。

　　c. 忙标志(BF)

　　BF 标志提供内部工作情况,BF=1 时表示模块在进行内部操作,不接受外部指令和数据;BF=0 时表示模块准备就绪,随时可接受外部指令和数据。利用 STATUS READ 指令可以将 BF 读入单片机,从而检验模块之工作状态。

　　d. 显示控制触发器(DFF)

　　DFF 用于模块屏幕显示开和关的控制,DFF=1 为开显示,DDRAM 的内容就显示在屏幕上;DFF=0 为关显示。

　　DFF 的状态是由指令 DISPLAY ON/OFF 和 RST 信号控制的。

　　e. XY 地址计数器

　　XY 地址计数器是一个 9 位计数器,高 3 位是 X 地址计数器,低 6 位为 Y 地址计数器。XY 地址计数器实际上是作为 DDRAM 的地址指针,X 地址计数器为 DDRAM 的页指针,Y 地址计数器为 DDRAM 的 Y 地址指针。

　　X 地址计数器没有记数功能,只能用指令设置。

　　Y 地址计数器具有循环记数功能,各显示数据写入后 Y 地址自动加 1,Y 地址指针从 0 到 63。

　　f. 显示数据 RAM(DDRAM)

　　DDRAM 是存储图形显示数据的,数据为 1 表示显示选择,数据为 0 表示显示非选择。

　　g. Z 地址计数器

　　Z 地址计数器是一个 6 位计数器,此计数器具备循环记数功能,用于显示行扫描同步,当一行扫描完成此地址计数器自动加 1,指向下一行扫描数据,RST 复位后 Z 地址计数器为 0。

Z 地址计数器可以用指令 DISPLAY START LINE 预置,因此显示屏幕的起始行就由此指令控制,即 DDRAM 的数据从哪一行开始显示在屏幕的第一行,此模块的 DDRAM 共 64 行,屏幕可以循环滚动显示 64 行。

③外部接口

外部接口引脚如表 5-2 所示。

表 5-2 引脚接口定义

管脚号	管脚名称	LEVER	管脚功能描述
1	VSS	0	电源地
2	VDD	5.0V	电源电压
3	V0	5.0~13V	液晶显示器驱动电压
4	D/$\bar{\text{I}}$	H/L	D/$\bar{\text{I}}$=H 表示 DB7~DB0 为显示数据 D/$\bar{\text{I}}$=L 表示 DB7~DB0 为显示指令数据
5	R/$\bar{\text{W}}$	H/L	R/$\bar{\text{W}}$=H E=H 数据被读到 DB7~DB0 R/$\bar{\text{W}}$=L E 信号下降沿数据被写到 IR 或 DR
6	E	H/L	R/$\bar{\text{W}}$=L E 信号下降沿锁存 DB7~DB0 R/$\bar{\text{W}}$=H E=H,DDRAM 数据读到 DB7~DB0
7	DB0	H/L	数据线
8	DB1	H/L	数据线
9	DB2	H/L	数据线
10	DB3	H/L	数据线
11	DB4	H/L	数据线
12	DB5	H/L	数据线
13	DB6	H/L	数据线
14	DB7	H/L	数据线
15	CS1	H/L	H:选择芯片(左半屏)信号
16	CS2	H/L	H:选择芯片(右半屏)信号
17	RET	H/L	复位信号,低电平复位
18	VEE	-10V	LCD 驱动负电压
19	EL	AC	背光板电源
20	EL	AC	背光板电源

④指令说明

a.显示开关控制(DISPLAY ON/OFF)

代码	R/W	D/I	DB7	DB6	DB5	DB4	DB3	DB2	DB1	DB0
形式	0	0	0	0	1	1	1	1	1	D

D＝1：开显示(DISPLAY ON)意即显示器可以进行各种显示操作

D＝0：关显示(DISPLAY OFF)意即显示器不显示

b. 设置显示起始行

代码	R/$\overline{\text{W}}$	D/$\overline{\text{I}}$	DB7	DB6	DB5	DB4	DB3	DB2	DB1	DB0
形式	0	0	1	1	A5	A4	A3	A2	A1	A0

显示起始行由 Z 地址计数器控制,A5～A0 的 6 位地址自动送入 Z 地址计数器起始行的地址可以是 0～63 的任意一行。

例如选择 A5～A0 是 62,则屏幕显示行与 DDRAM 行的对应关系如下

DDRAM 行　62　63　0　1　2　3　…　60　61

屏幕显示行　0　1　2　3　4　5　…　62　63

c. 设置页地址

代码	R/$\overline{\text{W}}$	D/$\overline{\text{I}}$	DB7	DB6	DB5	DB4	DB3	DB2	DB1	DB0
形式	0	0	1	0	1	1	1	A2	A1	A0

所谓页地址就是 DDRAM 的行地址,8 行为一页,模块共 64 行即 8 页(X＝0～7),A2～A0 表示 0～7 页;页地址由本指令或 RST 信号改变,读写数据对页地址没有影响,复位后页地址为 0。X 地址、Y 地址与显示屏点阵的对应关系如下所示。

	CS2＝1					CS1＝1					
Y＝	0	1	…	62	63	0	1	…	62	63	行号
X＝0	DB0 ⋮ DB7	DB0 ⋮ DB7	DB0 ⋮ DB7	DB0 ⋮ DB7	DB0 ⋮ DB7	DB0 ⋮ DB7	DB0 ⋮ DB7	DB0 ⋮ DB7	DB0 ⋮ DB7	DB0 ⋮ DB7	0 ⋮ 7
⋮	DB0 ⋮ DB7	DB0 ⋮ DB7	DB0 ⋮ DB7	DB0 ⋮ DB7	DB0 ⋮ DB7	DB0 ⋮ DB7	DB0 ⋮ DB7	DB0 ⋮ DB7	DB0 ⋮ DB7	DB0 ⋮ DB7	8 ⋮ 55
X＝7	DB0 ⋮ DB7	DB0 ⋮ DB7	DB0 ⋮ DB7	DB0 ⋮ DB7	DB0 ⋮ DB7	DB0 ⋮ DB7	DB0 ⋮ DB7	DB0 ⋮ DB7	DB0 ⋮ DB7	DB0 ⋮ DB7	56 ⋮ 63

d. 设置 Y 地址(SET Y ADDRESS)

代码	R/$\overline{\text{W}}$	D/$\overline{\text{I}}$	DB7	DB6	DB5	DB4	DB3	DB2	DB1	DB0
形式	0	0	0	1	A5	A4	A3	A2	A1	A0

此指令的作用是将 A5～A0 送入 Y 地址计数器,作为 DDRAM 的 Y 地址指针,在对 DDRAM 进行读写操作后,Y 地址指针自动加 1,指向下一个 DDRAM 单元。

e. 读状态(STATUS READ)

代码	R/W̄	D/Ī	DB7	DB6	DB5	DB4	DB3	DB2	DB1	DB0
形式	1	0	BUSY	0	ON/OFF	RET	A3	A2	A1	A0

当 R/W̄=1,D/Ī=0 时,E 为 H 时,由单片机读入显示屏状态字。

ON/OFF 表示 DFF 触发器的状态。

RST=1 表示内部正在初始化,此时组件不接受任何指令和数据。

f. 写显示数据(WRITE DISPLAY DATE)

代码	R/W̄	D/Ī	DB7	DB6	DB5	DB4	DB3	DB2	DB1	DB0
形式	0	1	D7	D6	D5	D4	D3	D2	D1	D0

D7～D0 为显示数据,此指令把 D7～D0 写入相应的 DDRAM 单元,Y 地指针自动加 1。

g. 读显示数据(READ DISPLAY DATE)

代码	R/W̄	D/Ī	DB7	DB6	DB5	DB4	DB3	DB2	DB1	DB0
形式	1	1	D7	D6	D5	D4	D3	D2	D1	D0

此指令把 DDRAM 的内容 D7～D0 读到单片机,Y 地址指针自动加 1。

⑤与 51 单片机连接

LCD12864 模块与 51 单片机的常见接法如图 5-9 所示。

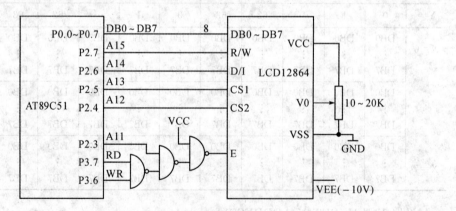

图 5-9　单片机与 LCD12864 模块的接口

⑥LCD 使用说明

对 LCD12864 模块的操作要严格按照该模块的指令表来执行。通过控制 R/W̄(读写控制)、D/Ī(数据/指令)、CS1、CS2(片选信号,高电平有效),并通过 DB0～DB7 写入或读取数据或指令来完成各种操作。

LCD 控制器内部的 DDRAM 是图形显示数据存储器,控制器 DDRAM 中数据的每一位与点阵 LCD 的一个点对应,数据位为 1 对应点阵显示,数据位为 0 对应点阵不显示。

如图 5-10 所示，X 为 DDRAM 的页地址，Y 为 DDRAM 的列地址，共有 8 页，128 列，因此 DDRAM 有 128×8＝1024 个字节存储单元，为一屏显示内容的存储空间。X＝0，Y＝0 所指单元的 8 个 bit，对应图 5-10 中的第 1 列从上到下的 8 个点阵；X＝0，Y＝1 所指单元的 8 个 bit，对应显示屏上第 2 列从上到下的 8 个点阵；依此类推。另外，为了方便屏幕滚动显示，该 LCD 控制器内设置了一个 Z 地址计数器，Z 地址计数器可以用指令设置，表示 DDRAM 的数据从哪一行开始显示在屏幕的第一行。Z 地址计数器是一个 6 位计数器，正好可以表示 DDRAM 的 64 行。

　　点阵 LCD 的特点就是以点的形式呈现用户想要显示的图形，故点阵 LCD 又称之为图形点阵 LCD；通常在编写一个 LCD 模块的驱动程序时，最基本的功能是绘制一个具体指定点，只有在这样功能的基础上，才能通过各个点的组合，显示各种图形。其实，绘制一个指定位置的点，也就是对显示存储器（DDRAM）中的对应点的数据位进行操作；根据前面所介绍的 DDRAM 与 LCD 点阵的对应关系，可以通过程序对 DDRAM 中数据的操作实现对 LCD 屏显示内容的更新。

　　比如，在 LCD12864 模块当中，要将坐标位置(0,0)的点点亮时，该点对应显存的情况分析如下：坐标为(0,0)的点我们定义其位于屏幕正向面对我们时的左上角的点，根据前面的介绍，可知该点对应为 X＝0，Y＝0 的 DDRAM 的第 0 位(bit0)。因此在行地址 X 为 0，列地址 Y 为 0 的 DDRAM 写入 0x01 的数据，对应坐标点(0,0)被点亮。

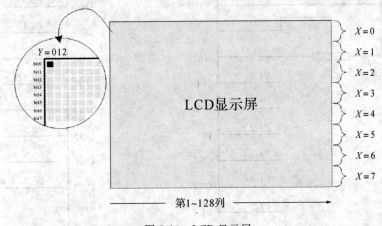

图 5-10　LCD 显示屏

　　LCD 的汉字显示以及绘图操作也是建立在绘点的基础上的，掌握了绘点的方法以后，再实现其他复杂的操作也就变得很容易了。如在 LCD 显示屏上显示汉字，关键是要获取汉字的字模，然后送入 LCD 的 DDRAM。字模的获取方法可以通过相应的取字模软件获得。

　　字模中的一个位代表 LCD 显示屏的一个像素点，"1"表示像素点亮。以在 LCD 屏上显示 16×16 点阵的汉字"中"为例，如图 5-11 所示。取点方式为取完一列的前 8 个点（1 字节数据，低位在前，高位在后），再取下一列的前 8 个点依次类推，取完最后一列的前 8 个点后再取第一列的后 8 个点，再取下一列后 8 个点，依此类推，最终得到 32 字节的字模数据为 0x00、0x00、0xFC、0x08、0x08、0x08、0x08、0xFF、0x08、0x08、0x08、0x08、0xFC、0x08、0x00、0x00、0x00、0x00、0x07、0x02、0x02、0x02、0x02、0xFF、0x02、0x02、0x02、

0x02、0x07、0x00、0x00、0x00。然后设置 LCD 上要显示汉字位置的 X 地址、Y 地址，将字模数据写入相应的 DDRAM 区域。如要在左上角的 16×16 点阵位置显示汉字"中"，首先应该设置 Z 地址为 0，即 DDRAM 中的第一行数据开始显示在屏幕的第一行；接着应设置 X 地址为 0，Y 地址为 0，向 DDRAM 中写入 16 字节数据；然后设置 X 地址为 1，Y 地址为 0 再写入后 16 字节数据，至此就将一个汉字的 32 个字节字模写入到与显示位置对应的 DDRAM 中。LCD 模块的控制器将自动把 DDRAM 数据通过驱动器送到显示屏上。

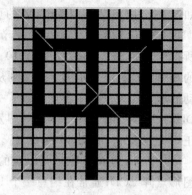

图 5-11 汉字"中"在 LCD 屏上的显示

5. 基础型实验

① 将 80C51 模块的 P0 口、P1 口分别与液晶显示模块的数据端口 DB0～DB7，控制端口 D/I、R/W、E、CS1、CS2、RET 相连，如图 5-12 所示。阅读并分析以下程序，在 Keil 环境设置断点运行程序，观察液晶屏变化。

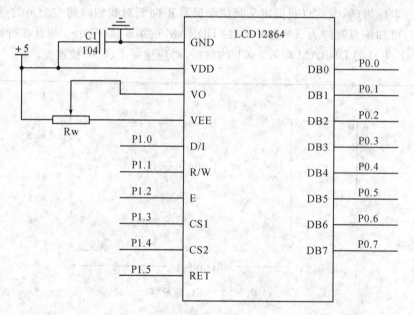

图 5-12 LCD12864 接口电路

```
        DIPIN    EQU     P1.0
        RWPIN    EQU     P1.1
        EPIN     EQU     P1.2
        CS1PIN   EQU     P1.3
        CS2PIN   EQU     P1.4
        LCDRST   EQU     P1.5
        ORG      0000H
MAIN:   LCALL    LCDRESET
```

```
            MOV     A,♯3EH
            LCALL   LCDWC1
            MOV     A,♯3FH
            LCALL   LCDWC1
            MOV     A,♯3EH
            LCALL   LCDWC2
            MOV     A,♯3FH
            LCALL   LCDWC2
            SJMP    MAIN

LCDRESET: CLR     LCDRST          ;LCD 控制器复位
          SETB    LCDRST
          MOV     A,♯3FH          ;打开 LCD 显示
          CALL    LCDWC1
          CALL    LCDWC2
          MOV     A,♯0C0H         ;设显示起始行
          CALL    LCDWC1
          CALL    LCDWC2
          RET

LCDWC1:   CALL    WAITIDLE1       ;送片 1 控制字子程序,判断液晶是否忙?
          MOV     P0,A
          CLR     DIPIN           ;DI = 0 RW = 0 CS1 = 1 E = 高脉冲
          CLR     RWPIN
          SETB    CS1PIN
          SETB    EPIN
          NOP
          CLR     EPIN
          CLR     CS1PIN
          RET

LCDWC2:   CALL    WAITIDLE2       ;送片 2 控制字子程序
          MOV     P0,A
          CLR     DIPIN           ;DI = 0 RW = 0 CS2 = 1 E = 高脉冲
          CLR     RWPIN
          SETB    CS2PIN
          SETB    EPIN
          NOP
          CLR     EPIN
```

```
          CLR      CS2PIN
          RET

WAITIDLE1:MOV      P0,＃0FFH
          CLR      DIPIN          ;DI = 0 RW = 1 CS1 = 1 E = 高电平
          SETB     RWPIN
          SETB     CS1PIN
          SETB     EPIN
WT1_PA:   NOP
          JB       P0.7,WT1_PA
          CLR      EPIN
          CLR      CS1PIN
          RET

WAITIDLE2:CLR      DIPIN                ;DI = 0 RW = 1 CS2 = 1 E = 高电平
          SETB     RWPIN
          SETB     CS2PIN
          SETB     EPIN
WT2_PA:   NOP
          JB       P0.7,WT2_PA
          CLR      EPIN
          CLR      CS2PIN
          RET
          END
```

②根据基础型实验①编写液晶显示控制的数据读写子程序，并进行实验调试。

6.设计型实验

①根据基础型实验的基本组成，画出流程并设计程序实现液晶屏上显示自己的学号与姓名。

②在设计型实验①的基础上，实现液晶屏自左向右滚动显示自己的学号与姓名。

7.实验扩展及思考

①如何编写图形显示程序，并在 LCD 画出波形？

②画出流程并设计程序实现液晶屏上画矩形、画斜线、画圆程序。

实验 27　测速测频仪设计实验

1. 实验目的

①掌握 51 单片机定时器/计数器的使用方法；

②掌握 51 单片机外部中断的应用及编程方法；

③理解测速测频原理,掌握测速测频实现方法。

2. 预习要求

①复习 80C51 单片机定时器/计数器的几种工作方式；

②理解外部中断引脚在计数器控制中的作用；

③复习 8 段数码管动态显示的软硬件设计方法。

④认真预习本节实验内容,设计硬件连接电路图,编写实验程序。

3. 实验条件

①基于 51 单片机的开发板或实验开发箱；

②PC 微机一台；

③Keil μVision2 软件开发环境；

④信号发生器 1 台。

4. 实验说明

①测频原理

参考实验 19 实验说明部分。

②测周原理

参考实验 20 实验说明部分。

③测速原理

测速的本质其实也是测频,在测量之前我们先要将待测的速度信号转换成方便测量的脉冲信号。常用的方法有光电编码盘等,如图 5-13 所示。

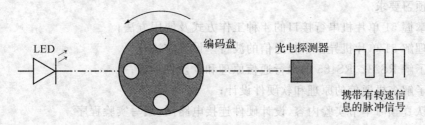

LED　　编码盘　　光电探测器

携带有转速信息的脉冲信号

图 5-13　基于光电编码盘的测速装置

将编码盘放置于待测速物体上随物体同速旋转。在编码盘转动过程中,只有当编码孔位于 LED 与探测器之间时,探测器才会接收到 LED 发射的光线,从而产生一个高电平。在编码盘连续转动的过程中,探测器就会输出一系列脉冲信号。假设脉冲信号的频率为 f,编码盘的转速为 V(转/秒),编码盘上均匀分布的编码孔的个数为 N,则 $V =$

f/N。因此,通过测量探测器输出的脉冲信号的频率值即可得到物体的转速。

测速仪的后续测量部分包括硬件设计与软件设计,与测频仪完全一样,也需要根据脉冲信号的频率高低来选择测频法和测周法进行测量。在这里不作过多赘述。

5. 基础型实验

①利用单片机的定时器,设计程序分别在 P1.0、P1.1、P1.2 引脚上产生占空比为 50%,频率分别为 1Hz、1kHz、100kHz 的方波。

②利用单片机的计数器功能,分别测量基础型实验①产生的频率信号,并将测量结果实时显示于 8 段数码管上。

6. 设计型实验

①根据基础型实验①的内容,调节方波输出的占空比,按照基础型实验②的过程实时测量输出方波的频率及占空比。

②根据频率测量方法,设计一简易的汽车速度测量系统,可以实时显示当前汽车的速度,当车速高于 70km/h 时产生超速预警指示,当车速高于 120km/h 时产生超速报警指示,并具有行驶里程的统计功能。

7. 实验扩展及思考

①直接和间接两种测频方法各自适应的测量频率范围与测量精度存在什么样的关系?

②对于非方波信号(如三角波、正弦波等)的情况,在测量前应如何处理?

③如何根据频率范围自动实现低频、高频两种测量方法的切换?

实验 28　串行通信实验

1. 实验目的

①掌握串行通信的基本原理;

②掌握 51 单片机实现串行通信的软硬件设计。

2. 预习要求

①掌握 51 单片机串行接口的 4 种工作方式及使用方法;

②理解 51 单片机异步串行通信的波特率设置方法;

③了解 RS232、RS485 的串行通信原理和软硬件设计;

④了解多机通信的原理和软硬件设计;

⑤认真预习本节实验内容,设计硬件连接电路图,编写实验程序。

3. 实验条件

①基于 51 单片机的开发板或实验开发箱;

②PC 微机一台;

③Keil μVision2 软件开发环境;

④RS232 模块、RS485 模块、数码管显示模块。

4.实验说明

①RS232 实验分析

RS-232-C 接口是目前最常用的一种串行通信接口,是美国电子工业协会 EIA(Electronic Industry Association)制定的一种串行物理接口标准。

RS-232-C 使用负逻辑:

$$逻辑“1”电平:-5\sim-15V$$

$$逻辑“0”电平:+5\sim+15V$$

但是目前单片机串行接口的电平均是 TTL 电平或 3.3V 电平,因此硬件设计中需要考虑电平匹配问题。通常采用 MAX232C 等电平转换芯片实现 TTL 与 RS232 电平的转换,典型电路如图 5-14 所示。

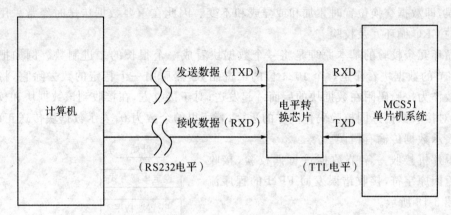

图 5-14　简单的 RS232 通信系统

串口通信程序的设计要注意通讯双方的波特率、数据帧格式和校验方式必须一致,这些需在初始化程序中予以设置。在单片机系统中,常用的字节校验方式主要是奇偶校验。奇偶校验时通过检验被传送的二进制数据中 0 或 1 个数的奇偶性,来判断数据在传送过程中有否出错。

奇偶校验方法:发送字节数据时,将该数据与奇偶标志位组成一帧数据一起发送,接收方硬件会自动将接收到的奇偶标志位存入 RB8,软件设计把接收到的数据存入累加器 A,此时 PSW.0 即为接收数据的奇偶标志位,比较该标志 PSW.0 位与接收标志位 TB8,若相同,表示接收数据正确,否则为通信出错。

当 MCS-51 单片机使用 7 位的 ASCII 码进行通信时,可以把奇偶校验位放到字节的最高位上,组成 8 位数据一起发送出去。如果传送数据本身就是 8 位,则可以通过串行口工作方式 2 或 3,把奇偶校验位作为第 9 位数据发送。

奇偶校验简单、实现容易,但校验能力有限,如果同时有偶数位数据出错,就无法检验出来。因此在数据通信中,除采用字节的奇偶校验外,同时采用数据块的纵向校验。

常用的数据块校验方法有:

a.累加和校验

发送方,在传送数据块之前先对 n 个字节进行加法运算,得到累加和,把该累加和放

在 n 个字节后进行传送;接收方,在收到 n 个字节后也按同样方法对该 n 个字节求和,然后把接收数据块产生的累加和与对方发送的累加和进行比较,如果相同,表示数据块传送正确,反之则表示数据块传输中存在错误。

b.异或和校验

发送方,在传送数据块之前先对 n 个字节进行异或运算,得到异或和,异或初值为 0xff,把异或和放在 n 个字节后面传送;接收方,收到 n 个字节后也按同样方法对该 n 个字节进行异或运算,然后把接收数据块产生的异或和与对方发送的异或和进行比较,如果相同,表示数据块传送正确,反之则表示数据块传输中存在错误。

c.CRC 循环冗余校验

累加和校验和异或和校验能够发现几个连续位的差错,但不能检验出数据之间的顺序错误,即数据交换位置时累加和或异或和不变。因此在重要数据传送时经常采用较为复杂的 CRC 循环冗余校验。

循环冗余校验的基本原理是将一个数据块看成一个很长的二进制数。例如把一个128 字节的数据块看作是一个 1024 位的二进制数,然后用一个特定的数去除它,将得到的余数作为校验码附在数据块的后面一起发送;对于接收方,在接收到该数据块和校验码之后,对接收数据连同校验码作同样的运算;若所得的余数为 0,表示数据块传送正确,反之则表示数据传输有错误。

单片机接收一字节数据进行偶校验,接收正确返回原字符,接收错误发回 FFH 的程序流程如图 5-15 所示。

在 PC 机端,可以运用串口精灵进行调试,打开调试窗口,选择波特率、数据帧格式和校验格式,并与单片机的设置一致。在 PC 机发送数据前,要首先运行单片机程序,使其处于接收状态。

在'发送的字符/数据'区输入字符/数据,按手动发送,此时 PC 机将数据发给了单片机,如果接收区显示出相同的字符/数据,表示单片机接收到了 PC 机发送的数据并且上传正确。也可以用调试窗口中自动发送功能,如果通信正常,接收区将显示出单片机返回的字符/数据(注:自动发送的时间可以在串口调试助手中改动)。

②RS485 实验分析

RS232 能实现两个设备之间的串行通讯,但是因为其传输的是逻辑电平,若不采用调制解调器,其传输距离很短(通常最大电缆长度15m),且最大数据传输率也受到限制(最大波特

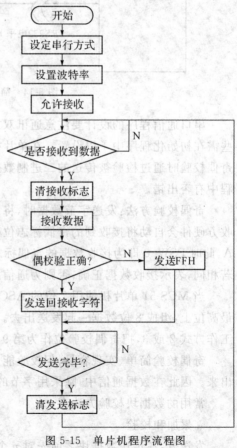

图 5-15　单片机程序流程图

率 20KB/s）；并且对于一主多从的多机通讯，RS232 也不能适用。因此，EIA 又公布了适应于远距离传输的 RS422 和 RS485 标准，它们采用平衡传输线，因而传输距离远（可达1200m），传输速度高（波特率 10MB/s）；采用差分信号传输，因此具有较强的抑制共模干扰能力。

RS485 是一种简单、可靠的串行总线标准，采用通讯电缆 A、B 两点之间的差分信号传输；使用负逻辑，+2～+6V 表示"0"，−6～−2V 表示"1"。在很多情况下，只需简单地用一对双绞线将各主从机 RS485 通信链路的"A"、"B"端连接起来，即可进行一主多从的多机通讯。一主多从通信的电路连接如图 5-16 所示。

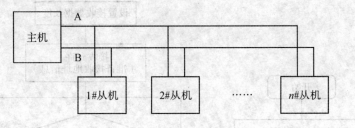

图 5-16　一主多从通信的电路连接

在多机通讯系统中，各从机均有一个通信地址；主从机之间发送的信息有地址和数据两类。在 51 单片机构成的多机通讯系统中，主从机均要工作在串行方式 2 或方式 3，并要正确运用 SM2 标志。

地址帧和数据帧格式如下：

地址帧：起始位　　地址(8bit)　　1(第 9bit)　　停止位　　　共 11bit 构成一帧

数据帧：起始位　　数据(8bit)　　0(第 9bit)　　停止位　　　共 11bit 构成一帧

主机是通信发起方，初始状态各从机处于接收状态，并设置 SM2＝1，这时对于接收机来说，当且仅当接收到的第 9bit 数据即 RB8 为"1"时，8 位数据(地址信息)才会送入接收缓冲区 SBUF 并有效；而当 SM2＝0 时，第 9 位为 0 或 1 的数据均能够接收。

多机通信过程描述如下：

a. 各从机均设置 SM2 为 1，即均处于只接收地址帧的状态；主机发送欲与之通信的从机的地址信息（第 9bit 为 1）。

b. 各从机均接收到地址帧，将其与本机地址作比较；若相等，表示该从机被呼叫通信，于是该从机令 SM2＝0，以便能够接收主机发来的数据信息；没有被呼叫的从机，则维持 SM2＝1 不变，对主机发来的数据帧不予理睬，直至发来新的地址帧。

c. 主机发送地址后，开始发送符合数据帧格式的数据信息，这些数据只有被呼叫的从机能接收到（因为它的 SM2＝0），而其他从机因为 SM2＝1，而不会接收到数据信息。当一个主机与一个从机通信完毕后，此从机重新设置 SM2＝1，一次主从通信结束。

由于只有主机能够发起对各个从机的通信，所以传输线上不可能出现数据冲突的情况。

主从通信流程图如图 5-17 和图 5-18 所示。

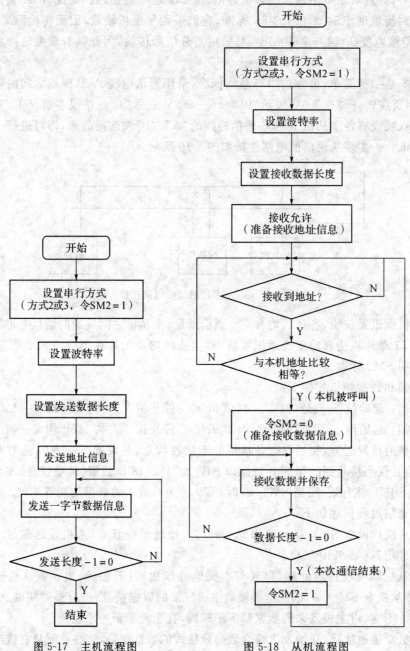

图 5-17　主机流程图　　　　　　　　　　图 5-18　从机流程图

5.基础型实验

①51 单片机扩展 RS232C 串行通信接口的电路如图 5-19 所示,将 80C51 的 P3.0 (RXD)引脚、P3.1(TXD)引脚连接至电平转换芯片 MAX232 的相应引脚,实现 TTL 到 RS232 电平的转换,这样就可以与 PC 机的串口相连。

PC 端运行"串口调试助手",并设置 PC 串行通信的波特率为 9600bps,8 位数据位, 1 位停止位,不带奇偶校验。根据 PC 端的设置,且单片机晶振为11.0592MHz,填写下列程序中的空白处,并在 Keil 环境连续运行该程序,观察实验结果。

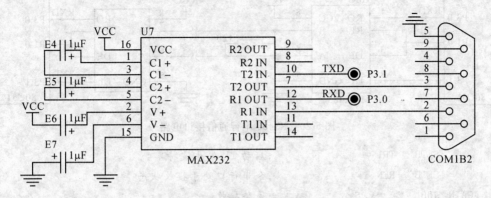

图 5-19　RS232 串行通信接口电路

```
        ORG     0000H
START:  MOV     SCON, #_____     ;设定串行方式:8 位异步,允许接收
        MOV     TMOD, #_____     ;设定 T1 为模式 2
        ORL     PCON, #10000000B    ;波特率加倍
        MOV     TH1, #_____      ;设定波特率为 9600
        MOV     TL1, #_____
        SETB    TR1                 ;启动 T1,发生波特率
AGAIN:  MOV     A, #30H
        MOV     SBUF, A             ;发送数据
        JNB     _____, $         ;等待发送完成
        CLR     _____            ;清发送标志
        SJMP    AGAIN
        END
```

②51 单片机扩展 RS485 串行通信接口电路如图 5-20 所示,将各 80C51 单片机的
P3.0(RXD)引脚、P3.1(TXD)引脚分别与 RS485 芯片的 RO、DI 连接,RS485 芯片的 $\overline{RE}$
(接收允许)、DE(发送允许)相连后与单片机的一条口线连接(如 P1.0,当 P1.0=0 时,
$\overline{RE}$ 有效,RS485 芯片处于接收状态;当 P1.0=1 时,DE 有效,可以通过 RS485 芯片发送
数据);通信各方的 A、B 相连接,就可进行 RS485 通信。

参照基础型实验①的串行发送程序,修改并完善接收端程序,采用断点方式运行程
序,观察实验现象。

```
        ORG     0000H
START:  MOV     SCON, #_____     ;设定串行方式:8 位异步,允许接收
        MOV     TMOD, #_____     ;设定 T1 为模式 2
        ORL     PCON, #10000000B    ;波特率加倍
        MOV     TH1, #_____      ;设定波特率为 9600
        MOV     TL1, #_____
```

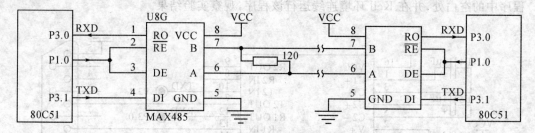

图 5-20 RS485 串行通信接口电路

```
        SETB   TR1                  ;启动 T1,发生波特率
        SETB   REN                  ;令串行口处于接收状态
AGAIN:  JNB    ____ , $             ;等待接收
        CLR    ____                 ;清接收标志
        MOV    A, SBUF              ;接收数据
        SJMP   AGAIN
        END
```

6.设计型实验

①采用查询和中断方式,设计两台单片机进行 RS232 通信的程序,字节采用奇校验。若接收正确,在数码管上显示接收数据,否则显示 EFF。

②采用中断方式,进行数据块的接收和发送,要求分别采用累加和与 CRC 校验,画出流程并设计程序,进行通信调试。

7.实验扩展及思考

①采用 RS485 实现一主多从的通信,硬件应如何连接,如何利用串行通信方式 3 实现应用软件设计?

②RS232 与 RS485 实现串行通信有何优缺点?

实验 29 多路数据采集系统实验

1.实验目的

①了解多路数据采集系统的基本原理和组成结构;

②深入掌握 A/D 转换器的应用;

③深入掌握人机交互接口设计及应用。

2.预习要求

①回顾并温习并行 A/D、D/A 实验,串行 A/D、D/A 实验的内容,了解多路数据采集的基本原理;

②回顾并温习 7279 应用实验、点阵型液晶显示实验内容,理解键盘、数码管、液晶显示实现人机交互设计的过程;

③认真预习本节实验内容,设计硬件连接电路图,编写实验程序。

3. 实验条件

①基于 51 单片机的开发板或实验开发箱；

②PC 微机一台；

③Keil μVision2 软件开发环境；

④ADC0809、LCD12864；

⑤信号发生器一台。

4. 实验说明

基于 51 单片机，设计一个 8 通道巡回数据采集与记录系统，要求：

①以每秒钟一个通道的检测频率，对 8 路模拟信号进行循环检测；

②在 LCD12864 液晶上，同步显示每个通道的通道号和采样结果。

8 位并行 A/D 转换器 ADC0809 与单片机的具体接口可采用中断方式或查询方式；通道采样周期 1s 由定时器 T0 完成；液晶显示模块采用 LCD12864 的图形式液晶显示器，可以显示 4 行 8 个 16×16 的汉字，或 8 行 16 个 8×8 的字符，用于循环显示 8 路模拟信号的通道号和采样结果。

系统工作过程：启动定时器工作，以每秒的时间间隔，依次切换 A/D 转换通道，分别进行通道 1 到通道 8 模拟信号的采集，并将当前通道和采样结果显示在液晶屏上。如此循环，即在每个采样周期，进行通道选择—启动转换—读取结果—显示。

A/D 转换采用查询方式的主程序流程如图 5-21 所示。LCD12864 的操作说明和编程方式，这里不再赘述。

5. 基础型实验

实验 22 7279 应用实验，熟悉实验 23 并行 A/D、D/A 实验，实验 24 串行 A/D、D/A 实验，实验 26 点阵型液晶显示实验内容的相关程序设计。

6. 设计型实验

①多路模拟信号采集：由标准的信号发生器产生频率为 60Hz、幅值范围为 0~5V 的正弦波信号，分别由 ADC0809 的 8 个模拟通道轮流采集该信号，并在 LED 上轮流显示通道号及采集到的模拟信号大小。在同一轮采集周期内，比较 8 路信号的大小有何不同，并解释原因。

②信号采集实验：任选串行或并行 A/D 转换器，实现模拟信号的采集，并在 LCD 显示屏上显示所采集信号的波形。

7. 实验扩展及思考

①将实验说明中的数据采集与记录系统，改为中断方式，设计流程和程序，并进行调试。

②若要在每秒分别采集通道 1 到通道 8 的模拟信号，并进行显示，程序该如何设计？

③为了实现不同信号的同一时刻数据采集，即同步数据采集，其软硬件应如何设计来保证同步采集功能的实现。

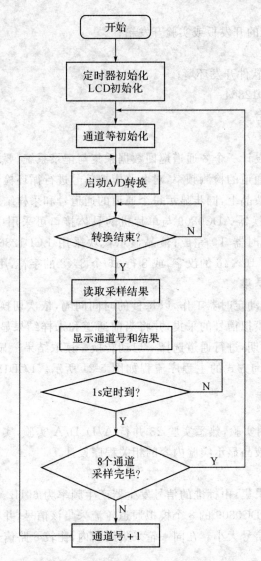

图 5-21   多通道数据采集与记录系统程序流程图

实验 30   信号发生器设计实验

1.实验目的

①深入掌握 D/A 转换器的应用；

②了解运用 D/A 转换器设计信号发生器的原理；

③深入掌握人机交互接口设计及应用。

2.预习要求

①回顾并温习并行 A/D、D/A 实验，串行 A/D、D/A 转换实验的内容，理解由 D/A

转换器实现信号产生的基本原理;

②回顾并温习 7279 应用实验、点阵型液晶显示实验,理解键盘、数码管、液晶显示实现人机交互设计的过程;

③认真预习本节实验内容,设计硬件连接电路图,编写实验程序。

3. 实验条件

①基于 51 单片机的开发板或实验开发箱;

②PC 微机一台;

③Keil μVision2 软件开发环境;

④D/A 转换芯片 1 片,LED 数码管或 LCD 显示屏。

4. 实验说明

D/A 转换是实现数字量到模拟量的转换,D/A 转换输出的模拟量如果按照一定规律周期性变化,即可实现特定频率的波形输出功能。输出波形的频率由 D/A 输出数据的周期与数据个数决定,但受限于 D/A 转换的最快速度。输出的幅值由转换数据的最大数字量和最小数字量决定。简易波形的输出可以通过数学运算公式直接算出输出数字量的值,再进行 D/A 转换。复杂波形输出可以将波形表预存在程序存储器中,通常采用查表法通过对转换数字量的检索,输出实现波形的产生。

5. 基础型实验

实验 22 7279 应用实验,熟悉实验 23 并行 A/D、D/A 实验,实验 24 串行 A/D、D/A 实验,实验 26 点阵型液晶显示实验内容,了解和掌握相关程序设计。

6. 设计型实验

①信号产生实验:任选串行或并行 D/A 转换器,设计一简易信号发生器,可实现方波、锯齿波及正弦波的输出。试调节输出频率,在最小失真度的状态下,可产生的信号频率最高为多少。

②信号输出设定实验:通过按键设定输出信号的频率及幅值,并在数码管显示设定值,或在 LCD 上显示输出的波形图。设计流程并编写程序,实现该功能。

③可调幅值的信号发生器设计实验:任选串行或并行 D/A 转换器,设计可调幅值的信号发生器。任选串行或并行 A/D 转换器,采集信号发生器的输出。

7. 实验扩展及思考

①通过串行通信接口,由 PC 机下载任意波形的波表文件,实现任意波形的产生。

②波形发生与采集实验:设计流程并编程实现由 D/A 转换器输出一正弦信号,同时由 A/D 转换器进行该信号的采集,并在 LCD 显示所采集信号的波形;比较采集波形与示波器观察到的 D/A 输出波形,说明实验现象。

③以上实验②中,A/D 转换的采样频率应如何设定? 与输出正弦信号的频率应保持什么关系? 太高或太低会产生什么现象? 试设计程序验证。

实验 31　实时时钟实验

1. 实验目的

①了解基于 I^{2}C 总线的器件扩展及应用方法；

②了解实时时钟芯片 PCF8563 的读写方法与应用；

③掌握单片机读写 PCF8563 的程序设计方法。

2. 预习要求

①回顾并温习 I^{2}C 总线实验、7279 应用实验、点阵型液晶显示实验的内容；

②阅读 PCF8563 有关内容，了解和熟悉其引脚功能、寄存器结构和使用方法；

③认真预习本节实验内容，设计硬件连接电路图，编写实验程序。

3. 实验条件

①基于 51 单片机的开发板或实验开发箱；

②PC 微机一台；

③Keil μVision2 软件开发环境；

④实时时钟芯片 PCF8563 一片。

4. 实验说明

①实时时钟（RTC）器件介绍

实时时钟（RTC）器件是一种能提供日历/时钟、数据存储等功能的专用集成电路，常用作各种计算机系统的时钟信号源和参数设置存储电路。RTC 具有计时准确、耗电低和体积小等特点，特别是在各种嵌入式系统中用于记录事件发生的时间和相关信息，如通信工程、电力自动化、工业控制等自动化程度高领域的无人值守环境中。随着集成电路技术的不断发展，RTC 器件的新品也不断推出，这些新品不仅具有准确的 RTC，还有大容量的存储器、温度传感器和 A/D 数据采集通道等，已成为集 RTC、数据采集和存储于一体的综合功能器件，特别适用于以微控制器为核心的嵌入式系统。

RTC 器件与微控制器之间的接口大都采用连线简单的串行接口，诸如 I^{2}C、SPI、MICROWIRE 和 CAN 等串行总线接口。

②实时时钟芯片 PCF8563

PCF8563 是低功耗 CMOS 时钟/日历芯片（引脚如图 5-22 所示），它提供一个可编程

引脚说明：

1:OSCI	振荡器输入	
2:OSCO	振荡器输出	
3:$\overline{INT}$	中断输出（开漏；低电平有效）	
4:VSS	地	
5:SDA	串行数据输入输出	
6:SCL	串行时钟输入	
7:CLKOUT	时钟输出（开漏）	
8:VDD	正电源	

图 5-22　PCF8563 引脚

时钟输出,一个中断输出和一个掉电检测器,所有的地址和数据通过 I^2C 总线接口串行传送。每次读写数据后,内嵌的字地址寄存器会自动产生总量。

功能寄存器:

PCF8563 有 16 个 8 位寄存器,分别是自动增量的地址寄存器,内置 32.768kHz 的振荡器(带有一个内部集成的电容),分频器(用于给实时时钟 RTC 提供时钟源),可编程时钟输出,一个定时器,一个报警器,一个掉电检测器和一个 I^2C 总线接口。各寄存器的地址、名称和功能列于表 5-3。

表 5-3　PCF8563 寄存器结构

地址	寄存器名称	D7	D6	D5	D4	D3	D2	D1	D0
00H	控制/状态寄存器 1	TEST	0	STOP	0	TTESTC	0	0	0
01H	控制/状态寄存器 2	0	0	0	TI/TP	AF	TF	AIE	TIE
02H	秒寄存器	VL	\multicolumn{7}{c}{00～59 BCD 码格式数}
03H	分寄存器	—	00～59 BCD 码格式数
04H	时寄存器	—	00～23 BCD 码格式数
05H	日寄存器	—	00～31 BCD 码格式数
06H	星期寄存器	—	00～06 BCD 码格式数
07H	月/世纪寄存器	C	00～12 BCD 码格式数
08H	年寄存器	00～99 BCD 码格式数
09H	分钟报警寄存器	AE	00～59 BCD 码格式数
0AH	时钟报警寄存器	AE	00～23 BCD 码格式数
0BH	日报警寄存器	AE	00～31 BCD 码格式数
0CH	星期报警寄存器	AE	00～06 BCD 码格式数
0DH	CLKOUT 频率寄存器	FE	—	—	—	—	—	FD1	FD0
0EH	定时控制寄存器	TE	—	—	—	—	—	TD1	TD0
0FH	定时器倒计时数值寄存器	定时器倒数计数数值

5. 基础型实验

PCF8563 器件的外围与接口电路如图 5-23 所示,分配 I/O 并编写 PCF8563 读写控制的驱动程序。

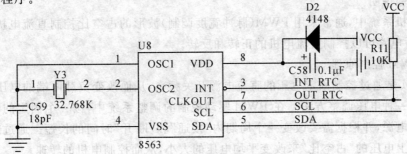

图 5-23　PCF8563 外围电路图

6. 设计型实验

①结合 7279 应用实验，设计流程并编写程序读取 PCF8563 的内容，实现按年、月、日、星期的顺序在数码管上滚动显示。

②基于设计型实验①，结合键盘接口实验，设计流程并编写程序，实现年、月、日、星期、时、分、秒初始数据的用户设定，并在数码管上滚动显示实时时间。

③设计流程并编写程序，实现分、时、日、星期闹钟设定的功能，当闹钟设定满足条件时启动蜂鸣器提示。

7. 实验扩展及思考

①结合实验 14，根据设计型实验③，实现闹钟到时启动音乐演奏功能。

②结合键盘接口实验、点阵型液晶显示实验，设计流程并编写程序实现年、月、日、星期在液晶屏上的中文显示及用户设定操作功能。

③设计流程并编写程序阳历农历换算功能，并实时显示于液晶屏上。

实验 32　直流电机控制实验

1. 实验目的

①了解直流电机工作原理和特性；

②掌握用 PWM 输出驱动直流电机的方法；

③了解光电对管的原理，掌握使用光电对管测量直流电机转速的方法。

2. 预习要求

①了解直流电机的工作原理和控制方法；

②学习和了解 PWM 输出驱动直流电机的方法；

③了解光电收发对管的工作原理，以及结合码盘进行转速测量的原理；

④认真预习本节实验内容，设计硬件连接电路图，编写实验程序。

3. 实验条件

①基于 51 单片机的开发板或实验开发箱；

②PC 微机一台；

③Keil μVision2 软件开发环境；

④直流电机模块、按键模块、光电对管测速模块和显示模块。

4. 实验说明

在微机系统中，通常采用 PWM（脉冲宽度调制）波形的占空比控制直流电机的转速；采用 H 桥电路可以控制直流电机的正转和反转。

①PWM 控制原理

PWM 是通过控制固定电压的直流电源开关频率，从而改变负载两端的电压，达到控制目的的一种电压调整方法。在 PWM 驱动控制的调整系统中，按一个固定的频率来接通和断开电源，并根据需要改变一个周期内"接通"和"断开"时间的长短。通过改变直流电机电枢上电压的"占空比"来改变平均电压的大小，从而控制电机的转速。

如图 5-24 所示,在脉冲作用下,当电机通电时速度增加;电机断电时,速度逐渐减少。只要按一定规律,改变通、断电的时间,即可让电机转速得到控制。设电机始终接通电源时,电机转速最大为 V_{max},设占空比为 $D=t_1/T$,则电机的平均速度为

$$V_d = V_{max} \cdot D$$

式中:V_d 为电机的平均速度,V_{max} 为电机全通电时的速度(最大),$D=t_1/T$ 为占空比。

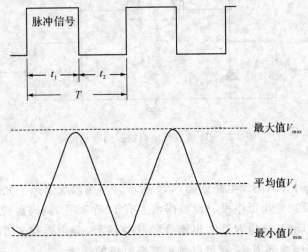

图 5-24　电枢电压占空比与平均电压的关系

由公式可见,改变占空比 $D=t_1/T$,就可以得到不同的电机平均速度,从而达到调速的目的。严格地讲,平均速度与占空比 D 并不是严格的线性关系,在一般的应用中,可以将其近似地看成线性关系。

②H 桥驱动

对于直流电机,只要在电机两端加上直流电压即可驱动电机,如果施加反相的直流电压,则电机反向转动。图 5-25 是 H 桥直流电机的控制驱动电路,由图可知,当 A 端和 D 端三极管导通而 B 端和 C 端三极管截止时,直流电机正转;当 A 端和 D 端三极管截止而 B 端和 C 端三极管导通时,直流电机反转。在 H 桥的控制过程当中,应该特别注意同侧桥臂的管子同时导通,会引起电源的短路。

由于采用的三极管均为 PNP 型三极管,所以导通的条件为三极管基极为低电平。则控制电机正反转的逻辑应为:

正转:PWM1=PWM4=0, PWM2=PWM3=1

反转:PWM1=PWM4=1, PWM2=PWM3=0

根据 PWM 脉冲原理可知,在导通桥壁的一端加上不同占空比的 PWM 脉冲,即可实现直流电机转速的调节和控制。

图中的二极管为续流二极管,所谓的续流二极管即为:在电路中反向并联在继电器或电感线圈的两端,当电感线圈断电时其两端的电动势并不是立即消失,此时残余电动势通过一个二极管释放,起这种作用的二极管叫续流二极管。

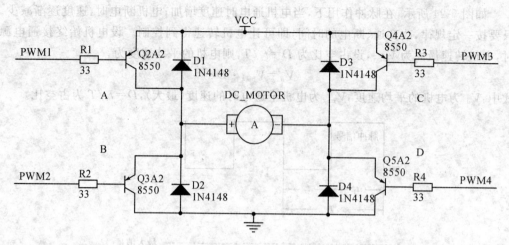

图 5-25   H 桥直流电机的控制驱动电路

③测速原理

使用光电收发对管的测速电路如图 5-26 所示。当编码盘遮挡了光电收发对管时,光电管输出高电平,反之输出低电平。设编码盘上有 12 个圆孔,则码盘转动一周产生 12 个脉冲。直流电机转动时,光电对管输出连续的脉冲信号,分别连接到 51 单片机的 T0 和 INT0 引脚,通过测频或测周法,就可以测出直流电机的转速。

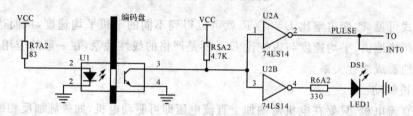

图 5-26   直流电机测速电路

5. 基础型实验

①根据直流电机控制驱动的基本原理,分配 I/O 与 PWM 管脚的接口,编写程序用一个拨码开关实现直流电机的正反转和停止控制。

②分配单片机 P1 口的低四位与 H 桥的 PWM1,PWM2,PWM3,PWM4 相连,P0 口与拨码开关模块相连,如图 5-27 所示。读入拨码开关的数值,并根据该数值调节电机转速。

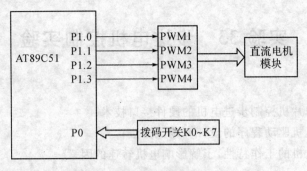

图 5-27 直流电机硬件连接图

PWM 控制直流电机转速的主程序流程如图 5-28 所示。

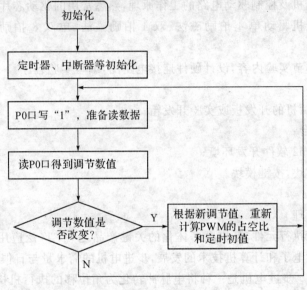

图 5-28 主程序流程

利用定时器产生所需 PWM 脉冲信号,并从 P1.0~P1.3 输出,实现直流电机转速的调节。

6. 设计型实验

①根据直流电机测速电路,分配 PWM 波与 PULSE 脉冲信号的 MCU 接口,设计流程并编写程序实现直流电机转速的测量。

②结合实验 22 7279 应用实验,运用键盘与数码管,进行转速的设定;通过增速、减速的方法,使电机达到设定转速。

7. 实验扩展及思考

①根据当前转速与设定转速的误差,设计 PI 控制算法,通过调节 PWM 波占空比,实现电机恒速转动的控制。

②设计更为理想的控制算法实现直流电机更精确、快速的恒速控制。实时显示设定转速和实时转速。

实验 33　步进电机控制实验

1.实验目的

①掌握采用单片机控制步进电机的硬件接口技术；

②掌握步进电机驱动程序的设计和调试方法；

③熟悉步进电机的工作特性，了解影响电机转速的因素。

2.预习要求

①理解并温习 7279 应用实验、点阵型液晶显示实验内容，理解键盘、数码管、液晶显示实现人机交互设计及曲线显示方法；

②了解步进电机及控制驱动电路的工作原理，熟悉常用的驱动芯片与应用方法；

③了解步进电机驱动单 4 拍励磁法、双 4 拍励磁法、单双 8 拍励磁法的控制驱动方法；

④认真预习本节实验内容，设计硬件连接电路图，编写实验程序。

3.实验条件

①基于 51 单片机的开发板或实验开发箱；

②PC 微机一台；

③Keil μVision2 软件开发环境；

④步进电机模块，按键模块。

4.实验说明

①步进电机原理

步进电机作为执行元件，是机电一体化的关键产品之一，广泛应用于各种自动化控制系统中。随着微电子和计算机技术的发展，步进电机的需求量与日俱增，在国民经济的各个领域都有应用。步进电机是一种将电脉冲转化为角位移的执行机构。当步进驱动器接收到一个脉冲信号，它就驱动步进电机按设定的方向转动一个固定的角度（称为"步距角"）。它的旋转是以固定的角度一步一步运行的，因此可以通过控制脉冲个数来控制步进电机的角位移量，从而达到准确定位的目的；可以通过控制脉冲频率来控制电机转动的速度和加速度，从而达到调速的目的。步进电机的旋转角度与脉冲数成正比，正、反转向可由脉冲顺序来控制。

步进电机的负载转矩与速度成反比，速度愈快负载转矩愈小，当速度快至其极限时，步进电机即不再运转。所以每输出一个脉冲即转动一个步距角后，程序必须延时一段时间。

②步进电机的励磁方式

步进电机的励磁方式可分为全步励磁和半步励磁，其中全步励磁又有单 4 拍励磁和双 4 拍励磁之分，而半步励磁又称单双 8 拍励磁。每输出一个脉冲信号，步进电机只转动一个步距角，依序不断送出脉冲信号，即可使步进电机连续转动。

a.单 4 拍励磁法：在每一瞬间只有一个线圈导通。消耗电力小，精确度良好，但转矩小，振动较大，每送一励磁信号可走 1.8 度。若欲以 1 相励磁法控制步进电机正转，其励磁顺序如下所示。若励磁信号反向传送,则步进电机反转。

励磁顺序:A→B→C→D→A。

STEP	A	B	C	D
1	1	0	0	0
2	0	1	0	0
3	0	0	1	0
4	0	0	0	1

b. 双 4 拍励磁法:在每一瞬间会有两个线圈同时导通。因其转矩大,振动小,故为目前使用最多的励磁方式,每送一励磁信号可走 1.8 度。若以 2 相励磁法控制步进电机正转,其励磁顺序如下所示。若励磁信号反向传送,则步进电机反转。

励磁顺序:AB→BC→CD→DA→AB。

STEP	A	B	C	D
1	1	1	0	0
2	0	1	1	0
3	0	0	1	1
4	1	0	0	1

c. 单双 8 拍励磁法:为 1 相与 2 相轮流交替导通。因分辨率提高,且运转平滑,每送一励磁信号可走 0.9 度,故亦广泛被采用。若以 1 相励磁法控制步进电机正转,其励磁顺序如下所示。若励磁信号反向传送,则步进电机反转。

励磁顺序:A→AB→B→BC→C→CD→D→DA→A。

STEP	A	B	C	D
1	1	0	0	0
2	1	1	0	0
3	0	1	0	0
4	0	1	1	0
5	0	0	1	0
6	0	0	1	1
7	0	0	0	1
8	1	0	0	1

③步进电机的控制电路

对步进电机的控制包括集成脉冲分配器和功率驱动器等,对于不需要细分的简单控制只要功率驱动器即可。PMM8713 是 3 相或 4 相步进电机的脉冲分配器,SI-7300A 是 2 相或 4 相功率驱动器,ULN2xxx 是集成功率驱动芯片,由耐压高、电流大的 7 个硅 NPN 达林顿管组成,其灌电流可达 500mA,并且在关态时能够承受 50V 的电压。图 5-29 所示是一种驱动电路。

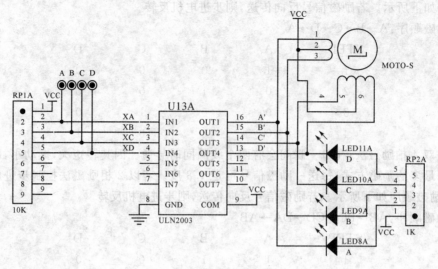

图 5-29　步进电机驱动电路

5.基础型实验

编写单 4 拍、双 4 拍、单双 8 拍步进电机控制驱动程序,实现步进电机的正反转控制,改变脉冲输出的频率,观察步进电机的运行情况和速度。

6.设计型实验

①开环控制步进电机的运行,通过按键操作,控制步进电机的启动、加速、恒速、减速、停止等过程,并在数码管上实时显示当前的速度值。

②设计一个步进电机按设定要求,自动启动、加速、恒速、减速和停止过程,并在 LCD 上显示该过程的曲线图。

7.实验扩展及思考

①通过按键设定步进电机运行转速,并运用 PID 等控制算法,通过改变脉冲频率,实现步进电机恒速转动的控制。

②对于未加负载的步进电机的开环控制,其运行速度与设定频率近似为线性关系,那么步进电机在加载的情况下,其运行速度与设定频率的关系是否不变,为什么?如果有改变,如何监测实际的运行速度?

实验 34　基于 DS18B20 的温度测控实验

1.实验目的

①了解温度测量与控制的基本原理,了解控制系统的实际应用;

②了解 1-wire 总线与应用;

③进一步熟悉和掌握动态显示技术的综合应用。

2.预习要求

①回顾并温习动态扫描显示实验的内容;

②认真阅读有关 DS18B20 温度传感器的资料和使用说明,编写 DS18B20 的驱动程序;

③认真预习本节实验内容,设计硬件连接电路图,编写实验程序。

3.实验条件

①基于 51 单片机的开发板或实验开发箱;

②PC 微机一台;

③Keil μVision2 软件开发环境;

④DS18B20 芯片、7279 芯片、4×4 键盘、数码管、加热电阻。

4.实验说明

①DS18B20 简介

DS18B20 是 Dallas 半导体公司生产的世界上第一片支持"一线总线"接口的数字化温度传感器。采用的"一线总线"为 1-wire 总线,测量的温度值直接以数字方式传输,大大提高了系统的抗干扰性,设计灵活、方便。

DS18B20 温度传感器的内部存储器包括一个非易失性的可电擦除的 E^2PROM 和一个高速暂存 RAM。前者用于储存一个唯一的 64 位 ROM 编码。后者包含了 8 个连续字节,前两个字节是测得的温度信息,第一个字节的内容是温度的低八位,第二个字节是温度的高八位;第三个和第四个字节是 TH、TL 的易失性拷贝,第五个字节是结构寄存器的易失性拷贝,这三个字节的内容在每一次上电复位时被刷新;第六、七、八个字节用于内部计算;第九个字节是冗余检验字节。

经过单线接口访问 DS18B20 的过程为:初始化、ROM 操作命令、存储器操作命令、处理数据。单线总线上的所有处理均从初始化序列开始。初始化序列包括总线主机发出一复位脉冲,接着从属器件送出存在脉冲。一旦主机检测到从属器件的存在,便可以发出器件 ROM 操作命令。

ROM 操作命令:

读 ROM[33h]:读取 DS18B20 的 48 位序列号,以及 8 位的 CRC,只能在总线上只有一个 DS18B20 时使用。

ROM 匹配[55h]:允许总线主机对多点总线上特定的 DS18B20 寻址。只有 64 位 ROM 序列严格相符的 DS18B20 才能对后续的存储器操作命令作出响应。

"跳过"ROM:在单点总线系统中,此命令通过允许总线主机不提供 64 位 ROM 编码而节省操作时间。

搜索 ROM[F0h]:总线主机通过此命令来识别总线上 DS18B20 的 64 位 ROM 编码。

存储器操作命令:

读暂存寄存器[4eh]:用于读取暂存寄存器的内容。读取将从字节 0 开始,一直进行下去,直到第 9 字节读完。如果不想读完所有字节,控制器可以在任何时间发出复位命令来中止读取。

转换温度[44h]:该命令用于启动一次温度转换。

还有写暂存寄存器命令、复制暂存寄存器命令、重新调出 E^2PROM 等命令,这里不作一一介绍。

DS18B20 中的温度传感器可完成对温度的测量,结果储存在暂存寄存器的第一和第二个字节。用 16 位符号扩展的二进制补码读数形式提供,以 0.0625℃/LSB 形式表达,其中 S 为符号位。

LS Byte：

Bit7	Bit6	Bit5	Bit4	Bit3	Bit2	Bit1	Bit0
2^3	2^2	2^1	2^0	2^{-1}	2^{-2}	2^{-3}	2^{-4}

MS Byte：

Bit15	Bit14	Bit13	Bit12	Bit11	Bit10	Bit9	Bit8
S	S	S	S	S	2^6	2^5	2^4

通过读取这 2 个字节能够得到实时温度数值,二进制中的前面 5 位是符号位,如果测得的温度大于 0,这 5 位为 0,只要将测到的数值乘以 0.0625 即可得到实际温度;如果温度小于 0,这 5 位为 1,测到的数值需要取反加 1 再乘以 0.0625 才可得到实际温度。

例如+125℃的数字输出为 07D0H,+25.0625℃的数字输出为 0191H,−25.0625℃的数字输出为 FF6FH,−55℃的数字输出为 FC90H。

温度	数据输出(二进制)	数据输出(十六进制)
+125℃	0000 0111 1101 0000	07D0H
+85℃	0000 0101 0101 0000	0550H
+25.0625℃	0000 0001 1001 0001	0191H
+10.125℃	0000 0000 1010 0010	00A2H
+0.5℃	0000 0000 0000 1000	0008H
0℃	0000 0000 0000 0000	0000H
−0.5℃	1111 1111 1111 1000	FFF8H
−10.125℃	1111 1111 0101 1110	FF5EH
−25.0625℃	1111 1110 0110 1111	FE6FH
−55℃	1111 1100 1001 0000	FC90H

②实验分析

温度测控系统应包括单片机、温度传感器 DS18B20、键盘显示接口管理芯片 7279 和加热电阻等。系统结构框图如图 5-30 所示,温度测量与温度控制电路如图 5-31 所示。

温度上、下限的设定和实时温度的显示由键盘/显示管理芯片 7279 连接的键盘和数码管完成;实时温度的测量由 DS18B20 温度传感器完成;升温和降温则通过引脚 P1.1 输出温控信号,控制大功率电阻的通电和断电予以实现。需要降温时 P1.1 输出 0,停止电阻加热而实现自然冷却;需要升温时,通过控制算法得到控制脉冲信号的占空比并从

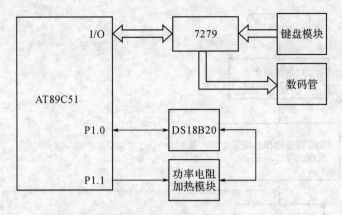

图 5-30 基于 DS18B20 的温度测控系统结构图

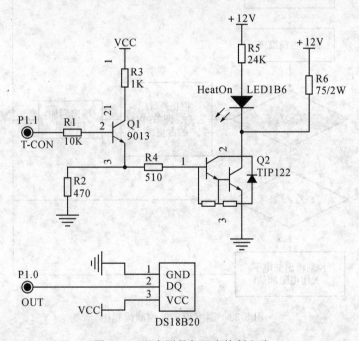

图 5-31 温度测量与温度控制电路

P1.1 输出,从而控制加热电阻的通电实现温度的升高。

在微机系统中,通常采用较为简单的 PID 控制算法。对于本实验由于 DS18B20 的测温精度并不高,控制精度要求为±1℃,故仅采用 PID 调节中的 P(比例)调节进行闭环控制。

具体实现温控的程序流程如图 5-32 所示,运用外接按键输入温度控制的上、下限,并保存在系统非易失性存储器中。通过 1-wire 总线获取 DS18B20 测量得到的实际温度值,送 LED 显示器显示,并将此温度值与设定的温度上、下限比较,若大于上限,关闭加热电阻(即输出控制信号为低电平);若低于下限,则调用 P 比例控制算法,计算得到加热控制信号的占空比,并输出该控制信号。

5.基础型实验

①温度测量:画出流程并设计程序实现 DS18B20 测量环境温度,测量结果显示在动

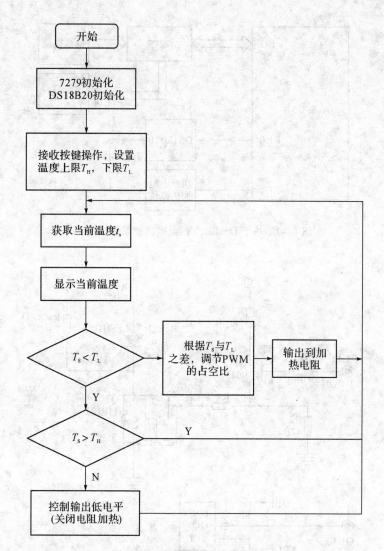

图 5-32　温度设定及控制流程图

态数码管上。

②温度控制:画出流程并设计程序对于给定不同占空比及频率的 PWM 波控制加热电阻,实现温度的测量并显示结果。

6.设计型实验

①采用 DS18B20 温度传感器测量环境温度,通过加热电阻改变温度,并将测得的温度值显示在八位动态数码管上。

②设计一个温度控制系统:运用键盘进行温度上下限设定;采用 PID 控制算法,通过加热电阻对温度进行控制,控制精度要求为±1℃,在八位动态数码管上同时显示实际温度值和设定温度值。

7.实验扩展及思考

①编程采用 PID 控制算法实现更精确的恒温控制,并用液晶显示屏画出闭环温度控

制的曲线图。

②采用模拟量取代数字量实现温度控制,则温度控制电路应如何修改,试比较两种方法的优缺点。

实验 35　模拟电子琴设计实验

1. 实验目的

①理解 I/O 控制蜂鸣器工作原理;

②掌握单片机音频发声原理,实现不同节拍与曲调的控制;

③了解运用单片机实现乐曲演奏、播放、录音等功能的方法。

2. 预习要求

①掌握连续精确定时的实现方法;

②了解单片机 I/O 控制蜂鸣器的方法;

③了解乐曲节拍与曲调的控制和实现方法;

④认真预习本节实验内容,设计硬件连接电路图,编写实验程序。

3. 实验条件

①基于 51 单片机的开发板或实验开发箱;

②PC 微机一台;

③Keil μVision2 软件开发环境;

④蜂鸣器、HD7279 芯片、矩阵键盘等。

4. 实验说明

使用 80C51 单片机及外围电路,设计一款简易的电子琴,并具有以下功能:

①模仿电子琴,实时弹奏乐曲;

②模仿随身听,播放已有乐曲;

③模仿录音机,录制实时弹奏的乐曲;

④加入显示效果,在 LED 阵列上显示音符和仿频图形。

电子琴的基本硬件需求是弹奏键盘和发声设备,其他外设可视具体情况和功能选用。本实验使用 4×4 的矩阵键盘作为电子琴的弹奏键盘,用蜂鸣器作为发生设备,产生不同音符的声音。

a. 电子琴的弹奏功能

在弹奏功能中,乐曲的音调由不同的按键进行弹奏,每个音节的节拍由不同音调按键按下的长度确定。单片机实时扫描按键操作,并将检测到的弹奏音调确定该音调对应的音频频率,从 I/O 口输出对应频率的脉冲控制蜂鸣器,即可实现音调的播放;通过监控每个音调被按下的长度,进行播放节拍的控制。

b. 电子琴的播放功能

对于播放功能,从存储器中依次取出乐曲的音调和节拍,通过查表得到音调的音频频率和节拍的延时时长,并转换为相应的脉冲输出控制蜂鸣器,实现乐曲的播放。

音调及节拍的具体实现方法参考实验 14 的实验说明部分。

c. 电子琴的录音功能

录音功能是在弹奏功能的基础上进行改进得到的，录音的实现需要记录每个音符的音高与时长信息。对于音符的记录是当有键按下时通过读取 7279 的键值得到，而静音则是在无键按下时记录一个事先约定的数值作为静音标志(程序中设定的是 0x00)；对于节拍的记录相对比较复杂，首先需要使用定时器 0 进行 50ms 的定时，并以 50ms 定时为一个时间单位，当定时时间到 50ms 时，当前音符对应的节拍数值加 1，循环进行该操作，直至该音符释放或下一个音符按下。可以使用两个数组保存音乐，并且将音乐信息分成两部分，分别保存在音符数组和时长数组中。定时器 1 作为音调的定时器。

按键说明：

4×4 键盘共有 16 个按键，本实验用其中 10 个，将前 7 个按键 0～6 作为音符按键，分别代表音符："哆"到"西"。另 3 个作为功能选择键：7 作为弹奏键，8 作为录音键，9 作为放音键。按下 7 键，调用单奏子程序，运用按键 0～6 可弹奏乐曲；按下 8 键，调用录音子程序，在弹奏的同时，单片机保存按键对应的音符以及按键时长；按下 9 键，调用播放子程序，开始播放已存储(或录音)的乐曲。

主函数流程图如图 5-33 所示。

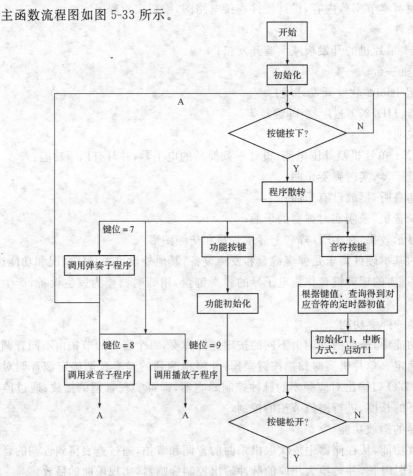

图 5-33   主函数流程图

弹奏子程序、录音子程序和播放子程序的流程如图 5-34、图 5-35、图 5-36 所示。

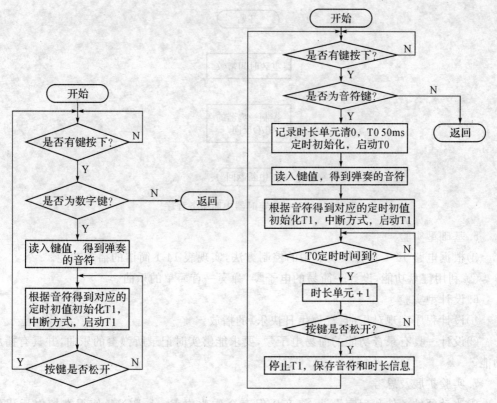

图 5-34　弹奏子程序流程图　　　　　　　　　图 5-35　录音子程序流程图

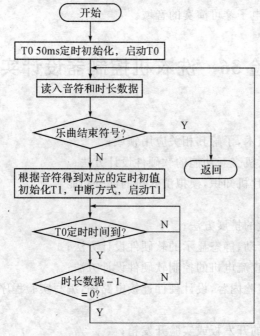

图 5-36　播放子程序流程图

T1 定时器中断服务程序如图 5-37 所示。

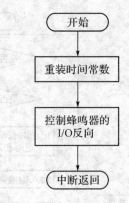

图 5-37   T1 定时器中断服务程序

5. 基础型实验

①根据电路 14-1 及音频及节拍的控制方法,实现表 14-1 简谱的播放功能。

② 利用键盘功能,设计一简易的电子琴,弹奏一首简单的乐曲。

6. 设计型实验

①设计程序实现对乐曲《祝你生日快乐》的播放。

②设计一具有录音功能的简易电子琴,要求能够实时记录所弹奏的乐曲,并具有播放功能。

7. 实验扩展及思考

①改动硬件条件和程序设计,将音乐保存介质改成 Flash ROM,使得在掉电后仍然可以保存数据,所以原系统可以断电保存音乐,再次上电后,音乐文件仍然存在。

②扩展键盘,增加电子琴可演奏的音域。

实验 36   洗衣机控制器设计实验

1. 实验目的

①掌握电机控制技术,了解其相关应用领域;

②掌握应用系统人机交互功能的软硬件设计方法;

③综合运用 51 单片机知识,模拟洗衣机的部分功能。

2. 预习要求

①复习行列式键盘的扩展方法;

②复习 8 段数码管动、静态显示的软硬件设计方法;

③复习步进电机、直流电机的控制软硬件设计方法;

④认真预习本节实验内容,设计硬件连接电路图,编写实验程序。

3. 实验条件

①基于 51 单片机的开发板或实验开发箱;

②PC 微机一台；

③Keil μVision2 软件开发环境；

④行列式键盘、LED 显示模块、步进电机驱动模块、直流电机驱动模块、蜂鸣器模块。

4. 实验说明

洗衣机的基本工作原理是依靠装在洗衣桶底部的波轮正、反旋转，带动衣物上、下、左、右不停地翻转，使衣物之间、衣物与桶壁之间，在水中进行柔和地摩擦，在洗涤剂的作用下实现去污清洗。

按照洗衣机的任务分解，可将洗衣机的洗衣过程分为进水、洗涤、漂洗、甩干 4 个基本过程。洗衣机开始工作之前，必须往洗衣桶内注适量的水，方可进行洗涤及漂洗。洗涤是注水后，与加有洗衣粉的衣服一起混洗，去除衣物表面污垢的过程。漂洗是把衣服里面混合洗衣粉的脏水洗掉。甩干又称脱水，主要是利用洗衣桶高速旋转的离心力将衣物上的水分脱离出一部分。

由洗衣机的 4 个基本过程可以组合出洗衣的总流程，首先待用户往洗衣桶内添加完衣物及洗衣粉后，根据衣物的总量设定进水水位的高度；当进水达到水位高度后，开始洗涤的过程，洗涤的时间长短根据衣物总量由用户预先设定，洗涤结束后排水并甩干；之后进入漂洗过程，漂洗过程按照自动进水—洗涤—甩干—再次自动进水—洗涤—甩干重复进行，重复的次数依据用户设定的漂洗时间而定。洗衣过程结束后，可通过声光报警方式予以提示。

根据洗衣机的任务分解及工作流程，可以按照以下几个功能模块进行设计。

①进水及排水电路

洗衣机的自动进水及自动出水通过直流电磁阀控制，电磁阀的控制信号用单片机的两条 I/O 口线。一般直流电磁阀的驱动功率较大，普通 I/O 口难以满足要求，同时为了实现电气隔离，提高电路抗干扰性能，所以单片机 I/O 需要经过光电隔离之后，控制 12V 功率电源驱动电磁阀。

②用户设定电路

用户设定电路可以考虑设置 5 个按键如 $S_1 \sim S_5$：S_1 为洗衣机的启动/停止键；S_2 为工作模式确认键；S_3 为工作方式选择键，用户可以在洗涤、漂洗、甩干的模式中切换，当进入各模式后，该键可重复定义为时间、强度的功能设定；S_4、S_5 为数字增 1 及数字减 1 键，用于实现洗衣时间、强度的数值设定。

③状态及数显电路

状态及数显电路主要是用来对洗衣机的工作状态及设定时间、设定强度、剩余时间等进行显示。可以利用 4 个发光二极管来显示当前的工作状态：第 1 个 LED 亮表示处于进水状态，第 2 个 LED 亮表示处于洗涤状态，第 3 个 LED 亮表示处于漂洗状态，第 4 个 LED 亮表示处于甩干状态。数显电路可以考虑由 2 位 8 段 LED 组成，用于显示设定时间、设定强度（电机转速）及工作剩余时间。

④电机控制电路

洗衣机底部的波轮设计由直流电机驱动。

直流电机的正、反转控制洗衣机的正、反旋转，以及洗衣强度，通过控制直流电机的正、反转和调节电机转速予以实现。

⑤声光报警电路

洗衣过程结束需要给予用户一定的声光提示，可以考虑令 5 个 LED 状态灯流水式轮流闪烁及蜂鸣器发声提示。

5.基础型实验

①根据实验 11 的 I/O 口控制实验内容，利用单片机的 I/O 输出功能，模拟控制电磁阀工作，实现洗衣过程的进水、排水、报警功能的设计。

②根据实验 32 直流电机控制实验内容，实现洗涤、漂洗、甩干过程不同电机转向及速度的控制。

6.设计型实验

实现一个完整自动洗衣过程，包括进水、洗涤、漂洗、甩干等过程，具有洗涤、漂洗、甩干的幅度及时间的控制功能，以及洗衣动作完成具有用户提醒功能。

7.实验扩展及思考

①如果需要在洗衣过程中获取水位信息，在软件、硬件上应如何实现？

②如果洗衣机内的衣服重量不一样，在软件、硬件设计上如何保证洗衣的强度一致？

第 6 章

现代接口技术实验

实验 37　USB 从模式和 PC 机通信实验

1. 实验目的

①了解 USB 总线工作原理；

②掌握 USB 接口器件 PDIUSBD12 工作原理和使用方法；

③了解 USB 实现数据传输的基本过程。

2. 预习要求

①了解 USB 从芯片 PDIUSBD12 的工作原理；

②熟悉 PDIUSBD12 的开发包 API 函数的调用方法；

③认真预习本节实验内容，设计硬件连接电路图，编写实验程序。

3. 实验条件

①基于 51 单片机的开发板或实验开发箱；

②PC 微机一台；

③Keil μVision2 软件开发环境；

④PDIUSBD12 芯片。PDIUSBD12 的开发包 API 函数。

4. 实验说明

51 系列单片机没有 USB 接口，因此需要扩展一片可编程的 USB 芯片才能使单片机系统具有 USB 通讯功能。PDIUSBD12 是一款性价比较高的 USB 接口器件，与单片机的接口是高速通用并行接口，其 USB 接口完全符合 USB1.1 版的规范。PDIUSBD12 与 80C51 的连接电路如图 6-1 所示，主要包括：DATA[7：0]（8 位双向数据位）、RD_N（读选通信号）、WR_N（写选通信号）、CLK_OUT（可编程时钟输出，可以提供 80C51 的工作时钟）、INT_N（中断输出）的连接。

D12 的程序可以分为后台 ISR 中断服务程序和前台主程序。后台 ISR 中断服务程序和前台主程序循环之间的数据交换通过事件标志和数据缓冲区来实现。例如 PDIUSBD12 的批量输出端点可使用循环的数据缓冲区，当 PDIUSBD12 收到一个数据包时，就会向 CPU 产生一个中断请求，CPU 响应中断并执行服务程序 ISR，将数据包从 PDIUSBD12 内部缓冲区移到循环数据缓冲区，并随后清零 PDIUSBD12 的内部缓冲区以便接收

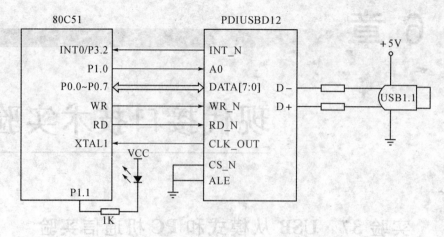

图 6-1   PDIUSBD12 与 80C51 的并行接口

新的数据包;CPU 可以继续它当前的前台任务直到完成,然后返回到主循环检查循环缓冲区内是否有新的数据并开始其他的前台任务。由于这种结构,主循环只要检查循环缓冲区内需要处理的新数据即可。其固件程序结构如图 6-2 所示。

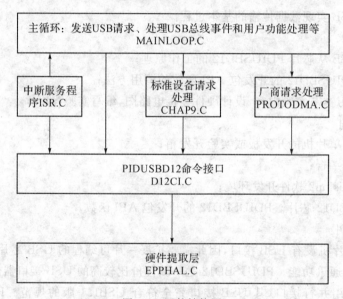

图 6-2   固件结构图

要完成本实验,需要完成上位机程序的编写和单片机固件程序的编写。上位机软件的编写主要是通过调用 EasyD12.dll 的 API 函数实现的。使用 EasyD12.dll,即使不了解复杂的 USB 协议也可快速完成 USB 的应用软件开发,但需要了解以下几点:D12 芯片提供了 3 个端点,分别为端点 0、端点 1 和端点 2;端点 0 主要用于与主机进行配置信息的交换和控制信息的接收,用户一般不对端点 0 进行操作;每个端点都有一个写数据缓冲区和一个读数据缓冲区;端点 0 和端点 1 的缓冲区大小为 16B,端点 2 的缓冲区大小为 64B。如上位机发送 USB 命令控制 LED 灯的亮、灭,实际上对 D12 相应的端点缓冲区写入命令数据(命令字节自己定义),D12 端点收到数据后,以中断的形式通知单片机。单片机在中断程序中接收数据,在主循环程序中对命令数据进行解析,并通过 I/O 口控制 LED 的亮灭。

以本实验为例,要控制 LED 的亮灭,使用端点 1。在编写单片机固件程序时所要做的工作就是在中断程序(位于 ISR.c 文件中)中加入读取相应端点数据的程序,并置相应的标志位。示例代码如下:

```
//端点1输入中断操作
void ep1_rxdone(void)
{
    unsigned char len;
    D12_ReadLastTransactionStatus(2);    //复位中断寄存器
    len = D12_ReadEndpoint(2, sizeof(GenEpBuf), GenEpBuf);   //读取端点1接收数据
    if (len ! = 0)
        bEPPflags.bits.ep1_rxdone = 1;   //标志端点1接收到数据
}
```

另外,需要在主循环程序(位于 Mainloop.c 文件中),添加相应的处理程序,示例代码如下:

```
Void main()
{
    …
    While(1)
    {
        if(bEPPflags.bits.ep1_rxdone)
        {
            DISABLE;            //关闭中断
            bEPPflags.bits.ep1_rxdone = 0; //标志位清零
            ENABLE;
            MCU_LED0 = ! (GenEpBuf[3] & 0x1);// 根据端点1缓冲区中接收到的第
                            4个字节的//最低位的状态来控制 LED 的亮灭
        }
    }
}
```

①固件函数库子程序说明

USB51S 库一共有 3 个文件,包括 USB51S.LIB,ISR.C,ISR.H(为了增加 USB 通信的灵活性,并没有把所有的子程序都封装到 USB51S.LIB,而是在 ISR.C 建立部分通信程序,这样方便用户修改)。USB51S.LIB 文件封装了 51 单片机用多路地址/数据总线配置对 D12 进行操作和 CHAP9 服务的指令。ISR.C 文件里包含了 D12 中断调用的子程

序,用户可以自行添加中断服务程序。ISR. H 为 D12 服务的头文件。使用 USB51S 库对 D12 编程,免除 USB 通信对 USB 协议深入了解的要求,使编程变得更加轻松。

库文件提供了 14 个函数给用户程序调用。下面是这些子程序的定义和功能说明:

a. void fn_usb_isr()

简介:USB 中断服务子程序。

来源:USB51S. LIB。

说明:本子程序是响应 USB 器件中断服务程序,子程序在 D12 的 INT_N 引脚对应的中断中调用,中断必须设置为最高级。子程序调用后先读出 D12 的中断寄存器,然后按中断的来源调用相应的子程序。

b. void usbserve(void)

简介:USB 服务处理子程序。

来源:USB51S. LIB。

说明:该子程序的作用是处理 USB 的 setup 包。在主循环中调用,该子程序调用的周期会对 USB 器件的配置时间造成影响。

c. void reconnect_USB(void)

简介:USB 总线重新连接指令。

来源:ISR. C。

说明:程序先把 USB·总线断开,然后再连接。固件没有调用,用户必须调用才可以连接上主机。

d. void D12_SetMode(unsigned char bConfig, unsigned char bClkDiv)

简介:D12 模式设置指令。

来源:USB51S. LIB。

说明:用户在控制 USB 连接和断开时调用,来设定 D12 的工作模式。

e. void D12_SetDMA(unsigned char bMode)

简介:D12 设置 DMA 指令。

来源:USB51S. LIB。

说明:在设置模式的时候调用。当不使用 DMA 功能时,送 0x00。用户可以设为 DMA 模式。由于本库函数未包括 DMA 功能,当用户调用 DMA 功能时必须自行完成 DMA 功能的所有设置。

f. unsigned char D12_WriteEndpoint(unsigned char endp, unsigned char len, unsigned char * buf)

简介:写缓冲区指令。

来源:USB51S. LIB。

说明:endp 为写入的端点号(endp=1,3,5)。len 为写到缓冲区的字节数。buf 为发送数据的开始指针。D12_WriteEndpoint 子程序会把 buf 指针开始的 len 个字节写到 D12 相应的缓冲区中。当 D12 收到相应的 IN 令牌时会自动上传数据。

g. unsigned char D12_ReadEndpoint(unsigned char endp, unsigned char len, unsigned char * buf)

简介：读缓冲区指令。

来源：USB51S. LIB。

说明：endp 为写入的端点号(endp＝0,2,4)。len 为读入缓冲区的字节数。buf 为读入数据的开始指针。D12_ReadEndpoint 子程序会把 D12 相应的缓冲区中的内容保存到 buf 中。

h. unsigned char D12_ReadLastTransactionStatus(unsigned char bEndp)

简介：读最后处理状态寄存器并把中断寄存器的相应位复位。

来源：USB51S. LIB。

i. void bus_reset(void)

简介：总线复位处理中断服务子程序。

来源：ISR. C。

说明：当接收到 USB 中断时，进入 fn_usb_isr()中断程序，读取中断寄存器，如果是复位中断，则调用本子程序。

j. void dma_eot(void)

简介：DMA 操作结束中断服务子程序。

来源：ISR. C。

说明：当接收到 USB 中断时，进入 fn_usb_isr()中断程序，读取中断寄存器，如果是 DMA 操作结束中断，则调用本子程序。

k. void ep1_txdone(void)

简介：端点 1 输出中断。

来源：ISR. C。

说明：当接收到 USB 中断时，进入 fn_usb_isr()中断程序，读取中断寄存器，如果端点 1 输出中断，则调用本子程序。

l. 简介：端点 1 输入中断。

来源：ISR. C。

说明：当接收到 USB 中断时，进入 fn_usb_isr()中断程序，读取中断寄存器，如果是端点 1 输入中断，则调用本子程序。

m. void ep2_txdone(void)

简介：端点 2 输出中断。

来源：ISR. C。

说明：当接收到 USB 中断时，进入 fn_usb_isr()中断程序，读取中断寄存器，如果是端点 2 输出中断，则调用本子程序。

n. void ep2_rxdone(void)

简介：端点 2 输入中断。

来源：ISR. C。

说明：当接收到 USB 中断时，进入 fn_usb_isr()中断程序，读取中断寄存器，如果是端点 2 输入中断，则调用本子程序。

以上 14 个子程序中，fn_usb_isr 需要用户添加到 D12 的外部中断服务程序中，usbserve 需要用户添加到用户的主循环程序中去,reconnect_USB 则需要用户程序在进行 USB 通信前调用,其他的子程序已经默认设置好了,用户也可以到 ISR.C 的文件变更程序的内容。

②示例程序

下面是 USB 通信的示例程序,只要把 USB51S.LIB 和 ISR.C 添加进项目就可以了。示例程序可以配合电脑测试程序控制 LED 的状态和采集按键的状态。

主程序源代码(MAINLOOP.C):

```c
/*
// **************************************************************************
// File Name:              MAINLOOP.C
// Use Library:            USB51S.LIB
// Note:                   USB51S.LIB 不带 DMA 控制功能
// **************************************************************************
*/
# include <stdio.h>
# include <string.h>
# include <reg51.h>
# include "mainloop.h"
# include "isr.h"
/*
// **************************************************************************
//    Public static data
// **************************************************************************
*/
extern EPPFLAGS bEPPflags;
extern unsigned char idata GenEpBuf[];
extern unsigned char idata EpBuf[];


//D12 中断服务
usb_isr() interrupt 0
{
    DISABLE;
    fn_usb_isr();                        //调用 D12 中断服务子程序
//(子程序由库文件提供)
    ENABLE;
}
void main(void)
```

```
    {
        P0 = 0xFF;                              //初始化 I/O 口
        P1 = 0xFF;
        P2 = 0xFF;
        P3 = 0xFF;
        MCU_D12CS = 0x0;
        D12SUSPD = 0;


        ITO = 0;                                //初始化中断
        EX0 = 1;
        PX0 = 0;
        EA = 1;


        MCU_D12CS = 0x1;                        //以下 4 句对 D12 进行复位初始化处理
        MCU_D12CS = 0x0;
        D12_SetDMA(0x0);
        bEPPflags.value = 0;


        reconnect_USB();                        //连接 USB 总线(子程序由库文件提供)

        /* Main program loop */
        while( TRUE ){
            if(bEPPflags.bits.configuration)
                check_key_LED();                //连接正常,调用按键和 LED 控制处理

                usbserve();                     //USB 服务数据处理
//(子程序由库文件提供)
        }
    }
    void check_key_LED(void)
    {
        static unsigned char c, last_key = 0xf;
        c = MCU_SWM0 & MCU_SWM1;
        c &= 0x0f;
        if (c ! = last_key) {
            D12_WriteEndpoint(3, 1, &c);   //按键状态改变,发送信息给主机
//(子程序由库文件提供)
        }
        last_key = c;
```

```c
    if(bEPPflags.bits.ep1_rxdone) {
        DISABLE;                            //接收到主机发来的 LED 控制信息
        bEPPflags.bits.ep1_rxdone = 0;
        ENABLE;
        MCU_LED0 = ! (GenEpBuf[3] & 0x1);   //控制 LED 状态
        MCU_LED1 = ! (GenEpBuf[3] & 0x2);
    }
}
```

USB 中断服务源代码(ISR.C)：

```c
/ *
// ***********************************************************************
// File Name：           ISR.C
// Use library：         USB51S.LIB
// Note：                USB51S.LIB 不带 DMA 控制功能
// ***********************************************************************
* /
# include <stdio.h>
# include <string.h>
# include <reg51.h>
# include "isr.h"
# include "mainloop.h"
/ *
// ***********************************************************************
//  Public static data
// ***********************************************************************
* /
EPPFLAGS bEPPflags;
CONTROL_XFER ControlData
/ * ISR static vars * /
unsigned char idata GenEpBuf[EP1_PACKET_SIZE];
unsigned char idata EpBuf[EP2_PACKET_SIZE];
IO_REQUEST idata ioRequest;
//厂商请求入口地址
code void ( * VendorDeviceRequest[])(void) =
{
    reserved,
    reserved,
    reserved,
    reserved,
```

```
        reserved,
        reserved,
        reserved,
        reserved,
        reserved,
        reserved,
        reserved,
        reserved,
        reserved,
        reserved,
        reserved,
        reserved
};
//USB 总线重新连接(先断开,再连接)子程序
void reconnect_USB(void)
{
        unsigned long clk_cnt;
        MCU_LED0 = 0;                        //亮 LED 显示(实际应用中可去掉)
        MCU_LED1 = 0;                        //(实际应用中可去掉)
        D12SUSPD = 0;
        disconnect_USB();
        for (clk_cnt = 0;clk_cnt< = 0x9000;clk_cnt + + ) {}
        connect_USB();
        MCU_LED0 = 1;                        //灭 LED 显示(实际应用中可去掉)
        MCU_LED1 = 1;                        //(实际应用中可去掉)
}
//断开 USB 总线连接
void disconnect_USB(void)
{
        D12_SetMode(D12_NOLAZYCLOCK, D12_SETTOONE | D12_CLOCK_12M);
}
//连接到 USB 总线
void connect_USB(void)
{
        DISABLE;
        bEPPflags. value = 0;
        ENABLE;
        D12_SetDMA(0x0);                     //设置 D12 工作模式
        D12_SetMode(D12_NOLAZYCLOCK|D12_SOFTCONNECT,D12_SETTOONE| D12_CLOCK_12M);
```

```
}
//总线复位中断服务子程序
void bus_reset(void)
{
//可添加用户代码(进行检测到总线复位的操作)
}
//DMA 操作结束中断服务子程序
void dma_eot(void)
{
//可添加用户代码(进行检测 DMA 操作结束的操作)
}
//端点 1 输出中断操作
void ep1_txdone(void)
{
    D12_ReadLastTransactionStatus(3);   //复位中断寄存器
    //可添加用户代码(进行检测端点号 3IN 令牌的操作)
}
//端点 1 输入中断操作
void ep1_rxdone(void)
{
    unsigned char len;
    D12_ReadLastTransactionStatus(2);   //复位中断寄存器
    len = D12_ReadEndpoint(2, 16, GenEpBuf);   //读取端点 1 接收数据
    if (len != 0)
        bEPPflags.bits.ep1_rxdone = 1;   //标志端点 1 接收到数据
}
//端点 2 输出中断操作
void ep2_txdone(void)
{
    D12_ReadLastTransactionStatus(5);   //复位中断寄存器
    //可添加用户代码(进行检测端点号 5IN 令牌的操作)
}
//端点 2 输入中断操作
void ep2_rxdone(void)
{
    unsigned char len;
    D12_ReadLastTransactionStatus(4);   //复位中断寄存器
    len = D12_ReadEndpoint(4, 64, EpBuf);   //读取端点 2 接收数据
    if (len != 0)
```

```
        bEPPflags.bits.ep2_rxdone = 1;  //标志端点 2 接收到数据
}
```

5.实验内容

①设计单片机系统使其具有从 USB 接口功能,并能通过该 USB 接口接收 PC 机的命令,如 PC 机控制单片机系统中 LED 灯的亮灭。

②设计程序采用串行或并行方式的 A/D 实现转换数据采集,并将数据采用 USB 接口传送到 PC 机。

6.实验扩展及思考题

①使用 PDIUSBD12(USB1.1)模块,设计一个虚拟示波器。

②使用 PDIUSBD12(USB1.1)模块,控制实验仪的其他模块。

实验 38　USB 主模式读 U 盘接口实验

1.实验目的

①了解 USB 总线工作原理;

②掌握 USB 接口器件 SL811 的工作原理和使用方法。

2.预习要求

①了解 USB 主芯片 SL811 的工作原理;

②熟悉 SL811 的开发包 API 函数的调用方法;

③回顾 USB 从模式和 PC 机通信实验内容,理解采用 USB 主控制器与从控制器实现数据传送的通信过程。

④认真预习本节实验内容,设计硬件连接电路图,编写实验程序。

3.实验条件

①基于 51 单片机的开发板或实验开发箱;

②PC 微机一台;

③Keil μVision2 软件开发环境;

④SL811 芯片,SL811 的开发包 API 函数。

4.实验说明

①SL811HS 简介

SL811HS 是 CYPRESS 公司生产的、可支持全速数据传输的 USB 控制芯片,该芯片采用 28 脚 PLCC 和 48 脚 TQFP 两种封装形式,且内含 USB 主/从控制器,支持全速(FULL-SPEED)/低速(LOW-SPEED)数据传输,并能自动识别低速或全速设备。SL811HS 所提供的接口遵从 USB1.1 标准,可与微处理器相连,也可直接与 ISA、PCMCIA 及其他总线相连。SL811HS 的数据接口与微处理器进行接口可提供 8 位数据 I/O 或双向 DMA 通道,并能以从机操作方式支持 DMA 数据传输。此外,通过中断支持还可与众多类型的标准微处理器或微控制器相连。SL811HS 内部有一个 256 字节的 RAM,可用作控制寄存器或数据缓冲器。SL811HS 与 80C51 的接口电路如图 6-3 所示。

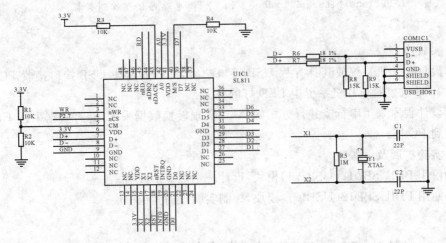

图 6-3　SL811 与单片机接口电路

②SL811HS 的 USB 固件简介

USB 主机驱动是一个高低层子程序的组合,实现 USB 传输和控制的过程是较高层子程序调用较低层子程序的过程。编写 USB 主机驱动时,可按从低层往高层的顺序逐层进行。

以 USB 主机枚举从机设备的操作包括读写 SL811HS 内部寄存器、传输事务的实现、设备插拔检测、复位等,其中,"传输事务的实现"是关键和难点,同时也是本文的重点。表 6-1 所示为 USB 主机枚举操作驱动的层次关系。

a. 内部寄存器

读写 SL811HS 内部寄存器子程序是最低层的子程序,系统所进行的各种操作主要都是通过调用这些子程序读写 SL811HS 内部寄存器实现的。例如,通过读取 SL811HS 的状态寄存器获取 SL811HS 的状态信息可以实现设备插拔检测、设备速度检测等,通过向 SL811HS 的相关控制寄存器写入控制字节可以实现 USB 总线复位以及 USB 数据传输等操作。

表 6-1　USB 主机枚举操作驱动的层次关系

子程序模块	层次关系
枚举设备	最高层
标准设备请求(获取设备各种描述符、设置设备地址、配置设备)	次高层
控制传输方式的实现	较高层
复位、设备插拔检测、速度检测、传输事务的实现,等等	次低层
读写 SL811HS 内部寄存器	最低层

从编程结构的角度看,SL811HS 内部寄存器一共有 256 个单元,每个单元是一个字节,其中地址为[00H]~[0FH]的前 16 个单元是 SL811HS 的状态寄存器或控制寄存器(统称为特殊寄存器),其余的是数据缓冲寄存器。表 6-2 列出了 16 个特殊寄存器的名称

和主要功能含义。

表 6-2 16 个特殊寄存器的名称和主要功能含义

寄存器地址	寄存器名称	寄存器主要功能含义
[00H]	EP0Control	传输事务的相关设置及其启动
[01H]	EP0Address	SL811HS 中数据缓冲区首地址
[02H]	EP0XferLen	SL811HS 中数据缓冲区长度
[03H]	EP0Stalus	传输事务标记包的标识域值,从机设备端点号(写);传输事务的结果状态(读)
[04H]	EP0Counter	从机设备的地址(写);数据交换的剩余字节数目(读)
[05H]	CutReg	设备速度检测、USB 总线状态、帧起始包启动/禁止等
[06H]	IntEna	中断允许设置
[07H]	USBAddress	USB 地址寄存器
[08H] [09H] [0AH] [0BH] [0CH]	EP1Control EP1Address EP1XterLen EP1Status EP1Counter	([08H]·[0CH]是与[00H]·[04H]寄存器功能相同的另一套控制/状态寄存器,这两套寄存器可以交叉使用:当第一套寄存器正在控制一次 USB 传输事务时,第二套寄存器可以被设置;而在当前的 USB 传输事务结束后,第二套寄存器就可以立即控制进行下一次的传输事务)
[0DH]	IntStatus	中断状态
[0EH]	DATASet	帧起始包定时计数器初值的低 8 位(写);芯片版本号(读)
[0FH]	CSOFent	主机、从机模式设置,帧起始包定时计数器初值的高位(写);帧起始包定时计数器的当前值(读)

b.单片机读写内部寄存器的实现

按照 SL811HS 的读写控制信号时序图编写单片机读写 SL811HS 内部寄存器的子程序,使各控制引脚上按照规定的时序给出符合要求的信号脉冲。在这个程序中,单片机指令周期的大小将直接影响输出信号的保持时长和时序关系。

主机控制器的驱动程序其实就是主 CPU 读写主机控制芯片寄存器的过程,参考 SL811HS 芯片的读写时序,我们可以定义 CPU 读写 SL811HS 的程序。

```
unsigned char SL811Read(unsigned char a);
/* unsigned char a 为要读取的 811HS 的内存地址 */
void SL811Write(unsigned char a, unsigned char d)
/* unsigned char a 为要写入数据的 SL811HS 的内存地址,unsigned char d 为要写入的内容 */
```

批量读函数:

```
void SL811BufRead(unsigned char addr, unsigned char * s, unsigned char c);
/* 参数 addr 为 SL811HS 中读取数据的起始地址, * s 为用于存放读取出来的数据的缓冲区,c 为总共要读取的字节数 */
```

批量写函数：

void SL811BufWrite(unsigned char addr, unsigned char * s, unsigned char c);

/* 参数 addr 为 SL811HS 中写入数据的起始地址，*s 为数据存放的首地址，c 为总共要写入的字节数 */

c. 初始化

初始化操作主要包括 SL811HS 芯片复位、USB 总线复位、设备插拔检测和设备 USB 数据传输速度检测等。通过这些初始化操作，SL811HS 将作为 USB 主机与从机之间建立一个底层协议连接关系，为后续的数据通信作好准备。

void USBReset(void); //SL811HS 芯片复位

USB 接口芯片 SL811HS 的复位是对芯片的状态进行复位，包括了对芯片内部寄存器值的复位。实现该操作不需要读写接口芯片内部寄存器，只需向接口芯片的复位引脚输入一个有效的复位脉冲即可。

void USBhard_Reset(void); //USB 总线复位

按照 USB 协议，USB 总线复位是指在 USB 数据线上输出 SE0 态，并保持 10ms 以上，接在 USB 总线上的从机设备收到这个复位信号后就会进行自身的复位操作，为接下来的 USB 数据传输作好准备。通过设置接口芯片的 CtrlReg[05H]寄存器的第 4、3 位为逻辑"01"，并保持 10ms，然后再把它们恢复为逻辑"00"，就可以让接口芯片产生 USB 总线复位信号。

void speed_detect(void); //设备拔插检测和设备速度检测

在 USB 协议的物理层上，USB 从机设备是否接在 USB 总线上是通过检测总线的电压得知的。根据该电压的高低，还可获知 USB 总线上的设备所支持的速度（例如，在 USB1.1 协议中，分有低速和全速）。USB 主机接口芯片 SL811HS 把这个物理层的电压检测结果反映到状态寄存器的取值上，通过读取这些状态寄存器的值，可以获知当前的设备插拔状态和设备速度。

USB 主机所进行的初始化操作除了上述 3 项外，还包括帧起始包启动/禁止的设置、帧同步设置、帧定时初值的设置等，它们都是通过对接口芯片特殊寄存器进行读写而实现的。

d. USB 传输功能的实现

在嵌入式 USB 主机系统中要实现控制传输（Control）和批量传输（Bulk）两种数据传输方式，其中控制传输用于实现主机对设备的枚举，实现 USB 的各种标准请求命令；批量传输则用于实现批量存储（Mass Storage）类协议中传输具体的命令块封包、命令状态封包以及具体的数据。为了实现程序的模块化，我们首先定义一个传输函数，再由传输函数来构建控制传输函数和批量传输函数。

unsigned char usbXfer(void); //传输事务的实现

根据 USB1.1 协议，一个传输事务一般包含 3 个包（Packet）的传输，分别是标记包

(Token Packet)、数据包(Data Packet)和握手包(Handshake Packet)。USB 数据传输方式一共有 4 种，分别是控制传输(Control Transfer)、同步传输(Isochronous Transfer)、中断传输(Interrupt Transfer)和批传输(Bulk Transfer)。其中，控制传输方式至少由 2 个传输事务构成，其他 3 种传输方式则都各由 1 个传输事务构成。可见，传输事务在 USB 传输中至关重要。

一个典型的传输事务含有 3 个包的传送，这连续的 3 个包数据流如表 6-3 所示。

表 6-3　一个传输事务的数据流示意

包序号	包类型		包内容(示例)						
n	标记包	空闲	包起始	标识	地址	端点	纠错码	包结束	空闲
			0000 0001	69	03	00	B5	SE0	
$n+1$	数据包	空闲	包起始	标识	数据(设备发送给主机)			纠错码	包结束	空闲
			0000 0001	C3	12 01 00 01 DC 00 00 10			42C6	SE0	
$n+2$	握手包	空闲	包起始	标识	包结束	空闲				
			0000 0001	4B	SE0					

使用 SL811HS 设计 USB 主机系统时，用户只需让单片机设置 SL811HS 内部几个相关的特殊寄存器，然后把传输事务启动位使能(置为逻辑'1')，就可以让接口芯片自动完成这个包的发送与接收。在表 6-3 所示的例子中，第 n 个包(标记包)和第 $n+2$ 个包(握手包)都是由主机发送给从机的，第 $n+1$ 个包(数据包)是由从机发送给主机的。这个传送方向和第 $n+2$ 个包的传送方向都是由标记包中的标识域取值决定的，其规则可参考 USB 协议。

如果传输事务的数据包是由从机发送给主机，则该传输事务属于输入类型，称为输入传输事务，反之则称为输出传输事务。可见，表 6-3 所示的例子是一个输入传输事务。对于一个输入传输事务，单片机通过设置 SL811HS 内部特殊寄存器就可以决定其取值的包域主要有：标记包中的标识域、地址域和端点域，数据包中的标识域。在输入传输事务中，虽然数据包并不是由主机发送的，但之所以仍需要单片机设置与数据包标识域相关的寄存器，是因为主机在该传输事务中将只认可标识域符合所设置值的数据包。其余部分，如标记包中的其他域及握手包的内容则都是 SL811HS 根据情况自动产生的。

主机接口芯片 SL811HS 完成一次输入传输事务后，如果传输成功，单片机就可以从 SL811HS 的数据缓冲寄存器读到从机发送过来的数据。此处，数据缓冲区的首地址是由单片机预先通过设置控制寄存器指定的。

对于输出传输事务，单片机同样需要设置相关的寄存器以确定标记包的标识域、地址域、端点域和数据包的标识域，以及存放发送数据的缓冲区首地址，并且这个缓冲区中的数据也是由单片机写入的。

具体地，单片机控制 USB 主机接口芯片进行一次传输事务所需要执行的操作步骤如下：

首先，如果是输出传输事务，则需要把将在数据包中发送给从机的数据存放到

SL811HS 的数据缓冲区中。

其次,作好相关的传输准备工作,即设置接口芯片中的 4 个特殊寄存器。这 4 个寄存器的名称及其在传输事务中的作用如表 6-4 所列的前 4 项。

表 6-4　与传输事务直接相关的 SL811HS 特殊寄存器

内部寄存器名称[地址]	在传输事务中的作用
EP0XferLen[02H]或 EP1XferLen[0AH]	在输出传输事务中给出数据包的数据域长度
EP0Satus[03H]或 EP1Status[0BH]	相关的包域,标记包的标识域、端点域
EP0Counter[04H]或 EP1Counter[0CH]	相关的包域,标记包的地址域
EP0Address[01H]或 EP1Address[09H]	设置数据缓冲区的首地址
EP0Control[00H]或 EP1Control[08H]	传输事务的启动,相关的包域,数据包的标识域

第三,启动传输事务:把寄存器 EP0Control[00H]或 EP1Control[08H]的第 0 位(即传输事务启动位)置为逻辑'1',即可启动传输事务。但在此之前必须把这个寄存器中其他位设置好(或与启动位同时设置),与这个寄存器相关的包域如表 6-4 所列的最后一项。

第四,单片机读取寄存器 EP0Status[03H]或 EP1Status[0BH]的值,以获知此次事务传输的完成情况。

最后,如果传输成功,而且该传输事务是输入性质的,则单片机可读取数据缓冲区,获得由从机发送过来的数据。

```
unsigned char ep0Xfer(void);  //端点 0 控制传输函数
```

控制传输可分为初始设置步骤、可选数据步骤和状态信息步骤 3 个阶段。初始设置步骤的主要功能是建立设备与主机之间的联系通道,把主机请求信息发送到它的应用设备,包含一次设置事务;可选数据步骤,实现 0 个或多个数据传送事务,按照初始设置步骤中指明的数据传送方向发送数据,包含一次输入事务或一次输出事务;状态信息步骤,将设备状态信息传送到主机,包含一次输入事务或一次输出事务。

e. USB 的批量传输

USB 的批量传输包括批量输入和批量输出两种类型,因此需要建立两个不同的传输函数。批量数据的输入和输出一般采用端点 1 来实现传输,所以在系统中我们定义 unsigned char epBulkSend(unsigned char * pBuffer,unsigned int len)函数和 unsigned char epBulkRcv(unsigned char * pBuffer,unsigned int len)函数来实现 USB 的批量输入和输出。批量输出函数定义如下:

```
unsigned char epBulkSend(unsigned char * pBuffer, unsigned int len);
```

各参数说明如下:

```
unsigned int len;  //批量传输的数据包长度;
unsigned char * pBuHer;  //批量传输中数据包的起始地址
```

批量输入函数定义如下：

unsigned char epBulkRcv(unsigned char * pBuffer, unsigned int len);

各参数说明如下：

unsigned char * pBuffer; //为接收区的首地址；

unsigned int len; //为接收的数据包长度

f. USB枚举的软件实现

unsigned char EnumUsbDev(BYTE usbaddr);

当 USB 设备连接到主机上之后，就必须通过控制传输来交换信息、设备地址和读取设备的描述符，这样主机才能够识别该设备，并且只有在主机对设备进行重新配置以后，设备才能够正常工作。这样的一个过程在 USB 协议中称为枚举。枚举过程是 USB 协议中最重要的部分。我们可用图 6-4 所示来表示其流程。

枚举的过程其实就是主机发送一系列标准设备请求命令的过程，我们主要定义了如下函数来实现 USB 的枚举过程：

unsigned char GetDesc(void)：获取设备的各类描述符信息；

unsigned char SetAddress(unsigned char addr)：重新配置设备地址；

unsigned char Set_Configuration(void)：给设备分配配置值。

上述过程中的数据传输方式均为控制传输，因此，在函数的具体实现上，可以调用 USB 的控制传输函数来实现。

5. 实验内容

①设计程序，实现 SL811HS 对 U 盘的插入、拔出操作的识别，采用串行口输出识别的过程。

②结合 USB 从模式和 PC 机通信实验内容，采用 USB 接口实现两台单片机之间的数据通信。

6. 实验扩展及思考题

①使用 SL811HS(USB1.1)模块，实现对 FAT32 文件系统的 U 盘数据的读取。

②利用 USB 通信接口实现两台单片机之间的数据传输。

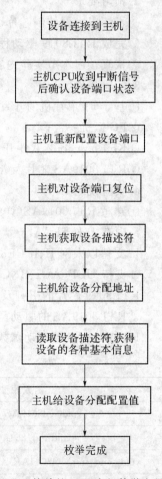

图 6-4　简单的 USB 主机枚举流程

实验 39 以太网通信实验

1. 实验目的

① 了解以太网芯片的工作原理；

② 掌握以太网接口器件 RTL8019 的工作原理和使用方法；

③ 了解以太网实现数据传输的基本原理。

2. 预习要求

① 了解以太网控制芯片 RTL8019 的工作原理及其与 80C51 的接口设计；

② 完成 RTL8019 驱动程序、TCP/IP 协议栈的移植；

③ 认真预习本节实验内容，设计硬件连接电路图，编写实验程序。

3. 实验条件

① 基于 51 单片机的开发板或实验开发箱；

② PC 微机一台；

③ Keil μVision2 软件开发环境；

④ RTL8019AS 芯片及相关软件开发包。

4. 实验说明

① 熟悉 RTL8019AS(详细资料见光盘)。

a. 内有 16K SRAM。

b. 支持以太网 II、IEEE802.3、10Base5、10Base2、10BaseT。

c. 支持 UDP、AUI、BNC 自动检测。

RTL8019 芯片的引脚及其与 80C51 单片机的接口如图 6-5 所示。

② RTL8019AS 的驱动函数

RTL8019AS 的驱动函数如表 6-5 所示。

表 6-5 **RTL8019AS 驱动函数**

函数原型	功能描述
void Rtl8019AS_Reset()	芯片复位
void init_8019(void)	芯片初始化
void send_frame(UCHAR * outbuf, UINT len)	发送一个帧
UCHAR * rcve_frame(void)	接收一个帧
void query_8019(void)	查询是否收到新数据包

③ TCP/IP 协议栈的移植

TCP/IP 协议是一组完整的网络协议栈，用于实现不同的网络结构和不同的操作系统之间的互联，已成为工业标准协议。

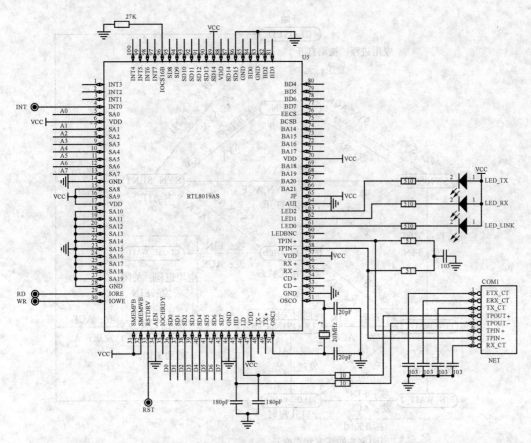

图 6-5 RTL8019 与 80C51 单片机接口设计

通常 PC 机上实现了比较完整的 TCP/IP 协议，而在嵌入式系统应用中由于嵌入式微处理器运算速度和内存的限制，不可能支持所有的协议，一般只实现需要的部分，可以根据硬件的具体情况和实现的需求进行必要的简化。结合本系统的应用场合，在传输层选择 TCP 协议，另外在网络层必须实现 ARP、IP 协议。

TCP 的状态图如图 6-6 所示，它包含了两个部分——服务器的状态迁移和客户端的状态迁移，这里面的服务器和客户端都不是绝对的，发送数据的就是客户端，接收数据的就是服务器。

连接的建立：在建立连接时，客户端首先向服务器申请打开某一个端口（用 SYN 段等于 1 的 TCP 报文），然后服务器端发回一个 ACK 报文通知客户端请求报文收到，客户端收到确认报文以后再次发出确认报文确认刚才服务器端发出的确认报文，至此，连接的建立完成。这就叫做三次握手。

结束连接：TCP 有一个特别的概念叫做半关闭状态，这个概念是说，TCP 的连接是全双工（可以同时发送和接收）连接，因此在关闭连接的时候，必须关闭传和送两个方向上的连接。客户机给服务器一个 FIN 为 1 的 TCP 报文，然后服务器返回给客户端一个确认 ACK 报文，并且发送一个 FIN 报文，当客户机回复 ACK 报文后（四次握手），连接就结束了。

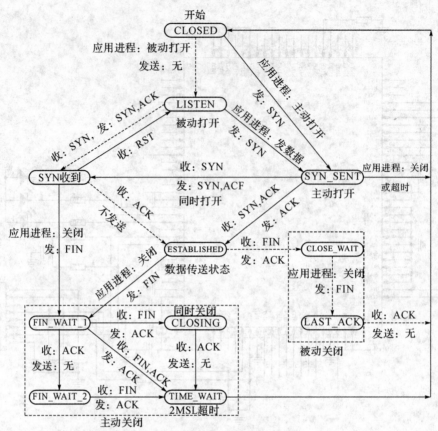

图 6-6 TCP 状态变迁图

5.实验内容

①结合 RTL8019 模块进行 PC 端的网络设置、单片机端的 IP 设置；与 PC 机进行 UDP 通信，使用 UDP，由电脑部分发出 TCP 连接、收发数据、断开 TCP 连接等命令；对于已连接 TCP，TCP 发送数据、接收数据。

②设计程序采用串行或并行方式的 A/D 实现转换数据采集，并将数据采用以太网接口传送到 PC 机。

6.实验扩展及思考题

①使用以太网模块及 A/D 数据采集模块，基于 TCP/IP 协议，在 80C51 单片机端构建一嵌入式 web sever，PC 作为终端，采用 IE 访问终端。

②通过以太网接口，实现 PC 机与单片机扩展的外设进行数据交互。

实验40　μC/OS-Ⅱ实时操作系统移植实验

1. 实验目的

①理解 μC/OS-Ⅱ 的工作原理，了解 μC/OS-Ⅱ 实时操作系统；

②实现 μC/OS-Ⅱ 实时操作系统在单片机 8051 系统上的移植。

2. 预习要求

①理解 μC/OS-Ⅱ 的工作原理，仔细阅读实验说明，完成 μC/OS-Ⅱ 的移植。

②理解基于 μC/OS-Ⅱ 操作系统的多任务程序设计。

③认真预习本节实验内容，编写实验程序。

3. 实验条件

①基于 51 单片机的开发板或实验开发箱；

②PC 微机一台；

③Keil μVision2 软件开发环境；

④支持混合编程 C 编译器，如 KEIL7.02 集成开发环境。

4. 实验说明

μC/OS-Ⅱ 在 8051 上的移植。

①开发工具和运行环境

实现 μC/OS-Ⅱ 的移植，要求所用的 C 编译器支持混合编程。Keil C51 可为众多的 8051 派生器件编程。我们选用的是 KEIL7.02 集成开发环境，仿真板基于 80C51 芯片。

②移植中所需修改的档和 CPU 相关的档

移植中所需修改的档和 CPU 相关的档主要有 3 个，分别是汇编档 OS_CPU_A. ASM、C 语言文件 OS_CPU_C. C 和头文件 OS_CPU. H。

a. OS_CPU. H 文件

OS_CPU. H 文件中定义了数据类型及与硬件相关的基本信息。其中改动部分如下：

```
typedef unsigned char OS_STK; / * 堆栈的宽度为 8 位 * /
OS_CPU_EXT INT8U IE_SHADOW;
#define OS_ENTER_CRITICAL() IE_SHADOW = IE; IE & = 0x7F / * 关中断 * /
#define OS_EXIT_CRITICAL() IE = IE_SHADOW
/ * 恢复中断 * /
#define OS_STK_GROWTH 0
#define OS_TASK_SW() OSCtxSw()
```

在 80C51 中，堆栈都是按字节操作的，故数据类型 OS_STK 声明为 8 位，方向从低地址向高地址方向递增，所以 OS_STK_GROWTH 设置为 0。μC/OS-Ⅱ 在进入系统临界代码区之前要关中断，等到退出临界区后再打开，以保护核心数据不被多任务环境下的其他任务或中断破坏。开、关中断可通过设置 SFR 中的中断屏蔽位实现。在关中断时，先将 IE 的内容保存在全局变量 IE_ SHADOW 中,然后关中断;退出临界区时,还原 IE_ SHADOW 的值。OS_TASK_SW()用来实现任务切换。就绪任务的堆栈初始化应该模拟一次中断发生后的样子,堆栈中应该按入栈次序设置好各个寄存器。OS_TASK_SW ()函数仿真一次中断过程,在中断返回的时候进行任务切换。由于 80C51 没有软中断,故直接定义宏 OS_TASK_SW()为函数 OSCtxSw()。

b. OS_CPU_A. ASM 文件

编译器将每个文件作为一个模块,编译模块以主名命名,称为编译模块名,用 NAME 来声明。因此,应在档头部声明 NAME OS_CPU_A。

函数有程序部分和局部变量部分,它们分别放在独立的段中。在大模式下,段名声明的固定格式为 ? PR? 函数名? 模块名 SEGMENT CODE。因此需要将 OSStartHigh-Rdy()、OSCtxSw()、OSIntCtxSw()和 OSTickISR()用上面的格式一一声明。如?PR? OSStartHighRdy()S_CPU_A SEGMENT CODE,本模块实现的函数需要用 PUBLIC 声明,如 PUBLIC OSStartHighRdy 等。

C51 将所有定义说明的数据标识符转换为大写字符,对函数则根据有无寄存器参数传送和函数是否可重入进行换名,如:void OSIntEnter(void) reentrant 函数的名字 OS-IntEnter 换成_? OSIntEnter。这些规则可从编译后的 LST 文件中看出。程序中声明引用的 5 个全局变量为 OSTCBCur、OSTCBHighRdy、OSRunning、OSPrioCur、OSPrio-HighRdy,声明格式是 EXTRN IDATA (OSTCBCur)等。调用 4 个外部子程序 OSTask-SwHook()、OSIntEnter()、OSIntExit()、OSTimeTick(),固定格式为:EXTRN CODE (_? OSTaskSwHook)等。

由于 80C51 的堆栈指针只有 8 位,只能指向内部数据区的 256 个字节,因此,当前运行的任务的堆栈在 IDATA 区,堆栈大小为 40H(64 字节),堆栈起点由 Keil 决定。通过标号可以获得 Keil 分配的 SP 起点,代码如下:

```
?STACK SEGMENT IDATA
RSEG ?STACK
OSStack:
DS 40H
OSStkStart IDATA OSStack-1
```

为简化子程序特定义压栈出栈宏。压栈的次序为 PSW、ACC、B、DPL、DPH、R0~ R7,出栈的次序与入栈相反。

```
PUSHALL MACRO
IRP REG, <PSW,ACC, B, DPL, DPH, 0, 1, 2, 3, 4, 5, 6, 7>
PUSH REG
ENDM
POPALL MACRO
IRP REG, <7, 6, 5, 4, 3, 2, 1, 0, DPH, DPL, B, ACC, PSW>
POP REG
ENDM
```

具体函数的修改部分见本书网络补充版(http://www.dpj.com.cn)。

[3]OS_CPU_C.C 文件

移植 μC/OS-Ⅱ需要在 OS_CPU_C.C 中定义 6 个函数,而实际上需要定义的只有 OSTaskStkInit()一个函数。该函数用来初始化任务的堆栈。初始状态的堆栈只需初始化? C_XBP (仿真堆栈指针)、任务地址及堆栈的长度。由于只有 INC DPTR 指令,故返回栈的最低地址,且最低地址处存放栈的长度,方便用汇编语言实现任务的切换。堆的大小可根据任务的实际情况自行确定,由参数 ppdata 所指的值确定。

```
void * OSTaskStkInit (void ( * task)(void * pd), void * ppdata,
void * ptos, INT16U opt) reentrant
{
OS_STK * stk;
INT8U HeapSize;
HeapSize = * (INT8U * )ppdata;
opt = opt;
stk = (OS_STK * )ptos + HeapSize + 2;
* stk + + = 15;
* stk + + = (INT16U)task & 0xFF;
* stk + + = (INT16U)task >> 8;
stk = (OS_STK * )ptos + HeapSize + 2;
* - - stk = (INT16U) (ptos + HeapSize - 1) >> 8;
* - - stk = (INT16U) (ptos + HeapSize - 1) & 0xFF;
return ((void * )stk);
}
```

③可重入函数

因为 51 系列堆栈空间的限制,Keil 编译器没有像大系统那样使用调用堆栈。一般 C 语言调用过程中,会把过程的参数和使用的局部变量入栈。为了提高效率,编译器没有提供这种堆栈,而是提供一种压缩栈,每个过程被给定一个空间用于存放局部变量。过程中的每个变量都放在这个空间的固定位置,当递归调用这个过程时,会导致变量被覆盖。编译器允许将函数定义成可重入函数,由 reentrant 关键词指定,可重入函数可被单独保存。因为这些堆栈是模拟的,可重入函数一般都比较大,运行起来也比较慢。模拟栈不允许传递 bit 类型的变量,也不能定义局部位标量。移植中最好是将可能被多个任务使用的函数定义成可重入函数。

5.实验内容

①仔细阅读、分析、理解 μC/OS-Ⅱ操作系统的源代码文件。基于 Keil μVision2 仿真软件,实现 μCOS-Ⅱ操作系统的移植。

②基于 μCOS-Ⅱ操作系统设计单个 LED 显示闪烁的应用程序设计。

6.实验扩展及思考题

基于 μCOS-Ⅱ操作系统实现 A/D、D/A、24C02、人机交互等硬件驱动程序的设计。

附录 1

Keil μVision2 仿真软件使用说明

μVision2 IDE 是德国 Keil 公司开发的基于 Windows 平台的单片机集成开发环境，它包含一个高效的编译器、一个项目管理器和一个 MAKE 工具。其中 Keil C51 是一种专门为单片机设计的高效率 C 语言编译器，符合 ANSI（American National Standards Institute）标准，生成的程序代码运行速度极高，所需要的存储器空间极小，完全可以与汇编语言媲美。

1. 关于开发环境

μVision2 的界面如附图 1-1 所示，μVision2 允许同时打开、浏览多个源文件。

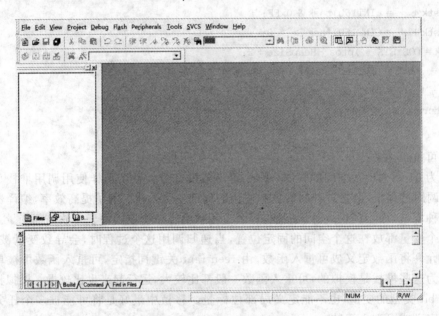

附图 1-1　μVision2 界面图

2. 菜单条、工具栏和快捷键

附表 1-1 至附表 1-5 列出了 μVision2 菜单项命令，工具栏图标，默认的快捷以及它们的描述。

①编辑菜单和编辑器命令 Edit，如附表 1-1 所示。

附表 1-1　编辑菜单和编辑器命令 Edit

菜单	工具栏	快捷键	描述
Home			移动光标到本行的开始
End			移动光标到本行的末尾
Ctrl＋Home			移动光标到文件的开始
Ctrl＋End			移动光标到文件的结束
Ctrl＋←			移动光标到词的左边
Ctrl＋→			移动光标到词的右边
Ctrl＋A			选择当前文件的所有文本内容
Undo		Ctrl＋Z	取消上次操作
Redo		Ctrl＋Shift＋Z	重复上次操作
Cut		Ctrl＋X Ctrl＋Y	剪切所选文本 剪切当前行的所有文本
Copy		Ctrl＋C	复制所选文本
Paste		Ctrl＋V	粘贴
Indent Selected Text	〔图标〕		将所选文本右移一个制表键的距离
Unindent Selected Text	〔图标〕		将所选文本左移一个制表键的距离
Toggle Bookmark	〔图标〕	Ctrl＋F2	设置/取消当前行的标签
Goto Next Bookmark	command	F2	移动光标到下一个标签处
GotoPrevious Bookmark	〔图标〕	Shift＋F2	移动光标到上一个标签处
Clear All Bookmarks	〔图标〕		清除当前文件的所有标签
Find			在当前文件中查找文本
		F3	向前重复查找
		Shift＋F3	向后重复查找
		Ctrl＋F3	查找光标处的单词
		Ctrl＋]	寻找匹配的大括号、圆括号、方括号（用此命令将光标放到大括号、圆括号或方括号的前面）
Replace			替换特定的字符
Find in Files…	〔图标〕		在多个文件中查找
Goto Matching Brace			选择匹配的一对大括号、圆括号或方括号中的内容

②选择文本命令：在 μVision2 中，可以通过按住 Shift 键和相应的键盘上的方向键来选择文本。如 Ctrl＋→可以移动光标到下一个词，那么，Ctrl＋Shift＋→就是选择当前光标位置到下一个词的开始位置间的文本。当然，也可以用鼠标来选择文本。

③项目菜单和项目命令 Project 如附表 1-2 所示。

附表 1-2　项目菜单和项目命令 Project

菜单	工具栏	快捷键	描述
New Project…			创建新项目
Import μVision1 Project…			转化 μVision1 的项目
Open Project…			打开一个已经存在的项目
Close Project…			关闭当前的项目
Target Environment			定义工具、包含文件和库的路径
Targets,Groups,Files			维护一个项目的对象、文件组和文件
Select Device for Target			选择对象的 CPU
Remove…			从项目中移走一个组或文件
Options…	🛠	Alt＋F7	设置对象、组或文件的工具选项
File Extensions			选择不同文件类型的扩展名
Build Target	🗔	F7	编译修改过的文件并生成应用
Rebuild Target	🗔		重新编译所有的文件并生成应用
Translate…	🗔	Ctrl＋F7	编译当前文件
Stop Build	🗔		停止生成应用的过程

④调试菜单和调试命令 Debug，如附表 1-3 所示。

附表 1-3　调试菜单和调试命令 Debug

菜单	工具栏	快捷键	描述
Start/Stop Debugging	⊕	Ctrl＋F5	开始/停止调试模式
Go	📊	F5	运行程序，直到遇到一个中断
Step	🔁	F11	单步执行程序，遇到子程序则进入
Step over	🔁	F10	单步执行程序，跳过子程序
Step out of	🔁	Ctrl＋F11	执行到当前函数的结束
Current function stop Runing	⊗	Esc	停止程序运行

续表

菜单	工具栏	快捷键	描述
Breakpoints…			打开断点对话框
Insert/Remove Breakpoint	🖐		设置/取消当前行的断点
Enable/Disable Breakpoint	🖐		使能/禁止当前行的断点
Disable All Breakpoints	🖐		禁止所有的断点
Kill All Breakpoints	🖐		取消所有的断点
Show Next Statement	⇨		显示下一条指令
Enable/Disable Trace Recording	REC		使能/禁止程序运行轨迹的标识
View Trace Records	0≣		显示程序运行过的指令
Memory Map…			打开存储器空间设置对话框
Performance Analyzer…			打开设置性能分析的窗口
Inline Assembly…			对某一行重新汇编,可以修改汇编代码
Function Editor…			编辑调试函数和调试设置文件

⑤外围器件菜单 Peripherals 如附表 1-4 所示。

附表 1-4　外围器件菜单 Peripherals

菜单	工具栏	描述
Reset CPU	⊙RST	复位 CPU
以下为单片机外围器件的设置对话框(对话框的种类及内容依赖于用户选择的 CPU)		
Interrupt		中断观察
I/O-Ports		I/O 口观察
Serial		串口观察
Timer		定时器观察
A/D Conoverter		A/D 转换器
D/A Conoverter		D/A 转换器
I^{2}C Conoverter		I^{2}C 总线控制器
Watchdog		看门狗

⑥工具菜单 Tool 如附表 1-5 所示。

利用工具菜单,可以设置并运行 Gimpel PC-Lint、Siemens Easy-Case 和用户程序。通过 Customize Tools Menu… 菜单,可以添加需要的程序。

附表 1-5　工具菜单 Tool

菜单	描述
Setup PC-Lint…	设置 Gimpel Software 的 PC-Lint 程序
Lint	用 PC-Lint 处理当前编辑的文件
Lint all C Source Files	用 PC-Lint 处理项目中所有的 C 源代码文件
Setup Easy-Case…	设置 Siemens 的 Easy-Case 程序
Start/Stop Easy-Case	运行/停止 Siemens 的 Easy-Case 程序
Show File（Line）	用 Easy-Case 处理当前编辑的文件
Customize Tools Menu…	添加用户程序到工具菜单中

3. 创建项目实例

μVision2 包括一个项目管理器,它可以使 8051 应用系统的设计变得简单。要创建一个应用,需要按下列步骤进行操作:

- 启动 μVision2,新建一个项目文件并从器件库中选择一个器件。
- 新建一个源文件并把它加入到项目中。
- 增加并设置选择的器件的启动代码
- 针对目标硬件设置工具选项。
- 编译项目并生成可编程 PROM 的 HEX 文件。

下面将逐步地进行描述,从而指引读者创建一个简单的 μVision2 项目。

①选择【Project】/【New Project】选项,如附图 1-2 所示。

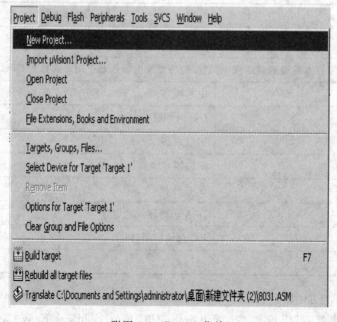

附图 1-2　Project 菜单

②在弹出的"Create New Project"对话框中选择要保存项目文件的路径,比如保存到 Exercise 目录里,在"文件名"文本框中输入项目名为 example,如附图 1-3 所示,然后单击 "保存"按钮。

附图 1-3 Create New Project 对话框

③这时会弹出一个对话框,要求选择单片机的型号。读者可以根据使用的单片机型号来选择,Keil C51 几乎支持所有的 51 核的单片机,这里只是以常用的 AT89C51 为例来说明,如附图 1-4 所示。选择 89C51 之后,右边 Description 栏中即显示单片机的基本说明,然后单击"确定"按钮。

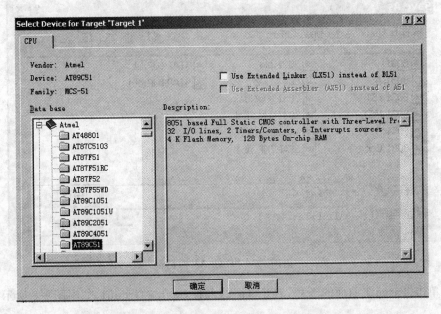

附图 1-4 选择单片机的型号对话框

④这时需要新建一个源程序文件。建立一个汇编或 C 文件,如果已经有源程序文件,可以忽略这一步。选择【File】/【New】选项,如附图 1-5 所示。

⑤在弹出的程序文本框中输入一个简单的程序,如附图 1-6 所示。

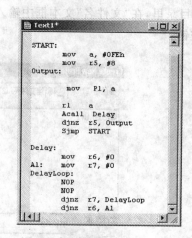

附图 1-5 新建源程序文件对话框图   附图 1-6 程序文本框

⑥选择【File】/【Save】选项,或者单击工具栏 按钮,保存文件。

在弹出的如附图 1-7 所示的对话框中选择要保存的路径,在"文件名"文本框中输入文件名。注意一定要输入扩展名,如果是 C 程序文件,扩展名为. c;如果是汇编文件,扩展名为. asm;如果是 ini 文件,扩展名为. ini。这里需要存储 ASM 源程序文件,所以输入. asm扩展名(也可以保存为其他名字,比如 new. asm 等),单击"保存"按钮。

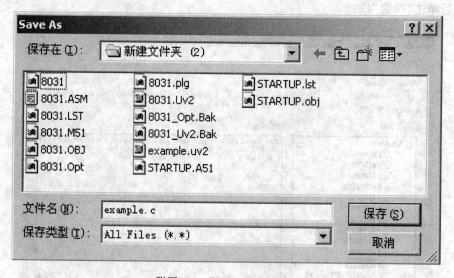

附图 1-7 "Save As"对话框

⑦单击 Target1 前面的＋号,展开里面的内容 Source Group1,如附图 1-8 所示。

附图 1-8　Target 展开图

⑧用右键单击 Source Group1,在弹出的快捷菜单中选择 Add Files to Group'Source Group1'选项,如附图 1-9 所示。

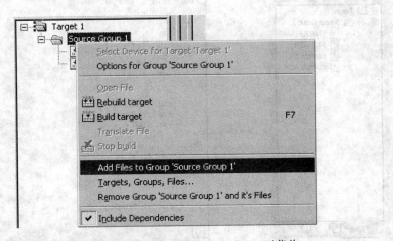

附图 1-9　Add Files to Group 'Source Group1'菜单

⑨选择刚才的文件 example.asm,文件类型选择 Asm Source file(*.c)。如果是 C 文件,则选择 C Source file;如果是目标文件,则选择 Object file;如果是库文件,则选择 Library file。最后单击"Add"按钮,如果要添加多个文件,可以不断添加。添加完毕后单击"Close"按钮,关闭该窗口,如附图 1-10 所示。

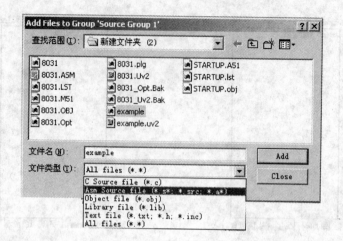

附图 1-10　　Add Files to Group 'Source Group1'对话框

⑩这时在 Source Group1 目录里就有 example. asm 文件，如附图 1-11 所示。

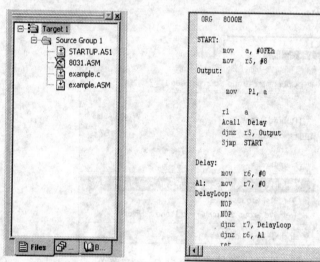
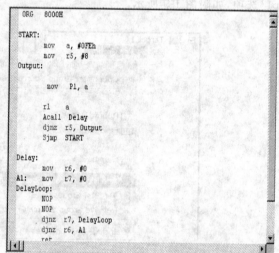

附图 1-11　　example. asm 文件

⑪接下来要对目标进行一些设置。用鼠标右键（注意用右键）单击 Target1，在弹出的会计菜单中选择 Options for Target 'Target 1'选项，如附图 1-12 所示。

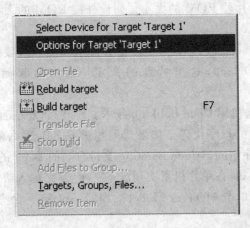

图 1-12　Options for Target 'Target 1'选项

⑫弹出 Options for Target 'Target 1'对话框,其中有 8 个选项卡。

a. 默认为 Target 选项卡,如附图 1-13 所示。

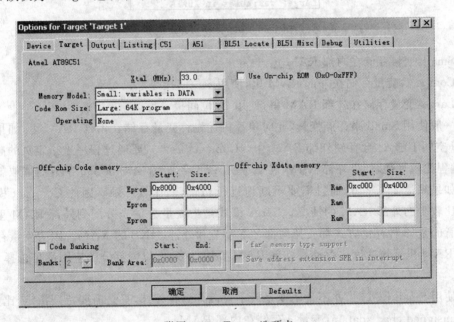

附图 1-13　Target 选项卡

● Xtal(MHZ):设置单片机工作的频率,默认是 24.0MHz。

● Use On-chip ROM(0x0～0XFFF):表示使用片上的 Flash ROM,AT89C51 有 4KB 的可重编程的 Flash ROM,该选项取决于单片机应用系统,如果单片机的 EA 接高电平,则选中这个选项,表示使用内部 ROM;如果单片机的 EA 接低电平,则不选中该项,表示使用外部 ROM。这里选中该选项。

● Off-chip Code memory:表示片外 ROM 的开始地址和大小,如果没有外接程序存储器,那么不需要填任何数据。这里假设使用一个片外 ROM,地址从 0x8000 开始,一般填 16 进制的数,Size 为片外 ROM 的大小。假设外接 ROM 的大小为 0x1000 字节,则最多可以外接 3 块 ROM。

● Off-chip Xdata memory:那么可以填上外接 Xdata 外部数据存储器的起始地址和大小,一般的应用是 62256,这里特殊的指定 Xdata 的起始地址为 0x2000,大小为 0x8000。

● Code Banking:是使用 Code Banking 技术。Keil 可以支持程序代码超过 64KB 的情况,最大可以有 2MB 的程序代码。如果代码超过 64KB,那么就要使用 Code Banking 技术,以支持更多的程序空间。Code Banking 支持自动的 Bank 的切换,这在建立一个大型系统时是必需的。例如:在单片机里实现汉字字库、汉字输入法,都要用到该技术。

● Memory Model:单击 Memory Model 后面的下拉箭头,会有 3 个选项,如附图 1-14 所示。

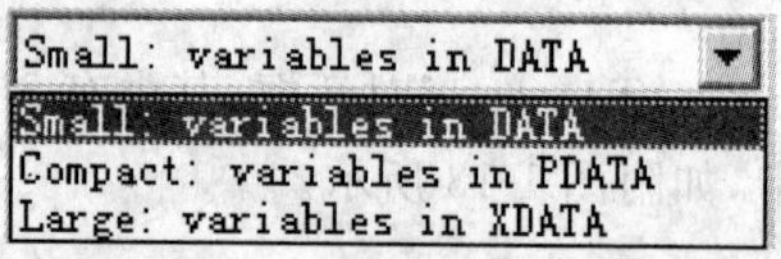

附图 1-14　Memory Model 选项

Small:变量存储在内部 RAM 里。

Compact:变量存储在外部 RAM 里,使用 8 位间接寻址。

Large:变量存储在外部 RAM 里,使用 16 位间接寻址。

一般使用 Small 来存储变量,此时单片机优先将变量存储在内部 RAM 里,如果内部 RAM 空间不够,才会存到外部 RAM 中。Compact 的方式要通过程序来指定页的高位地址,编程比较复杂,如果外部 RAM 很少,只有 256 字节,那么对该 256 字节的读取就比较快。如果超过 256 字节,而且需要不断地进行切换,就比较麻烦。因此 Compact 模式适用于比较少的外部 RAM 的情况。Large 模式是指变量会优先分配到外部 RAM 里。需要注意的是,3 种存储方式都支持内部 256 字节和外部 64KB 的 RAM。因为变量存储在内部 RAM 里运算速度比存储在外部 RAM 要快得多,所以大部分的应用都是选择 Small 模式。

使用 Small 模式时,并不说明变量就不可以存储在外部,只是需要特别指定,比如:

unsigned char xdata a:变量 a 存储在内部 RAM。

unsigned char a:变量存储在内部 RAM。

但是使用 Large 模式时:

unsigned char xdata a:变量 a 存储在外部 RAM。

unsigned char a:变量 a 同样存储在外部 RAM。

这就是它们之间的区别,可以看出这几个选项只影响没有特别指定变量的存储空间的情况,默认存储在所选模式的存储空间,比如上面的变量定义 unsigned char a。

● Code Rom Size:单击 Code Rom Size 后面的下拉箭头,将有 3 个选项,如附图 1-15 所示。

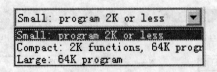

附图 1-15　Code Rom Size 选项

Small:program 2K or less,适用于 AT89C2051 这些芯片,2051 只有 2KB 的代码空间,所以跳转地址只有 2KB,编译时会使用 ACALL,AJMP 这些短跳指令,而不会使用 LCALL,LJMP 指令。如果代码地址跳转超过 2KB,那么会出错。

Compact:2K functiongs,64K program,表示每个子函数的代码大小不超过 2K,整个项目可以有 64K 的代码。就是说在 main()里可以使用 LCALL,LJMP 指令,但在子程序里只会使用 ACALL,AJMP 指令。只有确定每个子程序不会超过 2KB,才可以使用 Compact 方式。

Large:64K program,表示程序或子函数代码都可以大到 64KB,使用 code bank 还可以更大。通常都选用该方式。选择 Large 方式速度不会比 Small 慢很多,所以一般没有必要选择 Compact 和 Small 方式。这里选择 Large 方式。

Operating:单击 Operating 后面的下拉箭头,会有 3 个选项,如附图 1-16 所示。

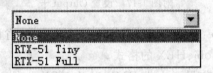

附图 1-16　Operating 选项

None:表示不使用操作系统。

RTX-51 Tiny Real-Time OS:表示使用 Tiny 操作系统。

RTX-51 Full Real-Time OS:表示使用 Full 操作系统。

Tiny 是一个多任务操作系统,使用定时器 0 作任务切换。在 11.0592MHz 时,切换任务的速度为 30ms。如果有 10 个任务同时运行,那么切换时间为 300ms。不支持中断系统的任务切换,也没有优先级,因为切换的时间太长,实时性大打折扣。多任务情况下(比如 5 个),轮循一次需要 150ms,即 150ms 才处理一个任务,这连键盘扫描这些事情都实现不了,更不要说串口接收、外部中断了。同时切换需要大概 1000 个机器周期,对 CPU 的浪费很大,对内部 RAM 的占用也很严重。实际上用到多任务操作系统的情况很少。

Keil C51 Full Real-Time OS 是比 Tiny 要好一些的系统(但需要用户使用外部 RAM),支持中断方式的多任务和任务优先级,但是 Keil C51 里不提供该运行库,要另外购买。这里选择 None。

b. 设置 Output 选项卡,如附图 1-17 所示。

● Select Folder for Objects:单击该按钮可以选择编译后目标文件的存储目录,如果不设置,就存储在项目文件的目录里。

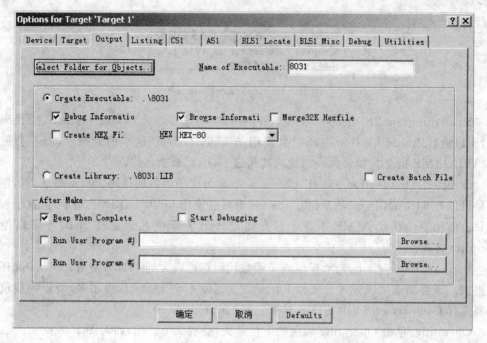

附图 1-17　设置 Output 卡

● Name of Executable：设置生成的目标文件的名字，缺省情况下和项目的名字一样。目标文件可以生成库或者 obj、HEX 的格式。

● Create Executable：如果要生成 OMF 以及 HEX 文件，一般选中 Debug Information 和 Browse Information。选中这两项，才有调试所需的详细信息，比如要调试 C 语言程序，如果不选中，调试时将无法看到高级语言写的程序。

● Create HEX File：要生成 HEX 文件，一定要选中该选项，如果编译之后没有生成 HEX 文件，就是因为这个选项没有被选中。默认是不选中的。

● Create Library：选中该项时将生成 lib 库文件。根据需要决定是否要生成库文件，一般应用是不生成库文件的。

● After Make：栏中有以下几个设置。

Beep when complete：编译完成之后发出咚的声音。

Start Debugging：马上启动调试（软件仿真或硬件仿真），根据需要来设置，一般不选中。

Run User Program ♯1，Run User Program ♯2：这个选项可以设置编译完之后所要运行的其他应用程序（比如有些用户自己编写了烧写芯片的程序，编译完便执行该程序，将 HEX 文件写入芯片），或者调用外部的仿真器程序。根据自己的需要设置。

c. 设置 Listing 选项卡，如附图 1-18 所示。

Keil C51 在编译之后除了生成目标文件之外，还生成.lst、* m51 的文件。这两个文件可以告诉程序员程序中所用的 idata、data、bit、xdata、code、RAM、ROM、stack 等的相关信息，以及程序所需的代码空间。

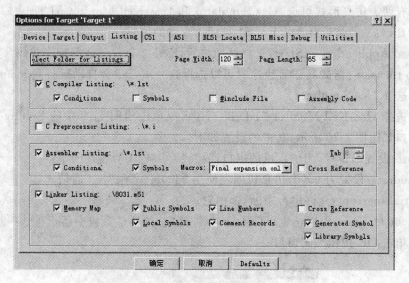

附图 1-18 设置 Listing 选项卡

选中 Assembly Code 会生成汇编的代码,这是很有好处的,如果不知道如何用汇编来写一个 long 型数的乘法,那么可以先用 C 语言来写,写完之后编译,就可以得到用汇编实现的代码。对于一个高级的单片机程序员来说,往往既要熟悉汇编,又要熟悉 C 语言,才能更好地编写程序。某些地方用 C 语言无法实现,用汇编语言却很容易;有些地方用汇编语言很繁琐,用 C 语言就很方便。

单击 Select Folder for Listings 按钮后,在出现的对话框中可以选择生成的列表文件的存放目录。不作选择时,使用项目文件所在的目录。

d. 设置 Debug 选项卡,如附图 1-19 所示。

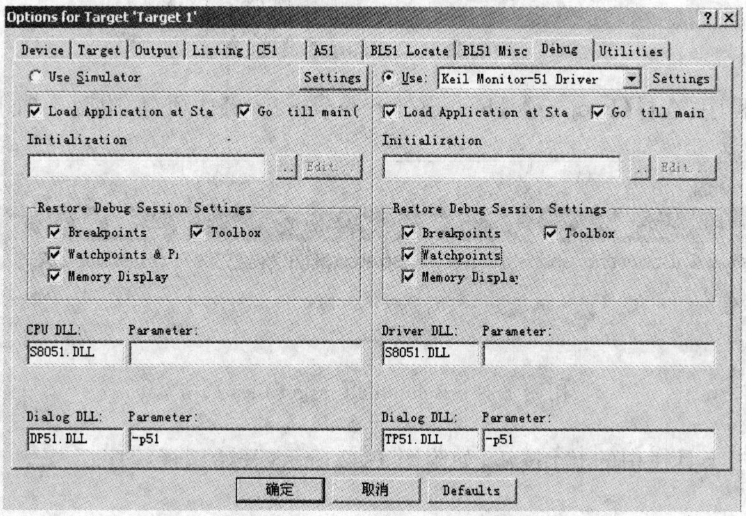

附图 1-19 设置 Debug 选项卡

这里有两类仿真形式可选：Use Simulator 和 Use：Keil Monitor-51 Driver，前一种是纯软件仿真，后一种是带有 Monitor-51 目标仿真器的仿真。

● Load Application at Start：选择这项之后，Keil 才会自动装载程序代码。

● Go till main：调试 C 语言程序时可以选择这一项，PC 会自动运行到 main 程序处。

这里选择 Use Simulator。

如果选择 Use：Keil Monitor-51 Driver，还可以单击附图 1-19 中的 Settings 按钮，打开新的窗口如附图 1-20 所示，其中的设置如下：

● Port：设置串口号，为仿真机的串口连接线 COM_A 所连接的串口。

● Baudrate：设置为 9600，仿真机固定使用 9600bit/s 跟 Keil 通信。

● Serial Inerrupt：允许串行中断，选中它。

● Cache Options：可以选也可以不选，推荐选它，这样仿真机会运行得快一点。

最后单击 OK 按钮关闭窗口。

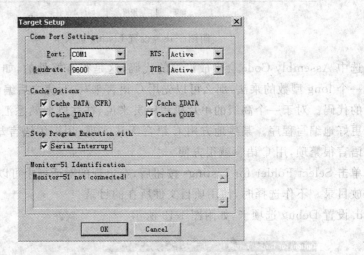

附图 1-20　Target 设置

⑬编译程序，选择【Project】/【Rebuild all target files】选项，如附图 1-21 所示。

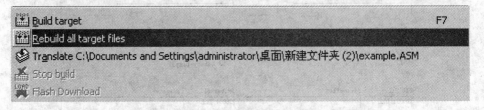

附图 1-21　Rebuild all target files 选项

或者单击工具栏中的 按钮，如附图 1-22 所示，开始编译程序。

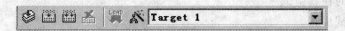

附图 1-22 工具栏中的按钮

如果编译成功,开发环境下面会显示编译成功的信息,如附图 1-23 所示。

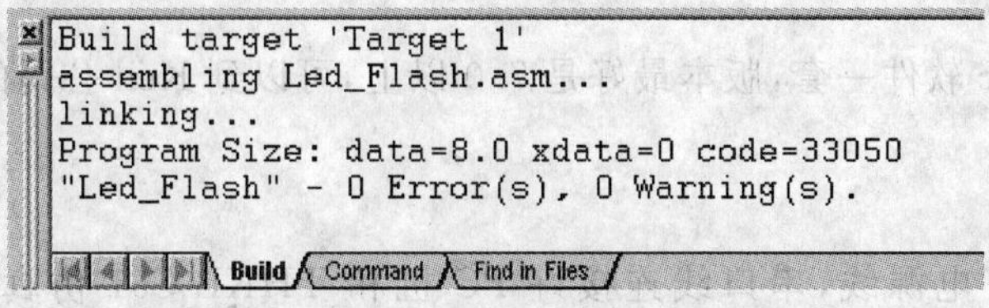

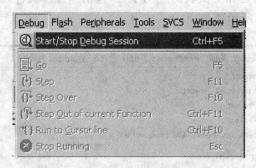

附图 1-23 编译成功信息

⑭编译完毕之后,选择【Debug】/【Start/Stop Debug Session】选项,即进入仿真环境,如附图 1-24 所示。

附图 1-24 仿真

或者单击工具栏中的  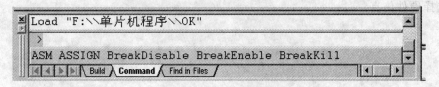 按钮,如附图 1-25 所示。

附图 1-25 工具栏仿真按钮

⑮装载代码之后,开发环境下面显示如附图 1-26 所示的信息。

附图 1-26 装载代码

3. Keil C 的在线调试

①软件调试步骤

a. 硬件准备

首先必须具备 THGDC-1 型硬件系统一套和 THKL-C51 仿真器,另外还需要一条串口线(串口线的接法是 2-3/3-2/5-5,也就是交叉接法而不是平行接法)。

b. 软件准备

需要准备 keilc 软件一套,版本最好是 7.0 以上,可以到 Keil 公司的网站(www.keil.com)下载。

c. 系统设置

实验箱连接好电源线,串口线连接好 PC 机和 THKL-C51 仿真器,把仿真器插入80C51 核心板的锁紧插座。

请注意仿真器插入方向,缺口应朝上。

d. 软件设置

打开 keilc 软件,创建相关实验的应用项目,包括添加源文件,编译项目文件。开始软件设置,找到附图 1-27 所示菜单项。

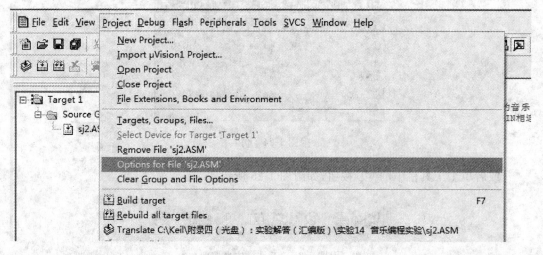

附图 1-27　Project 菜单

选中以后找到附图 1-28 所示的对话框,按照附图 1-28 里面的图示方法,进行端口设置。选择硬件仿真。

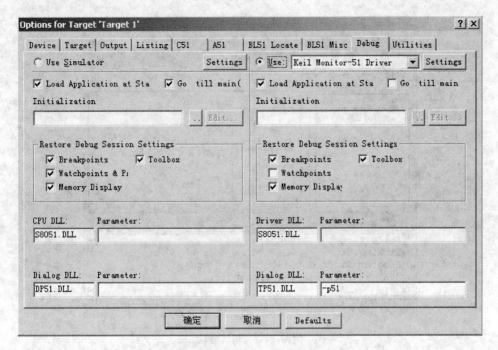

附图 1-28　设置 Debug 选项卡

　　进入 Target 设置，如附图 1-29 所示。选择串行口，波特率选择 38400，这样就设置好了。

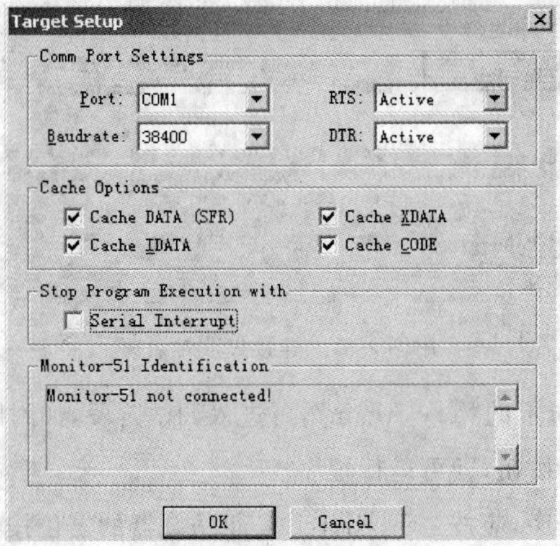

附图 1-29　Target 设置

e. 开始调试

　　按实验指导提供的方法连接好实验导线。打开相关模块的电源开关（关闭不相关模块的电源开关），打开总电源开关。按附图 1-30 中的 🔍 按钮开始调试。

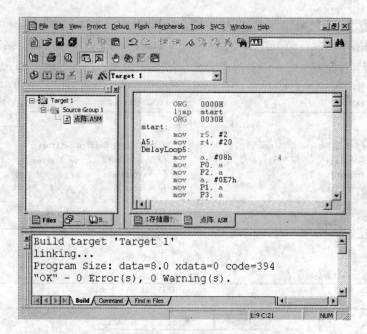

附图 1-30　调试窗口

这时候如果出现如附图 1-31 所示对话框,硬件系统需要复位一次,关闭总电源开关 2s 后重新打开电源。

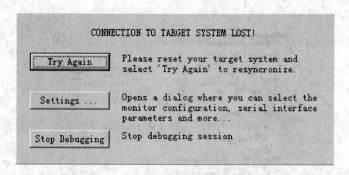

附图 1-31　连接失败对话框

然后按附图 1-31 所示的"Try Again",可进入调试阶段,如附图 1-32 所示。

按附图 1-32 中 按钮,即可运行程序。

如果想停止运行程序,应按一下 THKL-C51 仿真器的复位按钮,等待约 2 秒后,程序便停止运行,再次按附图 1-32 中的 按钮可返回到附图 1-30 所示界面。

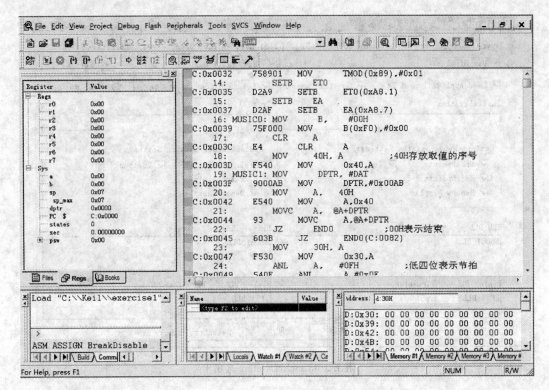

附图 1-32　调试窗口

②软件仿真

根据一个实例介绍软件仿真的过程。

本实例指定外部存储器的起始地址和长度,将其内容赋同一值。

程序如下:

```
        ADDR  EQU   8000H          ;地址:8000H
        ORG   0
        MOV   DPTR,#ADDR
        MOV   R0,#20               ;赋值个数:20
        MOV   A,#0FFH              ;赋值:0FFH
LOOP:   MOVX  @DPTR,A
        INC   DPTR
        DJNZ  R0,LOOP
        END
```

a.软件设置

点击 ![icon] 按钮,按照附图 1-33 里面的图示方法,进行端口设置。

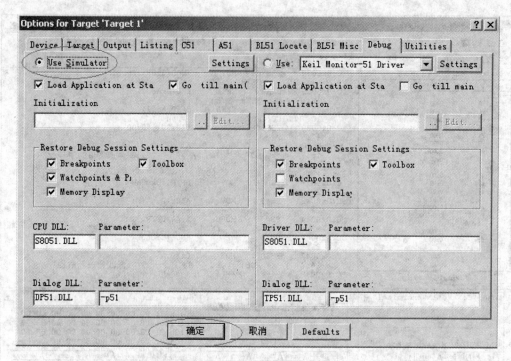

附图 1-33   设置 Debug 选项卡

b. 编译

点击 ⚙ 按钮，无误后点击 ▦ 按钮，如附图 1-34 所示，编译无误后点击 ◎ 按钮开始调试。

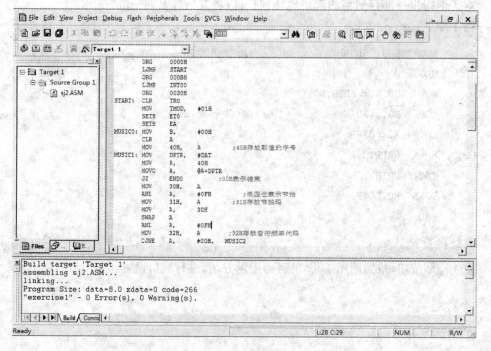

附图 1-34   编译

c. 调试

打开 View 菜单下 Memory Window(存储器窗口),在存储器窗口的 Address 输入框中输入:X:8000H

接着按回车键,存储器窗口显示 8000H 起始的存储数据(都为 0)。

点击 按钮,运行程序,如附图 1-35 所示。

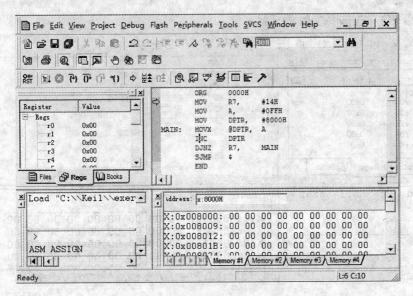

附图 1-35　调试窗口

程序运行结束后,存储器窗口显示 8000H 起始的 20 个单元的数据变为"0FFH",如附图 1-36 所示。

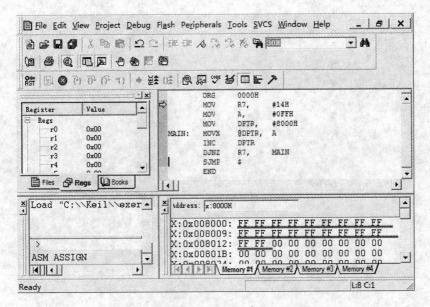

附图 1-36　调试窗口

d. 设置断点

在需设断点的指令行的空白处双击左键,指令行的前端出现红色方块即可。同样,取消断点设置,也在空白处双击左键,红色方块消失,如附图 1-37 所示。

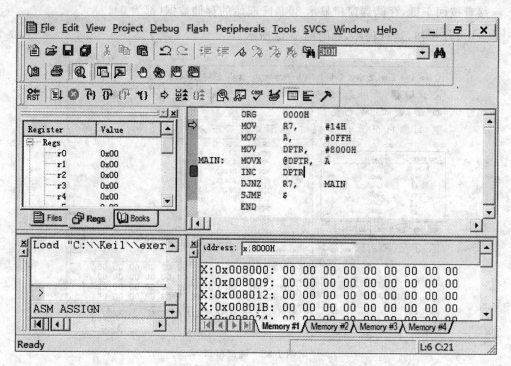

附图 1-37　调试窗口

附录 2

实验设计说明与参考例程（汇编语言）　详见光盘

目　录

实验 1   内存操作实验

6.设计型实验

①程序功能:实现将内部 RAM30H～3FH 的数据块拷贝到 40H～4FH 的相应单元。

程序说明:设计思想和流程图同基础型实验②,只是外部存储单元换作内部存储单元。分别用 R0 和 R1 作源地址和目标地址指针,以寄存器间接寻址的方式移动数据。

操作说明:打开 Keil 软件,软件设置为模拟调试状态。在所建的 Project 文件中添加实验 1\sj1. ASM 源程序进行编译,编译无误后,单击 Debug 按钮,打开 View 菜单中的 Memory Window,在 Address 窗口输入 D：30H 后回车,修改内部 RAM 30H～3FH 的内容分别为 ♯00H～♯0FH,方法为右击存储单元的内容,选择 Modify Memory at D：0x＊＊,然后在弹出的对话框输入相应的数值。修改完成后,可以单步运行程序,观察各寄存器的变化和数据移动的过程。或在 SJMP $ 处设置断点,运行程序后,可以看到内部 RAM 30H～3FH 单元内容拷贝到 40H～4FH 单元。

参考程序:实验 1 内存操作实验\sj1. ASM

②程序功能:实现将片内 30H～3FH 单元的内容复制到片外 1030H～103FH 中。

程序说明:设计思想和流程图同基础型实验②,其中源地址用 R0 存放,目标地址用 DPTR 存放。

操作说明:打开 Keil 软件,软件设置为模拟调试状态。在所建的 Project 文件中添加实验 1\sj2. ASM 源程序进行编译,编译无误后,单击 Debug 按钮,打开 View 菜单中的 Memory Window,在 Address 窗口输入 D：30H 后回车,修改内部 RAM 30H～3FH 的内容分别为 ♯00H～♯0FH,方法为右击存储单元的内容,选择 Modify Memory at D：0x＊＊,然后在弹出的对话框输入相应的数值,在 Memory ♯2 输入 X：1030H,然后回车,可以查看外部存储器单元 1030H 以后的内容。修改完成后,可以单步运行程序,观察各寄存器的变化和数据移动的过程。或在 SJMP $ 处设置断点,运行程序后,可以看到内部 RAM30H～3FH 单元内容拷贝到外部 1030H～103FH 单元。

参考程序:实验 1 内存操作实验\sj2. ASM

③程序功能:实现将片外 RAM 64KB 的高低地址存储内容互换;如 0000H 与 0FFFFH,0001H 与 0FFFEH,0002H 与 0FFFDH,……互换数据个数为 256。

流程图如附图 2-1 所示。

操作说明:同上。

参考程序:实验 1 内存操作实验\sj3. ASM

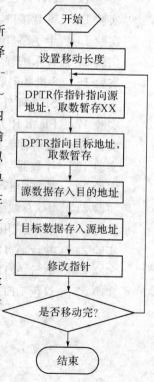

附图 2-1   内存逆序拷贝

实验 2 数制及代码转换实验

5. 基础型实验

① ♯37H。

③ ♯100,♯10,DIV AB。

6. 设计型实验

①程序功能:实现将十六进制数转换成 ASCII 码

程序说明:十六进制数存于 30H、31H 单元中,转换结果存放到 40H 开始的 4 个单元中。本程序用查表的方法得到数值的 ASCII 码,取出十六进制的每一位数,查找 ASCII 码表得到结果。

参考程序:实验 2 数制及代码转换实验\sj1. ASM

②程序功能:实现将单字节十六进制数转换为十进制数,结果存放到内部 RAM 40H~41H 中。

程序说明:程序设计思想同基础型实验②。

参考程序:实验 2 数制及代码转换实验\sj2. ASM

③程序功能:实现将单字节压缩 BCD 码数转换成十六进制数的程序设计。设压缩 BCD 码数存放在内部 RAM 30H 中,结果要求存放在内部 RAM 40H 中。

程序说明:压缩 BCD 码转换为十六进制数,按照如下公式转换:

HEX=(BCD 码高位×0AH+BCD 码低位)

参考程序:实验 2 数制及代码转换实验\sj3. ASM

实验 3 算术运算实验

5. 基础型实验

①A,B,DA A,ADDC。

6. 设计型实验

①程序功能:实现任意字节压缩 BCD 码的相加。

程序说明:程序中,R2 存放 BCD 码的字节数,待相加的 BCD 码放于以 30H 起始的单元中,相加结果放于以 40H 起始的单元中。单字节的 BCD 码转换见基础型实验①。在基础型实验①的基础上添加循环,循环次数为 R2 中的数值。

参考程序:实验 3 算术运算实验\sj1. ASM

②程序功能:实现多字节十六进制数的减法运算

程序说明:被减数 BCD 码存放于 30H 起始的内 RAM 中,减数存放于 1000H 起始的外 RAM 中,被减数大于减数,相减结果存放于以 40H 起始的内 RAM 中。

参考程序:实验 3 算术运算实验\sj2. ASM

③程序功能:在内部 RAM 30H 单元开始,有一串带符号数据块,其长度在 10H 单元中。本程序实现求其中正数与负数的和,并分别存入 2CH 与 2EH 开始的 2 个单元中(负数存放形式为补码)。

程序说明:8 位带符号数相加,其和要用十六位数形式表示。首先判断数据的符号,对于正数与双字节和单元的低字节相加;对于负数,把该数扩展为双字节的负数,即增加高字节 FFH,再进行双字节加法,即得到负数和的补码。

流程如附图 2-2 所示。

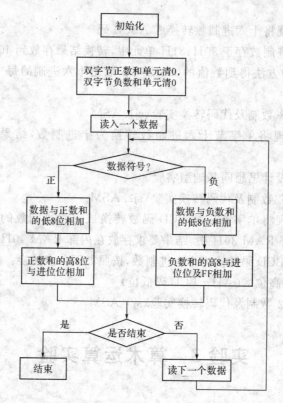

附图 2-2　设计型实验③流程图

参考程序:实验 3 算术运算实验\sj3. ASM

实验 4　查找与排序实验

6.设计型实验

①程序功能:从内部 RAM 30H 单元开始,有一串带符号数据块,其长度在 10H 单元中。本程序分别求出这一串数据块中正数、负数和 0 的个数,存入 2DH、2EH 和 2FH 单元中。

流程图如附图 2-3 所示。

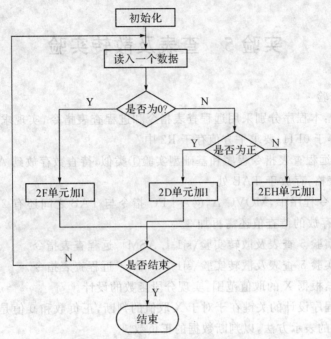

附图 2-3 设计型实验①流程图

参考程序:实验 4 查找与排序实验\sj1. ASM

②程序功能:在外部 RAM 1000H 开始处有 10H 个带符号数,找出其中的最大值和最小值,分别存入内部 RAM 的 MAX、MIN 单元,程序运行结束后,最大值存在 20H 单元,最小值存在 21H 单元。

程序说明:在程序中,采取数据两两比较的办法,记录其中较大(较小)的一个数,与下一个进行比较,然后再记录这两个数中相对较大(较小)的数,直到全部数据比较完毕,最后记录的数据就是最大(最小)值。

参考程序:实验 4 查找与排序实验\sj2. ASM

③程序功能:10 个数据存于 30H 起始的单元中,平均值存于 44H 单元,大于平均值的个数存于 50H,小于平均值的个数存于 51H 单元。

程序说明:编译、下载程序后,在存储器 30H 开始的 10 个单元随机输入 10 个数据,运行到 SJMP $ 处,可以看到 40H、41H 单元存放 10 个数据的和,44H 单元存放平均数,50H 存放大于平均数的个数,51H 单元存放小于平均数的个数。

参考程序:实验 4 查找与排序实验\sj3. ASM

7. 实验扩展及思考

②程序功能:本程序实现在字符串"aBcdfBaejKH"中搜索是否存在着"Ba"这个字符,有则 41H 写 01H,且在 40H 存放 B 的位置。

程序说明:程序中取出字符串的值,与 B 的 ASCII 码比较,直到查找到 B 的存在,记录 B 所在的位置存放于 40H,然后查看下一个是不是 a,是则返回,40H 写 01H,否则从当前值继续查找 B 的值,进行下一轮循环,直到找到 Ba 或字符串全部查找完毕。

参考程序:实验 4 查找与排序实验\kz3. ASM

实验 5 查表及散转实验

6. 设计型实验

①程序功能:本程序分别采用远程查表指令和进程查表指令,实现求(R3)的平方值,其中(R3)小于等于 0FH,要求平方值存于 R2 中。

程序说明:远程查表指令程序和基础型实验①类似,待查数存放到 A 中,建立 00H～0FH 的平方值表格,存放于 TAB 处。

近程查表指令程序中,MOVC A,@A+PC 指令与 TAB 之间还有 2 条语句,共 3 个字节,所以 A 中存放的待查值还需再加 3。

参考程序:实验 5 查表及散转实验\sj1-1. ASM   远程查表指令
        实验 5 查表及散转实验\sj1-2. ASM   近程查表指令

②程序功能:根据 X 的取值范围,实现分段函数的设计。

程序说明:程序设计的关键在于对于 X 取值的判断,正负数和 0 值是关键点,因此需要熟悉数据补码的表示方法,以判断数据的正负数。

参考程序:实验 5 查表及散转实验\sj-2. ASM

7. 实验扩展及思考

①程序功能:本程序分别采用远程查表指令和近程查表指令,实现求片内 30H 和 31H 单元中两个数的平方和,结果存到 40H 和 41H 单元。

程序说明:程序设计思想同设计型实验①。

参考程序:实验 5 查表及散转实验\kz1-1. ASM   远程查表指令
        实验 5 查表及散转实验\kz1-2. ASM   近程查表指令

③程序功能:本程序在基础型实验③的基础上,实现散转范围大于 256 个字节。

程序说明:若 R7×2<256 则和基础型实验③相同。

        若 R7×2>256 则表空间增加一页,即 DPH 加 1,以此来增加散转的范围。

参考程序:实验 5 查表及散转实验\kz3. ASM

实验 11 I/O 口控制实验

5. 基础型实验

①系统晶振为 12MHz 时,一个机器周期为 $1\mu s$。

$1+(1+2\times256+2)\times256+2=131843\mu s=131.843ms$

②二极管循环点亮。

③拨码开关 K0～K7 对应控制 8 位逻辑电平显示 L0～L7,将 Ki 拨到上面对应 Li 熄灭,拨到下面则点亮 Li。

6.设计型实验

①程序功能:实现 8 位逻辑电平显示模块的奇偶位的亮灭闪烁显示,闪烁间隔为 1s。

程序说明:采用 P1 口作输出口,控制 LED 显示。间隔 1s 用延时实现。参考程序中的延时 1s 按单片机晶振为 12M 计算。

实验步骤:

a. 用 8P 数据线连接 80C51 MCU 模块的 JD1(P1 口)与 8 位逻辑电平显示模块的 JD1A5。

b. 用串行数据通信线连接计算机与仿真器,把仿真器插到模块的锁紧插座中,请注意仿真器的方向:缺口朝上。

c. 打开 Keil μVision2 仿真软件,首先建立本实验的项目文件,添加"sj1. ASM"源程序,进行编译,直到编译无误。

d. 进行软件设置,选择硬件仿真,选择串行口,设置波特率。

e. 打开模块电源和总电源,点击开始调试按钮,运行程序观察发光二极管显示情况。8 位逻辑电平显示模块的奇偶位的亮灭闪烁显示,闪烁间隔为 1s。

流程图如附图 2-4 所示。

参考程序:实验 11 I/O 口控制实验/sj1. ASM

②程序功能:实现 8 位逻辑电平显示模块的 LED 轮流点亮,间隔为 1s。

程序说明和实验步骤同上。

实验现象:在 Keil 环境运行该程序,发现 8 位逻辑电平显示模块的 LED 轮流点亮,间隔为 1s。

流程图如附图 2-5 所示。

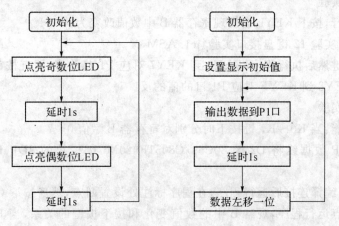

图 2-4　设计型实验①流程图　　附图 2-5　设计型实验②流程图

参考程序:实验 11 I/O 口控制实验/sj2. ASM

③程序功能:当开关 K0 往上拨时,实现设计型实验内容①;当开关 K1 往上拨时,实现设计型实验内容②;当 K0、K1 同时往上拨时,LED 全亮;当 K0、K1 同时往下拨时,LED 全灭。

程序说明:见流程图。

连线:用 2 号导线连接 D2 区 P3.3,P3.4 和 C6 区 K1,K0,用 8P 数据线连接 P1 口和 A5 区 JD1A5。

实验现象:同程序功能。

流程图如附图 2-6 所示。

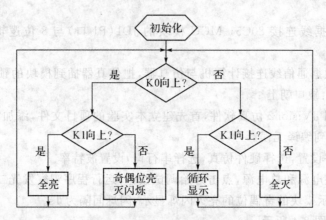

附图 2-6 设计型实验③流程图

参考程序:实验 11 I/O 口控制实验/sj3.ASM

实验 12 键盘接口实验

5.基础型实验

①单步执行,按下 KEYi,会发现寄存器 B 中数值改变为♯0iH。

参考程序:实验 12 键盘接口实验\jc1.ASM

②按住按键然后执行程序,KEY0 到 KEY7 对应 P1 口的值,即有按键按下,P1 口相应的位为 0,KEY8 到 KEYF 对应 P1 口的值的反。

6.设计型实验

①程序功能:当 K0～K7 键按下时分别对寄存器 B 赋值 0～7。

连线:用 8P 数据线将 D2 区 80C51/C8051F020MCU 模块的 JD1(P1 口)与 C7 区 JD1C7 相连。

实验现象:编译连接后运行程序,在程序标注处设置断点,然后按下 C7 区某个按键,单步或设置断点运行程序,观察 B 中的数值变化和按下按键的关系,当 K0～K7 键按下时分别对寄存器 B 赋值 0～7。

流程图如附图 2-7 所示。

参考程序:实验 12 键盘接口实验\sj1.ASM

②程序功能:采用行列式键盘,当 KEY0～KEYF 键按下时分别对寄存器 B 赋值 0～F 的键值。

连线:用 8P 数据线将 D2 区 80C51/C8051F020MCU 模块的 JD1(P1 口)与 D4 区行

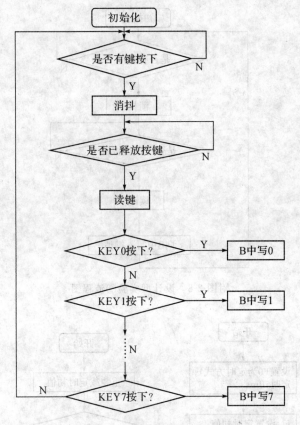

附图 2-7 设计型实验①流程图

列式键盘模块 JD12 相连,D4 区键盘接口模块处的 S4 拨码开关的 1、2 打在 OFF 处,3、4、5、6 打在 ON 处。

实验现象:步骤同上,当 KEY0~KEYF 键按下时分别对寄存器 B 赋值 0~F 的键值。

流程图如附图 2-8 所示。

参考程序:实验 12 键盘接口实验\sj2.ASM

③独立式键盘:

程序功能:采用定时器 0 的中断方式,定时扫描独立式键盘的按键。

连线:用 8P 数据线分别将 D2 区 80C51/C8051F020MCU 模块的 JD1(P1 口)、JD2(P2 口)与 C7 区查询式键盘 JD1C7、A5 区 8 位逻辑电平显示模块 JD1A5 相连。

实验现象:全速运行程序后,按下 C7 区按键发现对应的键值在 8 位逻辑电平上以二进制的形式显示。

流程图如附图 2-9 所示。

参考程序:实验 12 键盘接口实验\sj3-1.ASM

行列式键盘:

程序功能:采用定时器 0 的中断方式,定时扫描行列式键盘的按键。

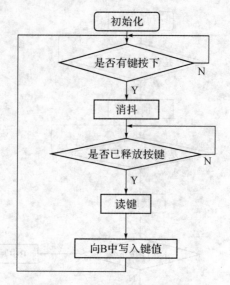

附图 2-8 设计型实验②流程图

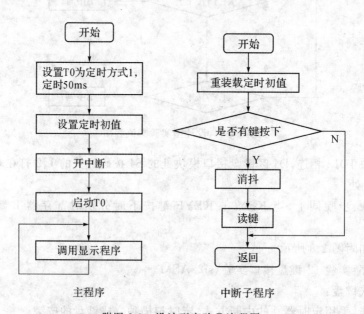

主程序   中断子程序

附图 2-9 设计型实验③流程图

连线:用 8P 数据线分别将 D2 区 80C51/C8051F020MCU 模块的 JD1(P1 口)、JD2
(P2 口)与 D4 区行列式键盘模块 JD12、A5 区 8 位逻辑电平显示模块 JD1A5 相连,D4 区
键盘接口模块处的 S4 拨码开关的 1、2 打在 OFF 处,3、4、5、6 打在 ON 处。

实验现象:全速运行程序后,按下行列式按键发现对应的键值在 8 位逻辑电平上以二
进制的形式显示。

流程图同上。

参考程序:实验 12 键盘接口实验\sj3-2. ASM

实验 13　十字路口交通灯模拟实验

5. 基础型实验

初始化时 4 个灯均为黄色,执行到第 2 个 NOP 时,north 和 south 变绿,另两灯变红。执行到第 3 个 NOP 时变更显示状态。

6. 设计型实验

①程序功能:实现使 4 个双色 LED 同时显示红色、绿色、黄色各 1s 后,再分别显示不同的颜色并实现显示色的滚动。

连线:用 8P 数据线连接 B5 区 JD1B5 和 D2 区 JD1。

参考程序:实验 13 十字路口交通灯模拟实验\sj1.ASM

②程序功能:本程序模拟实际交通灯工作情况,开始为 4 个路口的红灯全部亮之后,东西路口的绿灯亮,南北路口的红灯亮,东西路口方向通车,延时一段时间后(20s),东西路口的绿灯闪烁若干次后(3s),东西路口的绿灯熄灭,同时东西路口的黄灯亮,延时一段时间后(2s),东西路口的红灯亮,南北路口的绿灯亮,南北路口方向通车,延时一段时间后(20s),南北路口的绿灯闪烁若干次后(3s),南北路口的绿灯熄灭,同时南北路口的黄灯亮,延时一段时间后(2s),再切换到东西路口的绿灯亮,南北路口的红灯亮,之后重复以上过程。

连线:用 8P 数据线连接 B5 区 JD1B5 和 D2 区 JD1。

参考程序:实验 13 十字路口交通灯模拟实验\sj2.ASM

实验 14　音乐编程实验

5. 基础型实验

全速运行程序,蜂鸣器周期性地发出单频声音,改变延时时间,发声频率发生改变。

6. 设计型实验

①程序功能:编写能发出"哆"到"西"的程序,每个音均为一拍。

连线:用 2 号导线将 D2 区 80C51/C8051F020MCU 模块的 P3.3 与 D7 区蜂鸣器控制模块 IN 相连。

实验说明:频率的实现如实验说明,采用半周期取反的形式实现,根据发音频率设置定时器初值。节拍由延时来实现。音乐代码放于表格 DAT 中,前 4 位代表频率,根据频率代码查找定时器初值,后 4 位代表节拍,其大小表示延时的长短。

实验现象:全速运行参考程序,蜂鸣器发出"哆"到"西",每个音均为一拍。

参考程序:实验 14 音乐编程实验\sj1.ASM

②程序功能:对于给定的乐曲表,编写流程并设计程序实现乐曲的演奏。

连线:用 2 号导线将 D2 区 80C51/C8051F020MCU 模块的 P3.3 与 D7 区蜂鸣器控

制模块 IN 相连。

实验说明:同上,只是音乐代码换成乐谱相对应的代码。

实验现象:全速运行参考程序,音乐为:《祝你生日快乐》。

参考程序:实验 14 音乐编程实验\sj2. ASM

实验 15   8 段数码管显示实验

6. 设计型实验

①程序功能:在最后一个数码管上依次显示 a、b、…、f 各段,每段显示时间为 100ms。

显示方式:动态显示。

连线:用 8P 数据线将 D2 区 80C51/C8051F020MCU 模块的 JD1(P1 口)、JD2(P2 口)与 A7 区 JD1A7、JD2A7 相连。

程序说明:定时器 T0 采用方式一,每次定时 20ms,5 次中断是 1ms。

参考程序:实验 15 数码显示实验\sj1. ASM

②动态显示:

程序功能:数码管显示自己的学号后 6 位号码。

显示方式:动态显示。

连线:用 8P 数据线将 D2 区 80C51/C8051F020MCU 模块的 JD1(P1 口)、JD2(P2 口)与 A7 区 JD1A7、JD2A7 相连。

参考程序:实验 15 数码显示实验\sj2. ASM

静态显示:

将 5②中 30H 到 35H 中内容改为学号即可。

③动态显示:

程序功能:数码管显示自己的学号后 6 位号码,并从右向左滚动。

连线:用 8P 数据线将 D2 区 80C51/C8051F020MCU 模块的 JD1(P1 口)、JD2(P2 口)与 A7 区 JD1A7、JD2A7 相连。

参考程序:实验 15 数码显示实验\sj3-1. ASM。

静态显示:

程序功能:数码管显示自己的学号后 6 位号码,并从右向左滚动。

连线:用 2 号导线将 D2 区 80C51/C8051F020MCU 模块的 P1.0、P1.1 分别与扩展模块的 6 位静态数码管显示接口电路 DIN、CLK 连接。

参考程序:实验 15 数码显示实验\sj3-2. ASM

实验 16   SRAM 外部数据存储器扩展实验

5. 基础型实验

①断点运行至 ENDD 时,DPTR 的值为 8000H,B 的值为 0FFH,说明外部

RAM0000H 至 7FFFH 读写正确。

②单步执行,发现第一次比较后会跳到 ERROR 处,因为写入的是 0F0XXH 单元而读出的是 00XXH 单元,在 0F0XXH 单元和 00XXH 单元内容相等的巧合情况下,程序会一直执行到不等的单元才出错。

6.设计型实验

①程序功能:SRAM 外部存储器检测,正确显示"Good",错误显示"Error"。

　　　　　　设检测外部 0000H 到 8000H 单元。

显示方式:动态显示。

连线:用 8P 数据线分别连接 JD1,JD2 到 JD1A7,JD2A7。

流程图如附图 2-10 所示。

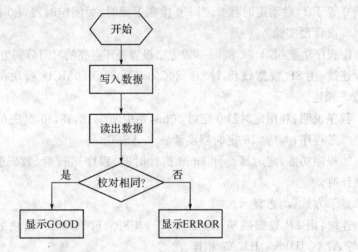

附图 2-10　设计实验②流程图

参考程序:实验 16 SRAM 外部数据存储器扩展实验\sj1. ASM

②程序功能:实现对外部 SRAM 可靠性存储的设计,正确显示"Good",错误显示"Error"。

显示方式:动态显示。

连线:用 8P 数据线分别连接 JD1,JD2 到 JD1A7,JD2A7。

流程图即题目要求。

参考程序:实验 16 SRAM 外部数据存储器扩展实验\sj2. ASM

实验 17　Flash ROM 外部数据存储器实验

6.设计型实验

①程序功能:本程序实现对外部 Flash ROM 29F010 的片擦除、块擦除程序的设计。

程序说明:根据实验说明中提供的时序,分别对相应 Flash Memory 的命令寄存器进行写数据,以实现片擦出和快擦除的目的。

参考程序:实验 17 Flash ROM 外部存储器实验\sj1-1. ASM

实验 17 Flash ROM 外部存储器实验\sj1-2. ASM

实验 18　定时器实验

5.基础型实验

①♯01H,♯0EF0H,♯0D8H。

②K0 拨在上面时,L0 闪烁;K0 拨在下面时,L0 的闪烁停止。原因,当 TMOD 的 GATE 位为 1 时,由 TRX 和 INTX 来启动定时计数器。TR0＝1,当 K0 拨在上面时,外中断 0 等于 1,启动定时器 0;当 K0 拨在下面时,关闭定时器,L0 停在前一状态。

6.设计型实验

①程序功能:第 1～4 和 5～8 发光二极管循环点亮的时间分别为 0.25s,0.5s,0.75s 和 1s。

连线:用 8P 数据线将 D2 区 80C51/C8051F020MCU 模块的 JD1(P1 口)与 A5 区 JD1A5 相连。

程序说明:利用定时器 0 定时 50ms,每中断 5,10,15,20 次是 0.25s,0.5s,0.75s 和 1s。

参考程序:实验 18 定时器实验\sj1. ASM

②程序功能:定时器设计 1min 倒计时器,程序运行后,数码管后两位显示 59s 到 0s 的倒计时。

显示方式:动态显示。

连线:用 8P 数据线将 D2 区 80C51/C8051F020MCU 模块的 JD1(P1 口)、JD2(P2 口)与 A7 区 JD1A7、JD2A7 相连。

流程图如附图 2-11 所示。

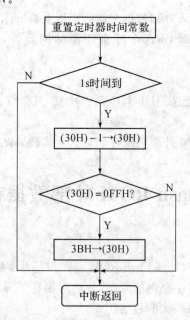

附图 2-11　设计型实验②中断程序流程

参考程序:实验 18 定时器实验\sj2.ASM

另附静态显示参考程序:实验 18 定时器实验\sj2-2.ASM

③程序功能:24 小时实时时钟实时显示。42H 单元存放秒数,41H 单元存放分钟数,40H 单元存放小时数。

显示方式:动态显示。

连线:用 8P 数据线将 D2 区 80C51/C8051F020MCU 模块的 JD1(P1 口)、JD2(P2 口)与 A7 区 JD1A7、JD2A7 相连。

流程图如附图 2-12 所示。

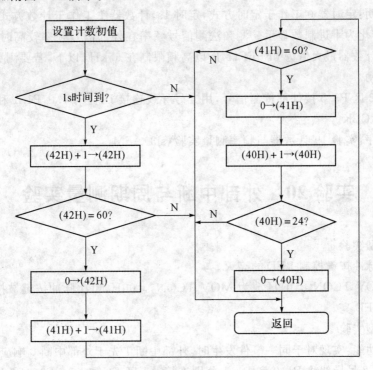

附图 2-12 设计型实验③中断程序流程

参考程序:实验 18 定时器实验\sj3.ASM

另附静态显示参考程序:实验 18 定时器实验\sj3-2.ASM

实验 19　计数器与频率测量实验

5.基础型实验

①运行程序后,连续按动单次脉冲的按键,8 位逻辑电平显示模块显示按键次数。

②♯06H, 0F6H, 0F6H。

6.设计型实验

①将 5①中的 P1 改成 30H 即可。注意,全速运行程序后,连续按动单次脉冲的按

键,结束程序后在 30H 单元可看到按键的次数。

参考程序:实验 19 计数器与频率测量实验\sj1.ASM

②程序功能:实现对频率为 100kHz 的 TTL 方波信号进行 10 分频的设计。

实验说明:采用定时计数器 0 的计数方式,工作于方式 2。对 5 个脉冲进行输出反向,以得到 10 分频。

连线:100kHz 的方波信号连接到 D2 区 P3.4,输出信号为 D2 区 P1.0。

参考程序:实验 19 计数器与频率测量实验\sj2.ASM

③程序功能:实现测量外部脉冲信号的频率,并实时显示测量频率值。

程序说明:定时器 0 工作于定时方式,定时 1s,计数器 1 工作于计数方式,记录 1s 内的脉冲数,转化为十进制数显示。测频法测信号频率在外部信号频率较高时有较好的精度。本程序计数器最大值为 0FFFFH,所以高频限制在 65kHz 以下,若要测更高频,程序应作相应改动。

连线:D2 区 P3.5 接外部待测信号,用二号导线连接 D2 区 P1.0,P1.1 和 A7 区静态数码管 DIN,CLK。

参考程序:实验 19 计数器与频率测量实验\sj3.ASM

实验 20　外部中断与周期测量实验

5. 基础型实验

①单次脉冲按键控制 LED 的亮灭。

②将 MOV TCON,#01H 改为 MOV TCON,#00H,单次脉冲按键被按下时,LED 灭,抬起时 LED 亮。

6. 设计型实验

①程序功能:实现对于同一事件发生时,外部中断 1 先于外部中断 0 响应。

连线:用 2 号导线将 P1.0 和 P1.1 分别连接 A5 区 L0 和 L1。P3.2 和 P3.3 均连接 C8 区单次脉冲输出。

实验现象:运行程序,按下单次脉冲按键,发现 L1 亮,说明外中断 1 的优先级高于外中断 0。

参考程序:实验 20 外部中断与周期测量实验\sj1.ASM

②程序功能:采用外部中断的电平触发方式,记录一次按键动作,进入中断的次数。

程序说明:外部中断 0 工作于电平触发模式,用 2 号导线连接 D2 区 P3.2 和 C8 区单次脉冲。程序中设计的是统计两个字节的值,若按下单次脉冲键的时间较长,则可增加存储字节值。

参考程序:实验 20 外部中断与周期测量实验\sj2.ASM

③程序功能:基于测周原理,画出流程并设计程序实现测量外部脉冲信号的频率,并实时显示测量频率值。

连线:用 2 号导线分别连接 D2 区 P1.0,P1.1 和 A7 区静态显示模块的 DAT,CLK,

P3.3 接信号发生器输出。

程序说明:测周法测量信号的频率一般信号为低频时精度比较高。但由于计数器的位数限制,一般不宜测过低频率。

参考程序:实验 20 外部中断与周期测量实验\sj3. ASM

实验 21　I²C 总线编程与应用实验

6.设计型实验

①程序功能:本程序实现对外部 24C02 的页擦除功能。

连线:用 2 号导线连接 D2 区 P3.2,P3.3 与 C2 区 SDA 和 SCL,用 8P 数据线连接 D2 区 JD1(P1 口)、JD2(P2 口)与 JD1A7、JD2A7。

参考程序:实验 21 I²C 总线实验\sj1. ASM

②程序功能:本程序实现向 24C02 的起始单元写数据 0x55,然后读出数据,查看读出数据是否与写入数据相同,如果相同则检测下一单元,直到 256 个字节检测结束,如果 256 个字节检测全部正确,则重复上述步骤,只是写入数据改成 0xAA。如果两次循环过程中,每个字节的写入和读出数据一致,则在静态数码管上显示"Good",如果有任一单元出现写入和读出不一致的状况,则在数码管上显示"Error"。

连线:用 8P 数据线连接 B5 区 JD1B5 和 D2 区 JD1。

参考程序:实验 21 I²C 总线实验\sj2. ASM

实验 22　7279 应用实验

6.设计型实验

①程序功能:本程序实现在阵列式键盘按下按键后,键值在动态数码管上显示,并且每按下一个键,原来的键值显示向左移动一位,当前按下的键值在数码管的最后一位显示。

程序说明:在本程序中,使用了带数据指令按方式 0 译码指令;左移指令 A1H,使所有的显示从第 1 位向第 8 位移动一位,移位后,最右边一位为空(无显示),用于显示下一个按键值。

流程图如附图 2-13 所示。

连线:用 2 号导线将 80C51/C8051F020 MCU 模块的 P2.7、P1.7、P1.6、P1.3 分别与 7279 模块的 79CS、79DAT、79CLK、KeyIN 相连;用 2 号导线将键盘接口模块的 H0/H1、H2/H3 分别与 7279 模块的 DIG0、DIG1 相连;用 8P 数据线将键盘接口模块的 JD11 与 7279 模块的 JD9 相连;用 8P 数据线将 7279 模块的 JD9'、JD10 与 8 位动态数码显示模块的 JD1A4、JD2A4 相连;键盘接口模块处的 S4 拨码开关的 1、2 打在 ON 处,3、4、5、6 打在 OFF 处;8 位动态数码显示模块的 JT1A4 的短路帽打在 1、2 处。

参考程序:实验 22 7279 应用实验\sj1. ASM

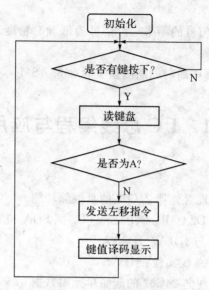

附图 2-13　设计型实验①流程图

②程序说明和设计型实验①相同,添加了一个滚动显示功能,按下按键 A 后,数码管上显示的键值从右向左滚动。

流程图如附图 2-14 所示。

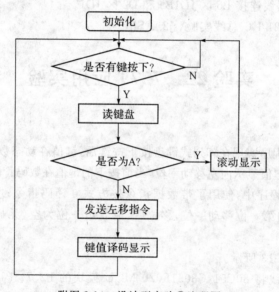

附图 2-14　设计型实验②流程图

连线同上。

参考程序:实验 22 7279 应用实验\sj2.ASM

实验 23　并行 A/D、D/A 实验

6.设计型实验

①实验说明:本实验实现由 DAC0832 输出模拟量,ADC0809 采集数据,因为 A/D 采用软件延时的方式等待转换结束,所以不用接 A/D 芯片的 EOC。

连线:用 8P 数据线将 D2 区 80C51/C8051F020 MCU 模块的 JD0(P0 口)、JD8 分别与 C5 区并行 A/D 转换模块的 JD1C5、JD2C5 相连,用 2 号导线将 D2 区 80C51/C8051F020 MCU 模块的 WR、RD、P2.6 分别与 C5 区并行 A/D 转换模块的 WR、RD、CS 相连,+Vref 接+5V。将 D5 区的 500k 脉冲信号与 C5 区 CLK 相连。用 8P 数据线将 D2 区 80C51/C8051F020 MCU 模块的 JD0(P0 口)与 C4 区并行 D/A 转换模块的 JD1C4 相连,用 2 号导线将 D2 区 80C51/C8051F020 MCU 模块的 P2.7、WR 分别与 C5 区并行 D/A 转换模块的 CS、WR 相连。将 D/A 模块的输出 Vout 与 A/D 模块的 AIN0 相连。

流程图如附图 2-15 所示。

参考程序:实验 23 并行 A/D、D/A 实验\sj1.ASM

②延时法:

实验说明:采用延时法进行 A/D 转换,静态数码管显示转换结果,转动可调电源按钮,数码管显示结果跟随电压值变化。

连线:用 2 号导线将 D2 区 80C51/C8051F020MCU 模块的 P1.0、P1.1 分别与扩展模块的 6 位静态数码管显示接口电路 DIN、CLK 连接 用 8P 数据线将 D2 区 80C51/C8051F020 MCU 模块的 JD0(P0 口)、JD8 分别与 C5 区并行 A/D 转换模块的 JD1C5、JD2C5 相连,用 2 号导线将 D2 区 80C51/C8051F020 MCU 模块的 WR、RD、P2.7 分别与 C5 区并行 A/D 转换模块的 WR、RD、CS 相连,将 D5 区的 500k 脉冲信号与 C5 区 CLK 相连。AIN0 接 D6 区可调电源模块的 0~5V 端。

实验现象:全速运行程序后,转动可调电源按钮,可以看到静态数码管上数值的变化。

参考程序:实验 23 并行 A/D、D/A 实验\sj2-1.ASM

流程图如附图 2-16 所示。

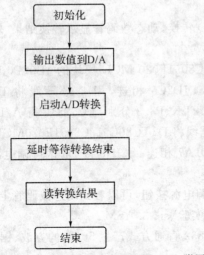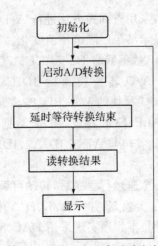

附图 2-15　设计型实验①流程图　　附图 2-16　设计型实验②延时法流程图

查询法：

实验说明：采用查询式方法进行 A/D 转换，静态数码管显示转换结果，转动可调电源按钮，数码管显示结果跟随电压值变化。

连线：用 2 号导线将 D2 区 80C51/C8051F020MCU 模块的 P1.0、P1.1 分别与扩展模块的 6 位静态数码管显示接口电路 DIN、CLK 连接，用 8P 数据线将 D2 区 80C51/C8051F020 MCU 模块的 JD0(P0 口)、JD8 分别与 C5 区并行 A/D 转换模块的 JD1C5、JD2C5 相连，用 2 号导线将 D2 区 80C51/C8051F020 MCU 模块的 WR、RD、P2.7、P3.3 分别与 C5 区并行 A/D 转换模块的 WR、RD、CS、EOC 相连，将 D5 区的 500k 脉冲信号与 C5 区 CLK 相连。AIN0 接 D6 区可调电源模块的 0～5V 端。

实验现象：全速运行程序后，转动可调电源按钮，可以看到静态数码管上数值的变化。

参考程序：实验 23 并行 A/D、D/A 实验\sj2-2.ASM

流程图如附图 2-17 所示。

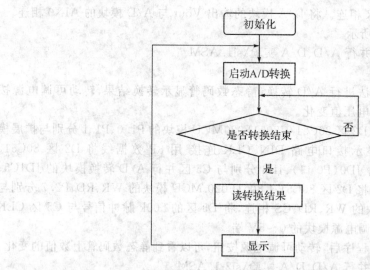

附图 2-17　设计型实验②查询法流程图

中断法：

实验说明：采用查询式方法进行 A/D 转换，动态数码管显示转换结果，转动可调电源按钮，数码管显示结果跟随电压值变化。

连线：用 8P 数据线将 D2 区 80C51/C8051F020 MCU 模块的 JD0(P0 口)、JD8 分别与 C5 区并行 A/D 转换模块的 JD1C5、JD2C5 相连，用 2 号导线将 D2 区 80C51/C8051F020 MCU 模块的 WR、RD、P2.7、CLK、P3.3 分别与 C5 区并行 A/D 转换模块的 WR、RD、CS、ALE、EOC 相连，用 8P 数据线将 D2 区 80C51/C8051F020MCU 模块的 JD1(P1 口)、JD2(P2 口)与 A7 区 JD2A7、JD1A7 相连。AIN0 接 D6 区可调电源模块的 0～5V 端。

实验现象：全速运行程序后，转动可调电源按钮，可以看到动态数码管上数值的变化。

参考程序：实验 23 并行 A/D、D/A 实验\sj2-3.ASM

③实验说明：本程序实现采用 DAC0832 直通方式产生 50Hz 的方波、锯齿波，通过关

键字的设置来改变波形输出,F0 为 1 则输出方波,为 0 则输出锯齿波。其中方波的高电平为 FF 对应的模拟电压值,低电平为 00 对应的电压值,高低电平分别延时 20ms,方波频率为 50Hz。而锯齿波为 00～FF 对应的电压值,每个数值延时约 $78\mu s$,256 个台阶约为 20ms,使得锯齿波频率为 50Hz。

连线:用 8P 数据线将 D2 区 80C51/C8051F020 MCU 模块的 JD0(P0 口)与 C4 区并行 D/A 转换模块的 JD1C4 相连,用 2 号导线将 D2 区 80C51/C8051F020 MCU 模块的 P2.7、WR 分别与 C5 区并行 D/A 转换模块的 CS,WR 相连。

参考程序:实验 23 并行 A/D,D/A 实验\sj3. ASM

实验 24 串行 A/D、D/A 实验

5. 基础型实验

①CLK0,CS,CLK0,C,RLC,CLK0,CS,CLK0。

在 LJMP MAIN 处设立断点,可调电源分别调至两个极端时,运行到断点处,R7 中的值分别为 00H,FFH。

②CS,CLK,CS,CLK,RLC,C,CLK,CLK,CS,CLK。

6. 设计型实验

①程序功能:本程序实现由 LTC1446 输出模拟量,TLC549 采集数据。

实验说明:由于两个转换器的位数不同,所以写入的数字量和转换采集后的数据量数值上有差异,但是它们分别代表的模拟量是相同的。相应的转换子程序在基础型实验中可以直接调用。

连线:用 2 号导线将 C2 区 80C51/C8051F020 MCU 模块的 P1.0、P1.1、P1.2 分别与 B4 区串行 A/D 转换模块的 DATA、CLK、CS-549 相连,用 2 号导线将 C2 区 80C51/C8051F020 MCU 模块的 P1.3、P1.4、P1.5 分别与 B3 区串行 D/A 转换模块的 DIN、CLK、CS-1446 相连,将 D/A 模块的输出与 A/D 模块的输入接在一起。

参考程序:实验 24 串行 A/D、D/A 实验\sj1. ASM

②程序功能:实现基于 TLC549 采集数据,并将采集到的十六进制结果显示在 LED 显示模块上。

连线:用 2 号导线将 C2 区 80C51/C8051F020 MCU 模块的 P1.0、P1.1、P1.2 分别与 B4 区串行 A/D 转换模块的 DATA、CLK、CS-549 相连,B4 区 AIN0 接 D6 区可调电源模块的 0～5V 端,用 2 号导线将 D2 区 80C51/C8051F020MCU 模块的 P1.6、P1.7 分别与扩展模块的 6 位静态数码管显示接口电路 DIN、CLK 连接。

实验现象:全速运行程序后,转动可调电源按钮,可以看到静态数码管上数值的变化。

参考程序:实验 24 串行 A/D、D/A 实验\sj2. ASM

③程序功能:采用 LTC1446 设计一简易的信号发生器,设计流程并编写程序实现产生 50Hz 的方波、锯齿波。

实验说明:通过关键字 F0 的设置选择输出波形,F0=0 时输出方波,F0=1 时输出锯

齿波。

方波：在基础型实验②的基础上，添加延时子程序，在高电平和低电平分别延时10ms即可得到50Hz的方波信号。

锯齿波：因为一次D/A转换大约300μs，所以无需延时子程序，以60为步进累加输出的数值，再从D/A转换器输出，共输出68次可以得到满幅值的锯齿波形。

参考程序：实验24串行A/D、D/A实验\sj3.ASM

实验 25　双色 LED 点阵显示实验

5. 基础型实验

①现象：LED双色点阵从第一行到最后一行，轮流点亮，颜色为绿色。

改变延时时间，绿色从上至下点亮的速度改变。

②改变颜色：

将A1标志之后的4条指令改为以下4条，即显示红色。

```
MOV    A,#0FFH
LCALL OUTDATA
MOV    A,#00H
LCALL OUTDATA
```

将A1标志之后的4条指令改为以下4条，即显示黄色。

```
MOV    A,#00H
LCALL OUTDATA
MOV    A,#00H
LCALL OUTDATA
```

6. 设计型实验

①实验说明：本实验使用双色共阳极LED点阵，其内部结构如附图2-18所示，H1～H8表示行码，10000000～00000001表示显示第一行到第八行。

G1～G8表示绿灯的代码，R1～R8表示红灯的代码，低电平点亮；当红灯和绿灯一起点亮时，显示的颜色为黄色。

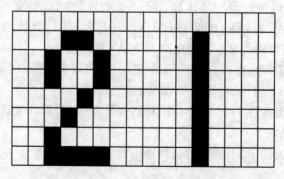

附图 2-18　双色共阳极 LED 点阵内部结构

显示实现步骤：

a. 发送行码，选择要显示的行。

b. 发送第一片 8×8LED 矩阵的绿色代码。

c. 发送第一片 8×8LED 矩阵的红色代码。

d. 发送第二片 8×8LED 矩阵的绿色代码。

e. 发送第二片 8×8LED 矩阵的红色代码。

f. 移位寄存器中的数据送入存储寄存器并显示。

流程图如附图 2-19 所示。

连线：用 2 号导线将 D2 区的 80C51/C8051F020 MCU 模块的 P1.0、P1.1、P1.2 分别与 A6 区 LED 双色点阵显示模块的 SCLK、DIN、RCLK 相连。

实验现象：运行程序，可以看到两块双色 LED 上显示数字 2，改变 TAB 中的数值，可以改变现实图形的颜色和形状。

参考程序：实验 25 双色 LED 点阵显示实验\sj1. ASM

②程序功能：实现在点阵 LED 滚动显示学号。

程序说明：滚动显示是在第一个实验的基础上添加移位子程序，以实现滚动显示的目的。显示说明同设计型实验①。

流程图如附图 2-20 所示。

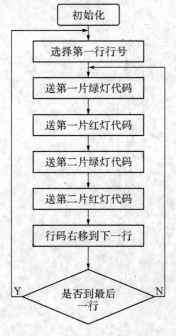

附图 2-19 设计型实验①流程图

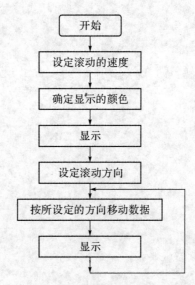

附图 2-20 设计型实验②流程图

本例中的滚动速度由中断时间决定,显示颜色由显示子程序中发送的数据决定。

参考程序:实验 25 双色 LED 点阵显示实验\sj2. ASM

7. 实验扩展及思考

①实验说明见①。

参考程序:实验 25 双色 LED 点阵显示实验\kz1. ASM

附录 3

实验设计说明与参考例程(C51) 详见光盘

目 录

实验 6　内存操作实验

6. 设计型实验

①程序功能:采用 Keil C51 语言的指针定位操作,将内部 RAM 的 0x20～0x7F 地址内容清 0xff,外部 RAM 的 0x0120～0x017f 地址内容写 0xff。

调试说明:打开工程文件"SJ1. uv2",将 Keil C 软件仿真的时钟晶振设置为 11.0592M,选择 Debug 模式为 Use Simulator,点击 Rebuild all target files 按钮,执行编译、链接过程,然后点击 Debug－>Start/Stop Debug Session,进入调试状态。进入 Memory 查看窗口,分别输入 d:0x20 和 x:0x0120,查看相关地址单元中值的变化。

参考程序:实验 06 内存操作实验\SJ1

②程序功能:将外部 RAM 的 0x0120～0x017f 地址内容拷贝到内部 RAM 的0x20～0x7F 地址单元。

调试说明:打开工程文件"SJ2. uv2",将 keil C 软件仿真的时钟晶振设置为 11.0592M,选择 Debug 模式为 Use Simulator,点击 Rebuild all target files 按钮,执行编译、链接过程,然后点击 Debug－>Start/Stop Debug Session,进入调试状态。进入 Memory 查看窗口,分别输入 d:0x20 和 x:0x0120,查看相关地址单元中值的变化。

参考程序:实验 06 内存操作实验\SJ2

③程序功能:将数据内容 0x01,0x02,0x03,0x04,0x05,0x06,0x07 固定存放到程序存储器,并分别拷贝到内部 RAM 的 0x20～0x26 及外部 RAM 的 0x1020～0x1026 的地址中。

调试说明:打开工程文件"SJ3. uv2",将 Keil C 软件仿真的时钟晶振设置为 11.0592M,选择 Debug 模式为 Use Simulator,点击 Rebuild all target files 按钮,执行编译、链接过程,然后点击 Debug－>Start/Stop Debug Session,进入调试状态。进入 Memory 查看窗口,分别输入 d:0x20 和 x:0x0120,查看相关地址单元中值的变化。

参考程序:实验 06 内存操作实验\SJ3

7. 实验扩展及思考:

①程序功能:利用系统的关键字 _at_ 实现对 data、pdata、xdata 类型全局变量的地址定位。

调试说明:查看变量 Var1,Var2,Var3 所指向的存储器中的值,并查看其变化。

参考程序:实验 06 内存操作实验\KZ1

②程序功能:利用系统的关键字 CBYTE、DBYTE、PBYTE、XBYTE 实现各种类型存储器寻址定位。

调试说明:将变量 Var1、Var2、Var3、Var4 添加到变量查看窗口,并观察变量值的变化。

参考程序:实验 06 内存操作实验\KZ2

实验 7　数制及代码转换实验

6. 设计型实验

①程序功能:将大写字母的 ASCII 字符转换成小写字母的 ASCII 字符。

调试说明:改变输入的字母,将变量 result 添加到变量查看窗口,运行程序,查看转换结果。

参考程序:实验 07 数制及代码转换实验\SJ1

②程序功能:将十六进制数 BC614E 转换成 ASCII 码。

调试说明:运行程序,在 Memory Window 中查看 0x40 开始的片内 RAM 单元。

参考程序:实验 07 数制及代码转换实验\SJ2

③程序功能:将 BCD 码 12345678 所代表的数值转换成十六进制数。

调试说明:运行程序,在 Memory Window 中查看 0x40 开始的片内 RAM 单元。

参考程序:实验 07 数制及代码转换实验\SJ3

④程序功能:将十六进制数 BC614E 转换成 BCD 码。

调试说明:同上。

参考程序:实验 07 数制及代码转换实验\SJ4

⑤程序功能:将'BC614E'对应的 ASCII 码(内存单元依次存放为 42H,43H,36H,31H,34H,45H)所代表的数值转换成 BCD 码并由高位到低位依次存在片内 40H～47H 单元中。

调试说明:同上。

参考程序:实验 07 数制及代码转换实验\SJ5

实验 8　数据排序实验

6. 设计型实验

②程序功能:实现求出 10 个有符号数的平均值,并统计大于均值和小于均值的数据个数。

调试说明:打开 View—>Watch&Call Stack Window,添加变量 result、smaller、equal、larger,分别对应均值,小于、等于、大于均值的个数。运行程序,查看变量值。

参考程序:实验 08 数据排序实验\SJ2

③程序功能:实现冒泡法对 10 个有符号数从大到小排列,统计出数据比较的次数及交换的次数。

调试说明:打开 View—>Watch&Call Stack Window,添加变量 m,n,分别对应比较次数和交换次数。运行程序,查看变量值。

参考程序:实验 08 数据排序实验\SJ3

实验 9　查找及散转实验

6.设计型实验

①程序功能:实现在字符串"aBcdfBaejKH"中搜索是否存在着"Ba"这个数据,如果有指出该数据在字符串中的位置。

调试说明:在程序中 while(1);语句处设置断点,运行程序,查看变量 n 的值。

参考程序:实验 09 查找及散转实验\SJ1

②程序功能:实现一个对分搜索程序功能,对一个已排好序的数组 1,2,3,4,5,6,7,8,9,10,12,14,15 查找是否存在关键字 6,如果有指出该数据在字符串中的位置。

调试说明:在程序中 while(1);语句处设置断点,运行程序,查看变量 n 的值。

参考程序:实验 09 查找及散转实验\SJ2

实验 10　软件时钟的设计

6.设计型实验

①程序功能:实现秒表功能。

调试说明:将 Keil C 软件仿真的时钟晶振设置为 11.0592M,点击 Rebuild all target files 按钮,执行编译、链接过程,然后点击 Debug->Start/Stop Debug Session,进入调试状态。在中断函数中 time_second++;语句前设置断点。将 time_second 变量添加到变量查看窗口全速运行程序,观看 time_second 值的变化。同时,查看每次程序运行到断点处,Project Workspace 单元中软件运行时间 sec 的变化是否为 1s。

参考程序:实验 10 软件时钟的设计\SJ1

②程序功能:实现 24 小时时钟功能。

调试说明:将 Keil C 软件仿真的时钟晶振设置为 11.0592M,点击 Rebuild all target files 按钮,执行编译、链接过程,然后点击 Debug->Start/Stop Debug Session,进入调试状态。在中断函数中 time_second++;语句前设置断点。添加变量 time_hour、time_minute、time_minute 添加到变量查看窗口,点击右键,选择 Number Base 为 Decimal。全速运行程序,看看每一次执行到断点处,各变量值的变化。

参考程序:实验 10 软件时钟的设计\SJ2

实验 11　I/O 口控制实验

6.设计型实验

①程序功能:实现 8 位逻辑电平显示模块的奇偶位的亮灭闪烁显示,闪烁间隔为 1s。

连线:用 8P 数据线将 D2 区 80C51/C8051F020MCU 模块的 JD1(P1 口)与 A5 区 8 位逻辑电平显示模块 JD1A5 相连。

调试说明:编译、链接,进入 Debug 状态,全速运行程序。观察 A5 区的 LED 灯闪烁变化。

参考程序:实验 11 I/O 口控制实验\SJ1

程序设计思想:程序中延时用的是软件延时,可以通过修改延时函数中的相关参数,在 Use Simulator 模式下查看延时时间来达到 1s 延时。

流程图如附图 3-1 所示。

②程序功能:实现 8 位逻辑电平显示模块的 LED 轮流点亮,间隔为 1s。

连线:用 8P 数据线将 D2 区 80C51/C8051F020MCU 模块的 JD1(P1 口)与 A5 区 8 位逻辑电平显示模块 JD1A5 相连。

调试说明:同上。

参考程序:实验 11 I/O 口控制实验\SJ2

流程图如附图 3-2 所示。

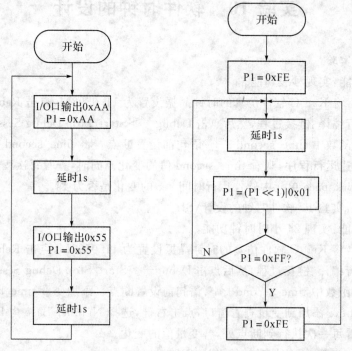

附图 3-1　设计型实验①流程图　　　附图 3-2　设计型实验②流程图

③程序功能:当开关 K0 往上拨时,8 位逻辑电平显示模块的 LED 轮流点亮,间隔为 1s,否则 LED 全灭;当开关 K1 往上拨时,8 位逻辑电平显示模块的奇偶位 LED 亮灭闪烁显示,闪烁间隔为 1s,否则 LED 全灭;当 K0、K1 同时往上拨的时候,LED 全灭。

连线:用 8P 数据线将 D2 区 80C51/C8051F020MCU 模块的 JD1(P1 口)与 A5 区 8 位逻辑电平显示模块 JD1A5 相连,D2 区 P2.1、2.0 分别与 C6 区 K1、K0 相连。

调试说明：编译、链接，进入 Debug 状态，全速运行程序。拨动 K0、K1，观看现象。

参考程序：实验 11 I/O 口控制实验\SJ3

实验 12　键盘接口实验

6.设计型实验

①程序功能：采用独立式键盘，实现对键盘的扫描、按键去抖动及多键同时按下的处理。

连线：用 8P 数据线将 D2 区 80C51/C8051F020MCU 模块的 JD1(P1 口)与 C7 区查询式键盘模块 JD1C7 相连。

调试说明：运行程序后，查看变量 B 的值。当 K0～K7 键按下时，B 的值为 0～7；有多按键同时按下时，则 B=8。

参考程序：实验 12 键盘接口实验\SJ1

②程序功能：采用行列式键盘，实现对键盘的扫描、按键去抖动及多键同时按下的处理。

连线：用 8P 数据线将 D2 区 80C51/C8051F020MCU 模块的 JD1(P1 口)与 D4 区行列式键盘模块 JD11 相连，D4 区键盘接口模块处的 S4 拨码开关的 1、2 打在 OFF 处，3、4、5、6 打在 ON 处。

调试说明：运行程序后，查看变量 B 的值。当 KEY0～KEYF 键按下时，寄存器 B 的值分别为 0～F。

参考程序：实验 12 键盘接口实验\SJ2

```
P1.0—Key0—Key1—Key2—Key3
       |     |     |     |
P1.1—Key4—Key5—Key6—Key7
       |     |     |     |
P1.2—Key8—Key9—KeyA—KeyB
       |     |     |     |
P1.3—KeyC—KeyD—KeyE—KeyF
       |     |     |     |
      P1.4  P1.5  P1.6  P1.7
```

③独立式键盘：

程序功能：采用定时器 0 的中断方式，实现对独立式键盘的实时扫描、按键去抖动及多键同时按下的处理。

连线：用 8P 数据线将 D2 区 80C51/C8051F020MCU 模块的 JD1(P1 口)与 C7 区行列式键盘模块 JD1C7 相连。

调试说明:运行程序,查看变量 B 的值。当 K0~K7 键按下时,B 的值分别为 0~7。有多按键同时按下时,B 的值为 8。

行列式键盘:

程序功能:采用定时器 0 的中断方式,实现对行列式键盘的实时扫描、按键去抖动及多键同时按下的处理。

连线:用 8P 数据线将 D2 区 80C51/C8051F020MCU 模块的 JD1(P1 口)与 D4 区行列式键盘模块 JD11 相连,D4 区键盘接口模块处的 S4 拨码开关的 1、2 打在 OFF 处,3、4、5、6 打在 ON 处。

调试说明:运行程序,查看变量 B 的值。当 KEY0~KEYF 键按下时分别对寄存器 B 赋值 0~F 的键值。当有多键同时按下时,则响应最小的键值。

参考程序:实验 12 键盘接口实验\SJ3

实验 13　十字路口交通灯模拟实验

6.设计型实验

②程序功能:实现交通信号灯控制逻辑如下:开始为 4 个路口的红灯全部亮之后,东西路口的绿灯亮,南北路口的红灯亮,东西路口方向通车,延时一段时间后(20s),东西路口的绿灯闪烁若干次后(3s),东西路口的绿灯熄灭,同时东西路口的黄灯亮,延时一段时间后(2s),东西路口的红灯亮,南北路口的绿灯亮,南北路口方向通车,延时一段时间后(20s),南北路口的绿灯闪烁若干次后(3s),南北路口的绿灯熄灭,同时南北路口的黄灯亮,延时一段时间后(2s),再切换到东西路口的绿灯亮,南北路口的红灯亮,之后重复以上过程。

连线:用 8P 数据线将 D2 区 80C51/C8051F020MCU 模块的 JD1(P1 口)与 B5 区 8 位双色 LED 显示模块 JD1B5 相连。

参考程序:实验 13 十字路口交通灯模拟实验\SJ1

7.实验扩展及思考

①程序功能:在控制交通灯逻辑功能的同时,实现倒计时功能的软硬件设计。

连线:用 8P 数据线将 D2 区 80C51/C8051F020MCU 模块的 JD1(P1 口)与 B5 区 8 位双色 LED 显示模块 JD1B5 相连。用 2 号导线将 D2 区 80C51/C8051F020MCU 模块的 P1.0、P1.1 分别与扩展模块的 6 位动态数码管显示接口电路 DIN、CLK 连接。

参考程序:实验 13 十字路口交通灯模拟实验\KZ1

实验 14　音乐编程实验

6.设计型实验

①程序功能:实现发出"哆"到"西",每个音均为一拍。

连线:用 2 号导线将 D2 区 80C51/C8051F020MCU 模块的 P1.0 与 D7 区蜂鸣器控制模块 IN 相连。

参考程序:实验 14 音乐编程实验\SJ1

②程序功能:实现乐曲《祝你生日快乐》的演奏。

连线:用 2 号导线将 D2 区 80C51/C8051F020MCU 模块的 P1.0 与 D7 区蜂鸣器控制模块 IN 相连。

参考程序:实验 14 音乐编程实验\SJ2

实验 15 8 段数码管显示实验

6.设计型实验

①程序功能:在最后一个数码管上依次显示 a、b、…、f 各段,每段显示时间为 100ms,用 T0 定时器实现。

连线:将扩展数码管模块按在 A7 区,将 D2 区的 P1、P2 分别与 A7 区的 JD1A7、JD2A7 相连。

程序说明:P1 送段码,P2 送位码。

参考程序:实验 15 8 段数码管显示实验\SJ1

②程序功能:分别用动态显示模块、静态显示模块电路,实现数码管显示学号后 6 位号码。

动态显示:

连线:将扩展数码管模块按在 A7 区,将 D2 区的 P1、P2 分别与 A7 区的 JD1A7、JD2A7 相连。

程序说明:P1 送段码,P2 送位码。

静态显示:

连线:用 2 号导线将 D2 区 80C51/C8051F020MCU 模块的 P1.0、P1.1 分别与扩展模块的 6 位动态数码管显示接口电路 DIN、CLK 连接。

参考程序:实验 15 8 段数码管显示实验\SJ2

③程序功能:基于动态扫描显示模块、静态显示模块电路,实现数码管从右到左滚动显示自己的学号。

动态显示:

连线:将扩展数码管模块按在 A7 区,将 D2 区的 P1、P2 分别与 A7 区的 JD1A7、JD2A7 相连。

程序说明:P1 送段码,P2 送位码。

静态显示:

连线:用 2 号导线将 D2 区 80C51/C8051F020MCU 模块的 P1.0、P1.1 分别与扩展模块的 6 位动态数码管显示接口电路 DIN、CLK 连接。

参考程序:实验 15 8 段数码管显示实验\SJ3

实验 16　SRAM 外部数据存储器扩展实验

6．设计型实验

②程序功能：实现对外部 SRAM 的自检，当 SRAM 自检出错时在数码管上显示"Good"，否则显示"Error"。

连线：用 2 号导线将 D2 区 80C51/C8051F020MCU 模块的 P3.2、P3.3 分别与扩展模块的 6 位动态数码管显示接口电路 DIN、CLK 连接，P3.4 与 A5 区 L0 相连。

参考程序：实验 16 SRAM 外部数据存储器扩展实验\SJ2

③程序功能：实现对外部 XRAM 的可靠性存储的验证，可靠时在数码管上显示"Good"，否则显示"Error"。

连线：用 2 号导线将 D2 区 80C51/C8051F020MCU 模块的 P1.0、P1.1 分别与扩展模块的 6 位动态数码管显示接口电路 DIN、CLK 连接。

参考程序：实验 16 SRAM 外部数据存储器扩展实验\SJ3

实验 17　Flash ROM 外部数据存储器实验

6．设计型实验

①程序功能：实现对外部 Flash ROM 29F010 的片擦除、块擦除程序的设计。

连线：开发箱内部已连接好。

调试说明：编译链接，进入 Debug 状态，在 VIEW 菜单中打开 MEMORY WINDOW 数据窗口，输入（X∶0x00），按程序提示设置断点，运行程序观察地址 00000H 和 0FFFFH 单元的值的变化。

参考程序：实验 17 Flash ROM 外部数据存储器实验\SJ1

实验 18　定时器实验

6．设计型实验

①程序功能：使第 1～4 和 5～8 发光二极管循环点亮的时间分别为 0.25s、0.5s、0.75s、1s。

连线：用 8P 数据线将 D2 区的 JD1 与 A5 区的 JD1A5 相连。

调试说明：全速运行程序，观看 A5 区的实验现象。

参考程序：实验 18 定时器实验\SJ1

②程序功能：实现采用定时器设计 1min 倒计时器，数码管静态显示。

连线：将扩展数码管显示模块插入 A7 区，并用 2 号导线将 D2 区 80C51/

C8051F020MCU 模块的 P1.0、P1.1 分别与扩展模块的 6 位动态数码管显示接口电路 DIN、CLK 连接。

调试说明:全速运行程序,观看 A7 区的实验现象。

参考程序:实验 18 定时器实验\SJ2

③程序功能:实现 24h 实时时钟实时显示,数码管动态显示。

连线:将扩展数码管显示模块插入 A7 区,并用 2 号导线将 D2 区 80C51/C8051F020MCU 模块的 P1.0、P1.1 分别与扩展模块的 6 位动态数码管显示接口电路 DIN、CLK 连接。

调试说明:全速运行程序,观看 A7 区的实验现象。

参考程序:实验 18 定时器实验\SJ3

实验 19　计数器与频率测量实验

6.设计型实验

②程序功能:实现对 100kHz 频率 TTL 方波信号进行 10 分频的设计。

连线:将 100k 信号源与 D2 区 P3.4(T0)相连,P1.0 接示波器。

调试说明:运行程序,查看视波器波形,看频率是否为 10k?

程序设计思路:设置定时器 T0 工作在外部时钟信号计数工作方式,对外接 100k 信号进行计数,并设置初值让 T0 每计满 5 下产生一次中断。而在 T0 的中断函数中,则对 P1.0 口的输出取反,则 P1.0 就输出了 10 分频后的信号。

参考程序:实验 19 计数器与频率测量实验\SJ2

③程序功能:测量外部脉冲信号的频率,并实时显示测量频率值。

连线:用 2 号导线将 D2 区 80C51/C8051F020MCU 模块的 P1.0、P1.1 分别与扩展模块的 6 位静态数码管显示接口电路 DIN、CLK 连接,将 D5 区的 31.25k 输出信号与 D2 区 P3.4(T0)相连。

调试说明:运行程序,查看 A5 区静态数码管显示的数值是否与输入信号频率相符。

程序设计思路:设置 T0 工作在计数方式,对 P3.4(T0)接入的信号进行计数。T1 工作在定时器模式,计数时钟为系统时钟 12 分频。T1 每 50ms 产生一次中断,当 T1 第 20 次产生中断,即定时 1s 时,查看 T0 的计数值。T0 的计数值即为信号的频率值。

参考程序:实验 19 计数器与频率测量实验\SJ3

实验 20　外部中断与周期测量实验

6.设计型实验

①程序功能:实现对于同一事件发生时,外部中断 1 先于外部中断 0 响应。中断触发方式为电平触发,当按下 KEY0 时,产生外部中断 0,P1.0 点亮,P1.1 熄灭;当按下 KEY1

时,产生外部中断1时,P1.1点亮,P1.0熄灭;当两个外部中断同时发生时,外部中断1优先于外部中断0,即在按下 KEY0,同时再按下 KEY1,则 P1.1点亮,P1.0熄灭。

连线:将 D2 区的 P1.1、P1.0 分别与 A5 区的 L1、L0 相连,将 D2 区的 P3.3、P3.2 分别与 C7 区的 KEY1 和 KEY0 相连。

调试说明:观察按下 KEY0、KEY1 和同时按下 KEY0、KEY1 时的实验现象。

参考程序:实验20 外部中断与周期测量实验\SJ1

②程序功能:采用外部中断的电平触发方式。记录一次按键动作,进入中断的次数。

连线:将 D2 区的 P3.2 与 C7 区的 KEY0 相连。

调试说明:运行程序,查看变量 count_n 的值。

参考程序:实验20 外部中断与周期测量实验\SJ2

③程序功能:基于测周原理来测量外部脉冲信号的频率,并实时显示测量频率值。

连线:将 D2 区的 P1.0、P1.1 与静态数码管模块的 DIN、CLK 相连;D2 区的 P3.2 与时钟信号源相连。

调试说明:运行程序,查看 A7 区静态数码管的显示值。

程序设计思路:T0 工作在定时器方式,计数时钟为系统时钟12分频。外部中断0设置为下降沿触发方式,则外部信号每一个时钟周期触发一次外部中断。在外部中断函数中读取 T0 在一个外部信号时时钟周期期间的计数值,通过此计数值可以计算出外部信号的周期,进而求出信号的频率值。由测试原理可知,此种方法只适合测频率较小的信号。

参考程序:实验20 外部中断与周期测量实验\SJ3

实验 21   I²C 总线编程与应用实验

6.设计型实验

①程序功能:本程序实现对 24C02 指定地址的页擦除,并读取相应页的数据,检查是否已成功擦除。

连线:P1.0、P1.1 分别与 A5 区 LED 灯 L0、L1 相连,P1.2、P1.3 分别与 C2 区 SDA 和 SCL 相连。

调试说明:在程序中相应的地方设置断点,运行程序,在 Memory Window 中查看 0x40 单元中数据的变化,并查看 A5 区 LED 的现象。LED0 亮表示发送数据成功,LED1 亮表示接收数据成功。

参考程序:实验21 I²C 总线编程与应用实验\SJ1

②程序功能:实现对 24C02 自检,当外部 SRAM 自检出错时在 LED 显示"Good",否则显示"Error"。

连线:P1.0 与 A5 区 LED 灯 L0 相连,P1.2、P1.3 分别与 C2 区 SDA 和 SCL 相连。用 2 号导线将 D2 区 80C51/C8051F020MCU 模块的 P1.4、P1.5 分别与扩展模块的 6 位静态数码管显示接口电路 DIN、CLK 连接。

调试说明:运行程序,查看 A7 区静态数码管的显示。

参考程序:实验 21 I²C 总线编程与应用实验\SJ2

实验 22　7279 应用实验

6.设计型实验

①程序功能:实现在数码管上逐位显示按键值。

连线:用 2 号导线将 80C51/C8051F020MCU 模块的 P2.7、P1.7、P1.6、P1.3 分别与 7279 模块的 79CS、79DAT、79CLK、KeyIN 相连,用 2 号导线将键盘接口模块的 H0/H1、H2/H3 分别与 7279 模块的 DIG0、DIG1 相连,用 8P 数据线将键盘接口模块的 JD11 与 7279 模块的 JD9 相连,用 8P 数据线将 7279 模块的 JD9'、JD10 与 8 位动态数码显示模块的 JD1A4、JD2A4 相连,键盘接口模块处的 S4 拨码开关的 1、2 打在 ON 处,3、4、5、6 打在 OFF 处,8 位动态数码显示模块的 JT1A4 的短路帽打在 1、2 处。

调试说明:运行程序,按下 D4 区的键盘,观看 A4 区的数码管显示是否与按下键值一致。

参考程序:实验 22 7279 应用实验\SJ1

②程序功能:实现学号的输入,并自右向左滚动显示学号。

连线:同上。

调试说明:运行程序,由 D4 区的键盘输入学号,然后按下任一非数字键,可以看到 A4 区的数码管上滚动显示之前输入的学号。

参考程序:实验 22 7279 应用实验\SJ2

7.实验扩展及思考

①程序功能:实现 24h 实时时钟显示,并且可以调整时间。

连线:同上。

调试说明:按下"D"键选择进入显示模式和时间设置模式。在时间设置模式下,按 "E"键和"F"键分别调整小时和分钟。设置完时间,再次按下"D"键则进入时间显示模式。

参考程序:实验 22 7279 应用实验\KZ1

实验 23　并行 A/D、D/A 实验

6.设计型实验

①程序功能:实现由 DAC0832 输出模拟量,ADC0809 采集数据。

连线:用 8P 数据线将 D2 区 80C51/C8051F020 模块的 JD0(P0 口)、JD8 分别与 C5 区并行 A/D 转换模块的 JD1C5、JD2C5 相连,用 2 号导线将 D2 区 80C51/ C8051F020MCU 模块的 WR、RD、P2.6 分别与 C5 区并行 A/D 转换模块的 WR、RD、CS 相连,调节电位器 RW1C4,使-Vref 口电压为-5V。将 D5 区的 500k 脉冲信号与 C5 区 CLK 相连。用 8P 数据线将 D2 区 80C51/C8051F020MCU 模块的 JD7(P0 口)与 C4 区

并行 D/A 转换模块的 JD1C4 相连,用 2 号导线将 D2 区 80C51/C8051F020 MCU 模块的 P2.7、WR 分别与 C5 区并行 D/A 转换模块的 CS、WR 相连。将 D/A 模块的输出 Vout 与 A/D 模块的 AIN0 相连。

调试说明:在程序中 while(1);处设置断点,运行程序,看 A/D 的转换结果(存储在变量 DA_data 中)与 D/A 的输入数字量(由语句 D/A=0xEE;给定)是否一致。

参考程序:实验 23 并行 A/D、D/A 实验\SJ1

②程序功能:基于 ADC0809 分别采用延时法、查询法、中断法采集数据,并将采集到的十六进制结果在数码管上显示。

延时法:

连线:用 8P 数据线将 D2 区 80C51/C8051F020MCU 模块的 JD0(P0 口)、JD8 分别与 C5 区并行 A/D 转换模块的 JD1C5、JD2C5 相连,用 2 号导线将 D2 区 80C51/C8051F020MCU 模块的 WR、RD、P2.6 分别与 C5 区并行 A/D 转换模块的 WR、RD、CS 相连,调节电位器 RW1C4,使—Vref 口电压为—5V。将 D5 区的 500k 脉冲信号与 C5 区 CLK 相连,将 D6 区的可调电源与 A/D 模块的 AIN0 相连,用 2 号导线将 D2 区 80C51/C8051F020MCU 模块的 P1.0、P1.1 分别与扩展模块的 6 位静态数码管显示接口电路 DIN、CLK 相连。

调试说明:旋转 D6 区的可调电源,查看 A7 区的静态数码管的显示值。

查询法:

连线:用 8P 数据线将 D2 区 80C51/C8051F020 模块的 JD0(P0 口)、JD8 分别与 C5 区并行 A/D 转换模块的 JD1C5、JD2C5 相连,用 2 号导线将 D2 区 80C51/C8051F020MCU 模块的 WR、RD、P2.6、P1.2 分别与 C5 区并行 A/D 转换模块的 WR、RD、CS、EOC 相连,调节电位器 RW1C4,使—Vref 口电压为—5V。将 D5 区的 500k 脉冲信号与 C5 区 CLK 相连,将 D6 区的可调电源与 A/D 模块的 AIN0 相连,用 2 号导线将 D2 区 80C51/C8051F020MCU 模块的 P1.0、P1.1 分别与扩展模块的 6 位动态数码管显示接口电路 DIN、CLK 相连。

调试说明:同上。

中断法:

连线:在之前连线的基础上,再将与 C5 区的 EOC 相连的 P1.2 换成 P3.2。

调试说明:同上。

参考程序:实验 23 并行 A/D、D/A 实验\SJ2

③程序功能:实现由 DAC0832 产生 50Hz 的方波、锯齿波。

连线:用 8P 数据线将 D2 区 80C51/C8051F020 模块的 JD7(P0 口)与 C4 区并行D/A 转换模块的 JD1C4 相连,用 2 号导线将 D2 区 80C51/C8051F020MCU 模块的 P2.7、WR 分别与 C5 区并行 D/A 转换模块的 CS、WR 相连。将 D/A 模块的输出 Vout 与示波器输入相连,观察示波器的波形。

调试说明:更改程序令 mode=0,全速运行程序,观察示波器的波形;更改程序令 mode=1,全速运行程序,观察示波器的波形。

参考程序:实验 23 并行 A/D、D/A 实验\SJ3

实验 24　串行 A/D、D/A 实验

6.设计型实验

①程序功能:实现由 LTC1446 输出模拟量,TLC549 采集数据。

连线:用 2 号导线将 C2 区 80C51/C8051F020 模块的 P1.0、P1.1、P1.2 分别与 B4 区串行 A/D 转换模块的 DATA、CLK、CS-549 相连,用 2 号导线将 C2 区 80C51/C8051F020 MCU 模块的 P1.3、P1.4、P1.5 分别与 B3 区串行 D/A 转换模块的 DIN、CLK、CS-1446 相连,将 D/A 模块的输出与 A/D 模块的输入接在一起。

调试说明:改变不同的 D/A 输入数字值,运行程序,查看 A/D 的转换结果 AD_result。注意要进行两次 A/D 转换结果读入操作才能得到最终结果。

参考程序:实验 24 串行 A/D、D/A 实验\SJ1

②程序功能:基于 TLC549 采集数据,并将采集到的十六进制结果显示在数码管显示模块上。

连线:用 2 号导线将 C2 区 80C51/C8051F020MCU 模块的 P1.0、P1.1、P1.2 分别与 B4 区串行 A/D 转换模块的 DATA、CLK、CS-549 相连;串行 A/D 转换模块的 AIN 与 D6 区可调电源模块的 0~5V 端相连,用 2 号导线将 D2 区 80C51/C8051F020MCU 模块的 P1.3、1.4 分别与扩展模块的 6 位动态数码管显示接口电路 DIN、CLK 相连。

调试说明:在程序中 while(1);语句处设置断点,运行程序,查看 A7 区静态数码管上显示的数字。

参考程序:实验 24 串行 A/D、D/A 实验\SJ2

③程序功能:用 LTC1446 产生 50Hz 的方波、锯齿波。

连线:用 2 号导线将 D2 区 80C51/C8051F020MCU 模块的 P1.3、P1.4、P1.5 分别与 B3 区串行 D/A 转换模块的 DIN、CLK、CS_1446 相连。串行 D/A,输出 OUT 端口与示波器相连。

调试说明:运行程序,查看示波器的输出波形。改变全局变量 mode 的值可以改变输出波形。mode=0 为方波,mode=1 为锯齿波。

参考程序:实验 24 串行 A/D、D/A 实验\SJ3

实验 25　双色 LED 点阵显示实验

6.设计型实验

①程序功能:点阵 LED 的数字显示。

连线:D2 区的 P1.0、P1.1、P1.2 分别与 A6 区的 SCLK、DIN、RCLK 相连。

调试说明:运行程序,观看双色 LED 显示屏的现象。

参考程序:实验 25 双色 LED 点阵显示实验\SJ1

②程序功能:实现双色 LED 屏滚动显示学号,并可以切换显示颜色。

连线:D2 区的 P1.0、P1.1、P1.2 分别与 A6 区的 SCLK、DIN、RCLK 相连。

调试说明:运行程序,观看双色 LED 显示屏的现象。更改全局变量 colour 的值,可以改变显示颜色。colour=0 表示用红色显示,1 表示用绿色显示,2 表示混合色。

参考程序:实验 25 LED 双色点阵显示实验\SJ2

7. 实验扩展及思考

②程序功能:实现在点阵 LED 显示 8×8 点阵汉字,并滚动显示。

连线:D2 区的 P1.0、P1.1、P1.2 分别与 A6 区的 SCLK、DIN、RCLK 相连。

调试说明:同上。

参考程序:实验 25 双色 LED 点阵显示实验\KZ1

实验 26   点阵型液晶显示实验

6. 设计型实验

①程序功能:实现液晶屏上显示自己的学号与姓名。

连线:把液晶模块插到 A7 区目标板中,用 8P 数据线将 D2 区 80C51/C8051F020MCU 模块的 JD0(P0 口)、JD2(P2 口)分别与 A7 区液晶显示模块的 JD1A7、JD2A7 相连。

调试说明:运行程序,观看 A7 区液晶屏上的显示。

参考程序:实验 26 点阵型液晶显示实验\SJ1

②程序功能:实现液晶屏上显示自己的学号与姓名,并滚动显示。

连线:同上。

调试说明:同上。

参考程序:实验 26 点阵型液晶显示实验\SJ2

7. 实验扩展及思考

②程序功能:实现液晶屏上画矩形、画斜线、画圆程序。

连线:同上。

调试说明:同上。

参考程序:实验 26 点阵型液晶显示实验\KZ1

实验 27   测速测频仪设计实验

5. 基础型实验

①程序功能:利用单片机的定时器,设计程序分别在 P1.0、P1.1、P1.2 引脚上产生占空比为 50%,频率分别为 1Hz、1kHz、100kHz 的 3 种方波。

调试说明:全速运行程序,用示波器观察 P1.0、P1.1、P1.2 的输出波形。

参考程序:实验 27 测速测频仪设计实验\JC1

②程序功能:利用单片机的计数器功能,系统板上脉冲输出模块的频率。将测量结果实时显示于 8 段数码管上。

连线:将 P1.0、P1.1、P1.2 输出信号分别与 D2 区 P3.5(T1)相连。

调试说明:全速运行程序,核对检测到的信号频率是否与产生的频率一致。

参考程序:实验 27 测速测频仪设计实验\JC2

6.设计型实验

①程序功能:调节方波输出的占空比,按照基础型实验步骤的过程实时测量输出方波的频率及占空比。

连线:将 P1.0 输出信号分别与 D2 区 P3.5(T1)、P3.3 相连。

调试说明:全速运行程序,用示波器观察 P1.0、P1.1、P1.2 的输出波形。

参考程序:实验 27 测速测频仪设计实验\SJ1

②程序功能:根据频率测量方法,模拟汽车速度测量系统。实现过速提示,超速报警功能。

连线:将 P1.0、P1.1 分别与扩展模块的 6 位静态数码管显示接口电路 DIN、CLK 连接。P1.2、P1.3 分别与 A5 区任意两个 LED 相连。

调试说明:修改程序中 TIMER1_L、TIMER1_H 的值,即改变模拟的汽车速度,观察数码管的显示和 LED 灯亮灭。

参考程序:实验 27 测速测频仪设计实验\SJ2

实验 28　串行通信实验

6.设计型实验

①程序功能:两台单片机采用查询和中断方式进行 RS232 通信,并校验接收的数据。

连线:P3.0、P3.1 分别与 RS232 模块的 RXD、TXD 相连,用平行九孔串口线将 RS232 模块的 COM1B2 与接收机的串口相连,RS232 模块的电源短路帽 J1B2 打到上端。

调试说明:全速运行程序,比较发送方和接收方的数据是否一致。

参考程序:实验 28 串行通信实验\SJ1

②程序功能:两台单片机采用中断方式进行 RS232 通信,并使用累加和与 CRC 检验。

连线:P3.0、P3.1 分别与 RS232 模块的 RXD、TXD 相连,用平行九孔串口线将 RS232 模块的 COM1B2 与接收机的串口相连,RS232 模块的电源短路帽 J1B2 打到上端。

调试说明:全速运行程序,比较发送方和接收方的数据是否一致。

参考程序:实验 28 串行通信实验\SJ2

实验 29 多路数据采集系统实验

6.设计型实验

①程序功能:多路模拟信号采集由标准的信号发生器产生频率为 60Hz、幅值范围为 0~5V 的正弦波信号,分别由 ADC0809 的 8 个模拟通道轮流采集该信号,并在数码管上轮流显示通道号及采集到的模拟信号大小。

连线:用 8P 数据线将 D2 区 80C51C8051F020MCU 模块的 JD0(P0 口)、JD8 分别与 C5 区并行 A/D 转换模块的 JD1C5、JD2C5 相连,用 2 号导线将 D2 区 80C51/C8051F020MCU 模块的 WR、RD、P2.6、P1.2 分别与 C5 区并行 A/D 转换模块的 WR、RD、CS、EOC 相连,将 D5 区的 500k 脉冲信号与 C5 区 CLK 相连,将信号发生器的信号输出端与 A/D 模块的 AIN0 相连,用 2 号导线将 D2 区 80C51/C8051F020MCU 模块的 P1.0、P1.1 分别与扩展模块的 6 位静态数码管显示接口电路 DIN、CLK 相连。

调试说明:在_nop_();处设置断点,运行程序,查看 A7 区静态数码管上的显示值。

参考程序:实验 29 多路数据采集系统实验\SJ1

②程序功能:基于 ADC0809 实现模拟信号的采集,并在 LCD 显示所采集信号的波形。

连线:用 8P 数据线将 D2 区 80C51C8051F020MCU 模块的 JD0(P0 口)、JD8 分别与 C5 区并行 A/D 转换模块的 JD1C5、JD2C5 相连,用 2 号导线将 D2 区 80C51/C8051F020MCU 模块的 WR、RD、P2.6、P1.2 分别与 C5 区并行 A/D 转换模块的 WR、RD、CS、EOC 相连,+Vref 接+5V,将 D5 区的 500k 脉冲信号与 C5 区 CLK 相连,将 D6 区的可调电源与 A/D 模块的 AIN0 相连。把液晶模块插到 A7 区目标板中,用 8P 数据线将 D2 区 80C51/C8051F020MCU 模块的 JD1(P1 口)、JD2(P2 口)分别与 A7 区液晶显示模块的 JD1A7、JD2A7 相连。

调试说明:运行程序,查看 result[]数组中储存 A/D 转换结果的波动范围。

参考程序:实验 29 多路数据采集系统实验\SJ2

实验 30 信号发生器设计实验

6.设计型实验

①程序功能:设计一简易信号发生器,可实现方波、锯齿波及正弦波的输出控制。

连线:用 8P 数据线将 D2 区 80C51/C8051F020MCU 模块的 JD0(P0 口)与 C4 区并行 D/A 转换模块的 JD1C4 相连,用 2 号导线将 D2 区 80C51/C8051F020MCU 模块的 P2.7、WR 分别与 C5 区并行 D/A 转换模块的 CS、WR 相连,将并行 D/A 的输出端 Vout 与示波器相连。

调试说明:改变全局变量 mode 的值可以选择输出波形,mode=0 为方波,mode=1

为锯齿波,mode＝2 为正弦波。运行程序,查看示波器的波形。

参考程序:实验 30 信号发生器设计实验\SJ1

②程序功能:基于 LTC1446 设计一简易信号发生器,将输出的波形图在液晶屏上显示。

连线:用 2 号导线将 C2 区 80C51/C8051F020 模块的 P2.1、P2.0、P2.2 分别与 B3 区串行 D/A 转换模块的 DIN、CLK、CS-1446 相连。用 8P 数据线将 D2 区的 JD0、JD1 分别与 A7 区液晶模块的 JD1A7 和 JD2A7 相连。

调试说明:全速运行程序,用示波器观察 Da 的输出波形,与液晶屏输出波形比较。

参考程序:实验 30 信号发生器设计实验\SJ2

③程序功能:设计一简易信号发生器,可实现方波、锯齿波及正弦波的输出控制,由 A/D 输入的模拟量设定输出信号的幅值。

连线:用 8P 数据线将 D2 区 80C51/C8051F020MCU 模块的 JD0(P0 口)与 C4 区并行 D/A 转换模块的 JD1C4 相连,用 2 号导线将 D2 区 80C51/C8051F020MCU 模块的 P2.7、WR 分别与 C5 区并行 D/A 转换模块的 CS、WR 相连。用 8P 数据线将 D2 区 80C51C8051F020MCU 模块的 JD7(P0 口)、JD8 分别与 C5 区并行 A/D 转换模块的 JD1C5、JD2C5 相连,用 2 号导线将 D2 区 80C51/C8051F020MCU 模块的 WR、RD、P2.6、P3.4 分别与 C5 区并行 A/D 转换模块的 WR、RD、CS、EOC 相连,＋Vref 接＋5V。将 D5 区的 500k 脉冲信号与 C5 区 CLK 相连,将 D6 区的可调电源与 A/D 模块的 AIN0 相连,用 8P 数据线将 D2 区的 JD1、JD2 分别与 A7 区液晶模块的 JD1A7 和 JD2A7 相连。

调试说明:改变全局变量 mode 的值可以选择输出波形,mode＝0 为方波,mode＝1 为锯齿波,mode＝2 为正弦波。运行程序,查看示波器的波形。调节 D6 区的可调电源旋钮可以实时改变输出波形的幅值。

参考程序:实验 30 信号发生器设计实验\SJ3

实验 31　实时时钟实验

6.设计型实验

①程序功能:实现程序设定年、月、日、星期,并按上述顺序在数码管上滚动显示。

连线:用 2 号导线将 80C51/C8051F020MCU 模块的 P2.7、P1.7、P1.6、P1.3 分别与 7279 模块的 79CS、79DAT、79CLK、KeyINT 相连,用 2 号导线将键盘接口模块的 H0/H1、H2/H3 分别与 7279 模块的 DIG0、DIG1 相连,用 8P 数据线将键盘接口模块的 JD11 与 7279 模块的 JD9 相连,用 8P 数据线将 7279 模块的 JD9'、JD10 与 8 位动态数码显示模块的 JD1A4、JD2A4 相连,键盘接口模块处的 S4 拨码开关的 1、2 打在 ON 处,3、4、5、6 打在 OFF 处,8 位动态数码显示模块的 JT1A4 的短路帽打在 1、2 处。用 2 号导线将 80C51/C8051F020MCU 模块的 P1.0、P1.1 分别与实时时钟模块的 SDA、SCL 相连,实时时钟模块的电源短路帽 J1B7 打在上端。

调试说明:程序运行前修改 reg_send[]数组中的数值来实现对时间的初始设定。运行程序,查看 A4 区数码管的显示。

参考程序:实验 31 实时时钟实验\SJ1

②程序功能:实现键盘设定年、月、日、星期、时、分、秒,并在数码管上滚动显示;实现年、月、日、星期在液晶屏上中文显示及用户设定操作。

连线:用 2 号导线将 80C51/C8051F020MCU 模块的 P2.7、P1.7、P1.6、P1.3 分别与 7279 模块的 79CS、79DAT、79CLK、KeyIN 相连,用 2 号导线将键盘接口模块的 H0/H1、H2/H3 分别与 7279 模块的 DIG0、DIG1 相连,用 8P 数据线将键盘接口模块的 JD11 与 7279 模块的 JD9 相连,用 8P 数据线将 7279 模块的 JD9'、JD10 与 8 位动态数码显示模块的 JD1A4、JD2A4 相连,键盘接口模块处的 S4 拨码开关的 1、2 打在 ON 处,3、4、5、6 打在 OFF 处,8 位动态数码显示模块的 JT1A4 的短路帽打在 1、2 处。用 2 号导线将 80C51/C8051F020MCU 模块的 P1.0、P1.1 分别与 B7 区实时时钟模块的 SDA、SCL 相连,实时时钟模块的电源短路帽 J1B7 打在上端。

调试说明:当按下"E"键时选择模式,按一次"E",mode 加 1。当 mode=0 时,数码上管显示时间;mode=1 时,在数码管上滚动显示年、月、日、星期。当 mode 为 2～4 时,进入日期设定模式,数码管停止滚动,显示当前设定的日期,从高到低依次显示 mode,年的后两位、月、日、星期。在设定模式下按"F"键设定日期。当 mode 为 5～8 时,进入时间的设定,数码管的高位到低位依次显示 mode、小时、分钟、秒钟,按"F"键进行调整。

参考程序:实验 31 实时时钟实验\SJ2-1
实验 31 实时时钟实验\SJ2-2

③程序功能:该程序实现键盘设定年、月、日、星期、小时、分钟、秒。并且 mode=0 时,数码管显示时间;mode=1 时,在数码管上滚动显示年、月、日、星期。并实现软件设定分、时、日、星期闹钟。

连线:用 2 号导线将 80C51/C8051F020MCU 模块的 P2.7、P1.7、P1.6、P1.3 分别与 7279 模块的 79CS、79DAT、79CLK、KeyINT 相连,用 2 号导线将键盘接口模块的 H0/H1、H2/H3 分别与 7279 模块的 DIG0、DIG1 相连,用 8P 数据线将键盘接口模块的 JD11 与 7279 模块的 JD9 相连,用 8P 数据线将 7279 模块的 JD9'、JD10 与 8 位动态数码显示模块的 JD1A4、JD2A4 相连,键盘接口模块处的 S4 拨码开关的 1、2 打在 ON 处,3、4、5、6 打在 OFF 处,8 位动态数码显示模块的 JT1A4 的短路帽打在 1、2 处。用 2 号导线将 80C51/C8051F020MCU 模块的 P1.0、P1.1、P3.2 分别与 B7 区实时时钟模块的 SDA、SCL、INT 相连,实时时钟模块的电源短路帽 J1B7 打在上端。用 2 号导线将 P1.2 与 D7 区蜂鸣器的 IN 口相连,电源短路帽 J1D7 打在上端。

调试说明:程序全速运行时,默认为显示模式,即 mode=0,当按下"E"键时选择模式,按一次"E",mode 加 1。当 mode 为 2～4 时,进入日期设定模式,数码管停止滚动,显示当前设定的日期,从高到低依次显示 mode、年的后两位、月、日、星期。在设定模式下按"F"键设定日期。当 mode 为 5～8 时,进入时间的设定,数码管的高位到低位依次显示 mode、小时、分钟、秒钟,按"F"键进行调整。通过改变主程序前部对 PCF8563 的初始化指令,可以实现对闹钟的设定。

如:

```
write_PCF8563(0x01,0x02);     //报警中断有效
//发送的第一字节为地址,第二字节为数据,数据的最高位为报警信号A
//低电平有效
write_PCF8563(0x09,0x01);     //分钟报警有效,分钟报警数值为1
write_PCF8563(0x0A,0x81);     //小时报警无效,
write_PCF8563(0x0B,0x80);     //日报警无效
write_PCF8563(0x0C,0x80);     //星期报警无效
```

参考程序:实验31 实时时钟实验\SJ3

实验32 直流电机控制实验

5.基础型实验

①程序功能:实现直流电机正反转控制,通过拨动拨码开关 K0 来改变电机转动方向。

连线:用数据线将 P1.0、P1.2 分别与 PWM1、PWM2 相连,用2号导线将 D2 区 P0.0 与 C6 区 K0 连接。

调试说明:通过拨动拨码开关 K0 来改变电机转动方向。

参考程序:实验32 直流电机控制实验\JC1

②程序功能:实现对直流电机的不同转速的控制,速度值通过拨码开关输入。

连线:用数据线将 P1.0、P1.2 分别与 A2 区的 PWM1、PWM2 相连,D2 区的 JD0 与 C6 区的 JD1C6 相连。

调试说明:编译、链接,进入 Debug 状态,全速运行程序。通过拨动 K0～K7 来调节速度,对应着 0～255 档速度。K0 到 K7 为低位到高位,拨上为高电平,拨下为低电平。

程序设计思想:通过 PWM 调节来控制电机转速。拨码开关的输入值作为 PWM 波的占空比。

定时器 T0 每 1ms 产生一次中断,一个 PWM 周期为 255ms,即 time_tick 变量计数到 255 时,就重新开始一个 PWM 周期。其中从拨码开关读入的数值(0～255)作为一个 PWM 周期中高电平的时间。如此就实现了 PWM 占空比(0～1)的调节。通过 PWM 控制直流电机转动,只需要在 PWM 高电平期间开启 H 桥,在 PWM 低电平期间关闭 H 桥。

参考程序:实验32 直流电机控制实验\JC2

6.设计型实验

①程序功能:实现直流电机的速度测量。

连线:用数据线将 P1.0、P1.2 分别与 A2 区的 PWM1、PWM2 相连,用2号导线将 D2 区 P1.4 口与 P3.4 口连接。

调试说明:编译、链接,进入 Debug 状态,全速运行程序。在中断函数 void T1_ISR

（void）interrupt 3 中,语句 speed＝（TH0 ＊ 256＋TL0）/12 之后设置断点。编译、链接,进入 Debug 状态,将变量 speed 添加到变量查看窗口中。全速运行程序,查看 speed 的值,即为电机转速（转/秒）。

程序设计思想:配置 T0 计数时钟为外部输入时钟,工作在非中断模式。T1 的计数时钟为系统时钟 12 分频,工作在中断模式。T0 对电机转运时产生的脉冲信号进行计数。而 T1 每 50ms 中断一次,第 20 次进入中断时,读取 TH0、TL0 的值。即 1s 内产生的脉冲个数,除以 12 就得到了电机的转速。

流程图如附图 3-3 所示。

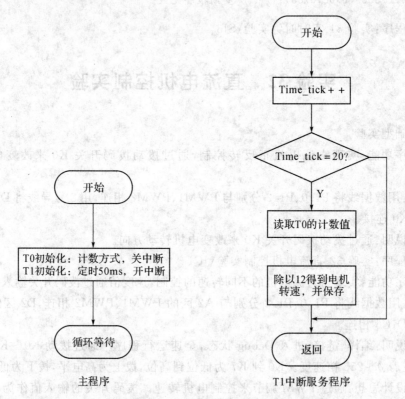

附图 3-3   设计型实验①流程图

参考程序:实验 32 直流电机控制实验\SJ1

②程序功能:结合实验 22 7279 应用实验,采用数码管及键盘实现速度设定并实时显示当前的速度值。

连线:用数据线将 P1.0、P1.2 分别与 A2 区的 PWM1、PWM2 相连,用 2 号导线将 80C51/C8051F020 MCU 模块的 P1.7、P1.5、P1.4、P1.3 分别与 7279 模块的 79CS、79DAT、79CLK、KeyINT 相连。用 2 号导线将键盘接口模块的 H0/H1、H2/H3 分别与 7279 模块的 DIG0、DIG1 相连,用 8P 数据线将键盘接口模块的 JD11 与 7279 模块的 JD9 相连,用 8P 数据线将 7279 模块的 JD9'、JD10 与 8 位动态数码显示模块的 JD1A4、JD2A4 相连,键盘接口模块处的 S4 拨码开关的 1、2 打在 ON 处,3、4、5、6 打在 OFF 处,8 位动态数码显示模块的 JT1A4 的短路帽打在 1、2 处。

　　调试说明:编译、链接,进入 Debug 状态,全速运行程序。按下"E"键进入速度设定模式,输入电机速度(电机速度输入值实际上为 PWM 高电平所占的时间单位,一个 PWM 时钟为 255 个时间单位,输入速度范围为 0～255),再次按下"E"键确认。

　　程序设计思想:T0 用于产生 PWM 波,T1 用于定时 1s,外部中断 0 用于计数电机转动产生的脉冲个数。检测速度由中断函数完成:T1 每定时 1s,读取外部中断 0 程序中变量的计数值,并更新速度显示。而主程序中则进行按键的检测,负责将按键输入的速度设定值通过全局变量传递到中断函数中,同时在数码管上显示设定值。

　　流程图如附图 3-4 和附图 3-5 所示。

　　参考程序:实验 32 直流电机控制实验\SJ2

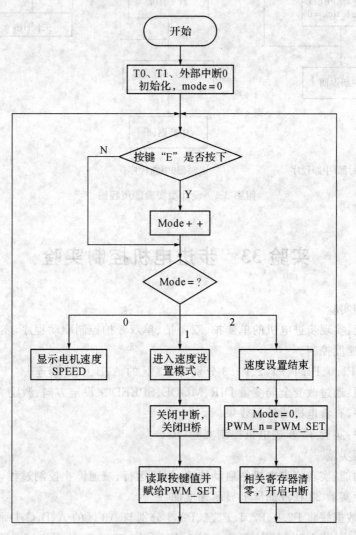

附图 3-4　设计型实验②流程图

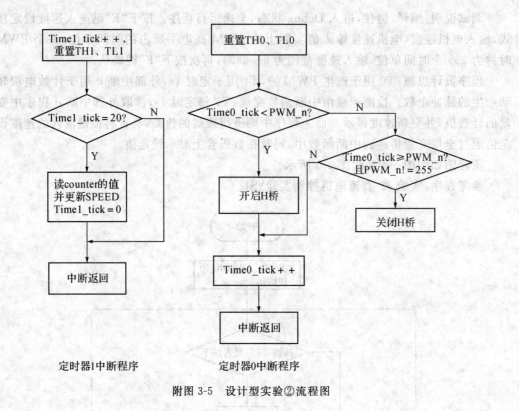

定时器1中断程序   定时器0中断程序

附图 3-5   设计型实验②流程图

实验 33   步进电机控制实验

5.基础型实验

程序功能:实现步进电机的单 4 拍、双 4 拍、单双 8 拍控制驱动程序,实现步进电机的正反转控制、速度控制。

连线:将 P1.0、P1.1、P1.2、P1.3 分别与 A3 区的 A、B、C、D 相连。

调试说明:通过改变全局变量 DIR、MODE、SPEED 来设定方向、激励方式和速度。

运行程序,查看电机的转运效果。

参考程序:实验 33 步进电机控制实验\JC1

6.设计型实验

①程序功能:实现步进电机的启动加速、恒速运行、减速停止控制过程,以单 4 拍励磁法为例并结合实验 22 在液晶屏上显示速度曲线。

连线:用数据线将 P2.0、P2.1、P2.2、P2.3 分别与 A3 区的 A、B、C、D 相连,把液晶模块插到目标板中,将 D2 区的 JD0(P0)、JD1(P1)分别与 A7 区的 JD1A7、JD2A7 相连。

调试说明:该程序用 P0 口作为液晶的数据输入口,P1 作为液晶的控制端口,P2 控制步进电机。运行程序,查看液晶屏上的显示图形,同时观察步进电机的转动状况。

参考程序:实验 33 步进电机控制实验\SJ1

②程序功能:结合实验22 7279应用实验,采用数码管及键盘实现速度设定并实时显示当前的速度值。

连线:用数据线将 P2.0、P2.1、P2.2、P2.3 分别与 A3 区的 A、B、C、D 相连,用2号导线将 80C51/C8051F020MCU 模块的 P1.5、P1.7、P1.6、P1.3 分别与 7279 模块的 79CS、79DAT、79CLK、KeyIN 相连,用2号导线将键盘接口模块的 H0/H1、H2/H3 分别与 7279 模块的 DIG0、DIG1 相连,用 8P 数据线将键盘接口模块的 JD11 与 7279 模块的 JD9 相连,用 8P 数据线将 7279 模块的 JD9'、JD10 与8位动态数码显示模块的 JD1A4、JD2A4 相连,键盘接口模块处的 S4 拨码开关的 1、2 打在 ON 处,3、4、5、6 打在 OFF 处,8位动态数码显示模块的 JT1A4 的短路帽打在 1、2 处。

调试说明:运行程序,按下"E"键进入速度设定模式,输入电机速度,再次按下"E"键即可。若输入的速度值不在"4°～350°"的范围内,则数码管上显示"Error"字样。

参考程序:实验33 步进电机控制实验\SJ2

实验34 基于 DS18B20 的温度测控实验

5. 基础型实验

①程序功能:实现 DS18B20 测量环境温度,测量结果显示于 A4 区动态数码管区。

连线:用2号导线将 80C51/C8051F020MCU 模块的 P2.7、P1.7、P1.6、P1.3 分别与 7279 模块的 79CS、79DAT、79CLK、KeyIN 相连,用2号导线将键盘接口模块的 H0/H1、H2/H3 分别与 7279 模块的 DIG0、DIG1 相连,用 8P 数据线将键盘接口模块的 JD11 与 7279 模块的 JD9 相连,用 8P 数据线将 7279 模块的 JD9'、JD10 与8位动态数码显示模块的 JD1A4、JD2A4 相连,键盘接口模块处的 S4 拨码开关的 1、2 打在 ON 处,3、4、5、6 打在 OFF 处,8位动态数码显示模块的 JT1A4 的短路帽打在 1、2 处。用2号导线将 80C51/C8051F020MCU 模块的 P1.0 与 DS18B20 模块的 OUT 相连,DS18B20 模块的电源短路帽 J1B6 打在上端。

调试说明:运行程序,查看 A4 区数码管的显示值。

参考程序:实验34 基于 DS18B20 的温度测控实验\JC1

6. 设计型实验

①程序功能:实现对于给定不同占空比及频率的 PWM 波控制加热电阻,实现温度的测量并显示结果。

连线:同上。

调试说明:修改全局变量 n 的值可以改变占空比(占空比为 $n:(10-n)$),修改宏定义 T0_H、T0_L 的定义值,即可改变 PWM 的频率。对于不同的占空比及频率,运行程序,查看 A4 区数码管显示结果。

参考程序:实验34 基于 DS18B20 的温度测控实验\SJ1

②程序功能:实现恒温控制,设定测量点的温度值,通过温度测量和温度控制的闭环网络实现测量点的恒温控制。

连线：同上。

调试说明：运行程序，按下"E"键后再按数字键设想要达到的温度，再次按下"E"键确认。重复以上步骤进行下一轮设置。设置温度不要超过 43 摄氏度。

参考程序：实验 34 基于 DS18B20 的温度测控实验\SJ2

实验 35　模拟电子琴设计实验

5. 基础型实验

① 程序功能：实现发出"哆"到"西"，每个音均为一拍。

连线：用 2 号导线将 D2 区 80C51/C8051F020MCU 模块的 P1.0 与 D7 区蜂鸣器控制模块 IN 相连。

调试说明：全速运行程序。

参考程序：实验 35 模拟电子琴设计实验\JC1

② 程序功能：简易的电子琴。利用键盘功能，不同的按键对应不同的音调。

连线：用 2 号导线将 D2 区 80C51/C8051F020 模块的 P2.1 与 D7 区蜂鸣器控制模块 IN 相连。用 2 号导线将 80C51/C8051F020 模块的 P2.7、P1.6、P1.7、P1.3 分别与 7279 模块的 79CS、79CLK、79DAT、KeyIN 相连；用 2 号导线将键盘接口模块的 H0/H1、H2/H3 分别与 7279 模块的 DIG0、DIG1 相连；用 8P 数据线将键盘接口模块的 JD11 与 7279 模块的 JD9 相连；键盘接口模块处的 S4 拨码开关的 1、2 打在 ON 处，3、4、5、6 打在 OFF 处。

调试说明：全速运行程序，按不同按键发出不同的音符，尝试弹奏一首乐曲。

实验流程：弹奏功能的实现是单片机读取被演奏者按下的键值，以及按下与松开的时长信息，控制蜂鸣器发出相应音符的音调，做到弹奏与放音的同步。程序中通过持续监测 7279 的 KeyIN 是否有输出来确定键的按下与松开，在按下与松开的间隔中监测键值并完成发声操作。

参考程序：实验 35 模拟电子琴设计实验\JC2

6. 设计型实验

① 程序功能：实现乐曲《祝你生日快乐》的演奏。

连线：用 2 号导线将 D2 区 80C51/C8051F020 模块的 P1.0 与 D7 区蜂鸣器控制模块 IN 相连。

调试说明：全速运行程序。

参考程序：实验 35 模拟电子琴设计实验\SJ1

② 程序功能：简易电子琴，音乐弹奏、录制与回放。

连线：用 2 号导线将 D2 区 80C51/C8051F020 模块的 P2.1 与 D7 区蜂鸣器控制模块 IN 相连。用 2 号导线将 80C51/C8051F020 模块的 P2.7、P1.6、P1.7、P1.3 分别与 7279 模块的 79CS、79CLK、79DAT、KeyIN 相连；用 2 号导线将键盘接口模块的 H0/H1、H2/H3 分别与 7279 模块的 DIG0、DIG1 相连；用 8P 数据线将键盘接口模块的 JD11 与 7279

模块的 JD9 相连；键盘接口模块处的 S4 拨码开关的 1、2 打在 ON 处，3、4、5、6 打在 OFF 处。

调试说明：全速运行程序，尝试弹奏、录制并回放一首乐曲。

参考程序：实验 35 模拟电子琴设计实验\SJ2

实验 36　洗衣机控制器设计实验

5.基础型实验

①程序功能：实现洗衣机进水、排水及报警功能设置。

连线：用 2 号导线将 D2 区 80C51/C8051F020MCU 模块的 P1.0、P1.1、P1.2 分别与 D7 区蜂鸣器控制模块 IN 和 A5 区的 LED 灯相连，分别用于报警、进水、排水逻辑电平的控制指示。用 2 号导线将 D2 区 80C51/C8051F020MCU 模块的 P1.3、P1.4 分别与 C7 区查询式键盘模块的 2 个按键相连，分别用于检测进水水位是否到指定位置和水是否排空的检测。

调试说明：设置断点运行程序，配合按键输入模拟水位到达和水排空的操作，观察程序输出 I/O 的状态变化。

参考程序：实验 36 洗衣机控制器设计实验\JC1

②程序功能：实现洗涤、漂洗、甩干过程不同电机转向及速度的控制。

连线：用 8P 数据线将 80C51/C8051F020MCU 模块的 JD1(P1 口)与直流电机模块的 JD1A2 相连，直流电机模块的电源短路帽 J1A2 打在上端。用 8P 数据线将 80C51/C8051F020MCU 模块的 JD0(P0 口)与步进电机模块的 JD1A3 相连，步进电机模块的电源短路帽 J1A3 打在上端。用导线将 80C51/C8051F020MCU 模块的 P3.3 接到蜂鸣器模块的 IN 端，蜂鸣器模块的电源短路帽 J1D7 打在上端。

调试说明：分别全速运行 soak();、clean();、dry();3 个程序，观察实验结果是否与程序设定功能一致。

程序流程如附图 3-6 所示。

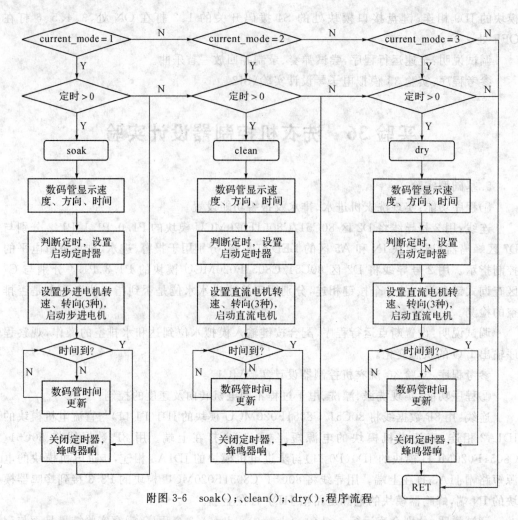

附图 3-6   soak();、clean();、dry();程序流程

参考程序:实验 36 洗衣机控制器设计实验\JC2

6. 设计型实验:

程序功能:实现一个完整自动洗衣过程,包括进水、洗涤、漂洗、甩干等过程,具有洗涤、漂洗、甩干的幅度及时间的控制功能,以及洗衣动作完成具有用户提醒功能。

连线:用 8P 数据线将 80C51/C8051F020MCU 模块的 JD1(P1 口)与直流电机模块的 JD1A2 相连,直流电机模块的电源短路帽 J1A2 打在上端。用 8P 数据线将 80C51/C8051F020MCU 模块的 JD0(P0 口)与步进电机模块的 JD1A3 相连,步进电机模块的电源短路帽 J1A3 打在上端。用导线将 80C51/C8051F020MCU 模块的 P3.3 接到蜂鸣器模块的 IN 端,蜂鸣器模块的电源短路帽 J1D7 打在上端。用 8P 数据线将 7279 模块的 JD9'、JD10 与 8 位动态数码显示模块的 JD1A4、JD2A4 相连,8 位动态数码显示模块的 JT1A4 的短路帽打在 1、2 处。用 8P 数据线将 80C51/C8051F020MCU 模块的 JD2(P2 口)与查询式键盘模块 JD1C7 相连,用 2 号导线将键盘接口模块的 H0/H1、H2/H3 分别与 7279 模块的 DIG0、DIG1 相连,用 8P 数据线将键盘接口模块的 JD11 与 7279 模块的 JD9 相连,P3.4 连 7279 的 KeyINT,P3.5 连 7279 的 CS,P3.6 连 7279 的 CLK,P3.7 连

7279的DAT,键盘接口模块处的S4拨码开关的1、2打在ON处,3、4、5、6打在OFF处。

调试说明:全速运行程序。用户通过按键输入。

a. initial键:按此键,单片机开始进入设定状态,再按 initial 键,单片机离开设定状态;

b. mode键:按键,3种模式(泡衣、洗衣、甩衣)不断切换,选择要设定的模式(以下b、c、d设定速度、方向、时间都是针对该模式的);

c. direction键:按键,电机3种模式(正转、反转、正反结合转)切换;

d. speed键:按键,电机速度5档(慢速、较慢速、中速、较快速、快速)切换;

e. SetTime定时时间:按下定时键,单片机开始扫描数字键盘;

f. 数字键盘:按0~9的数字键盘,先按十位数,再按个位数,按clear键,则可以重新定时,时间单位是分钟,最后按confirm键,时间设定完毕;

g. 启动键:按此键,启动洗衣机。

程序流程如附图3-7所示。

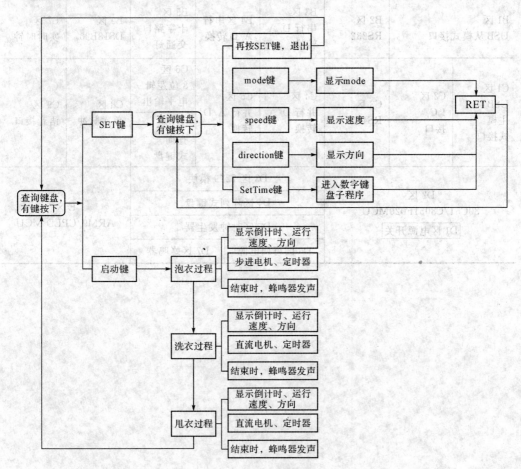

附图3-7 总体结构流程图

参考程序:实验36 洗衣机控制器设计实验\SJ1

附录 4

THZDGD-1 型综合实验系统硬件电路

附表 6-1　THZDGD-1 型实验系统硬件组成结构

A1 区以太网接口	A2 区直流电机	A3 区步进电机	A4 8 位动态数码显示		A6 区 LED 双色点阵显示	A7 区液晶显示
			A5 区 8 位逻辑电平显示			
B1 区 USB 从模式接口	B2 区 RS232	B3 区串行 D/A 转换	B4 区串行 A/D 转换	B5 区十字路口交通灯	B6 区 DS18B20	B7 区实时时钟
C1 区 USB 主模式接口	C2 区 I²C 接口	C3 区 RS485	C4 区并行 D/A 转换	C5 区并行 A/D 转换	C6 区 8 位逻辑电平输出	C8 区单次脉冲	C9 区语音接口
					C7 区查询式键盘		

D2 区 80C51/C8051F020MCU	D3 区 7279 模块	E 区 ARM9/CPLD MCU
D1 区电源开关	D4 区阵列式键盘	
	D5 区时钟发生器	
	D6 区可调电源　　D7 区蜂鸣器	

1. A1 区以太网接口（如附图 4-1 所示）

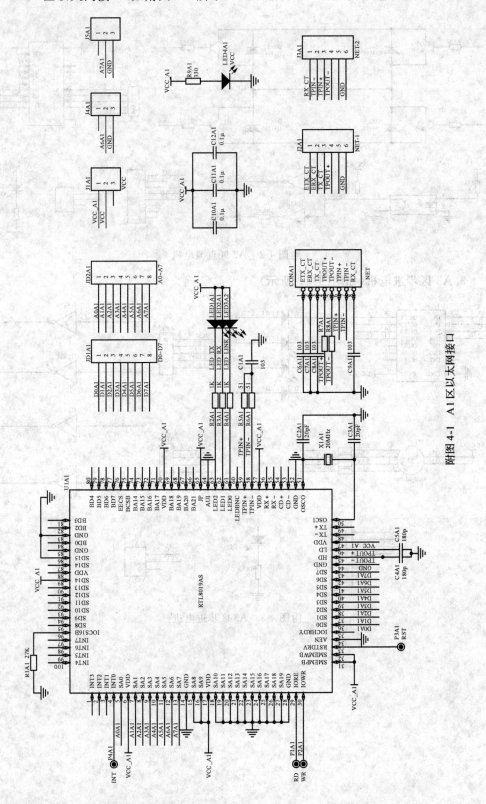

附图 4-1　A1 区以太网接口

2. A2 区直流电机(如附图 4-2 所示)

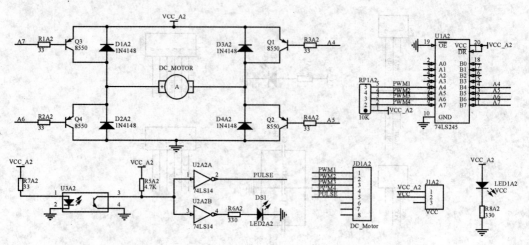

附图 4-2　A2 区直流电机

3. A3 区步进电机(如附图 4-3 所示)

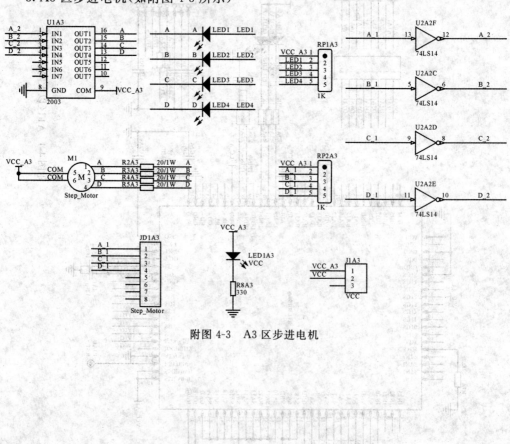

附图 4-3　A3 区步进电机

4. A4 区 8 位动态数码显示（如附图 4-4 所示）

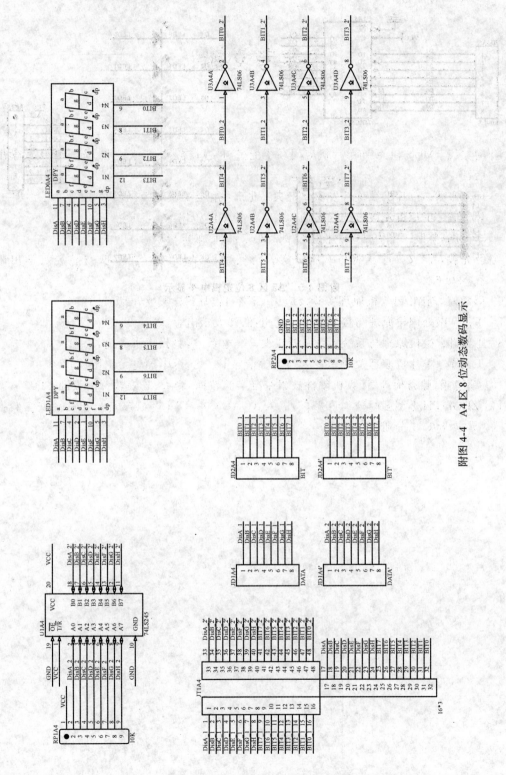

附图 4-4 A4 区 8 位动态数码显示

5. A5 区 8 位逻辑电平显示（如附图 4-5 所示）

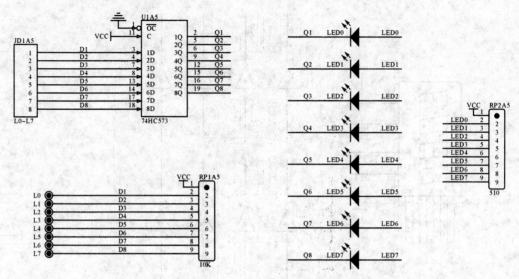

附图 4-5　A5 区 8 位逻辑电平显示

6. A6 区 LED 双色点阵显示（如附图 4-6 所示）

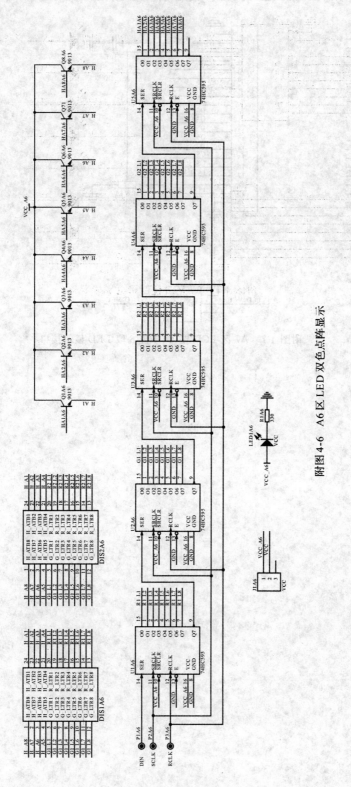

附图 4-6　A6 区 LED 双色点阵显示

7. A7 区 LCD 接口、多位 8 段 LED 显示接口（如附图 4-7 所示）

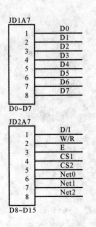

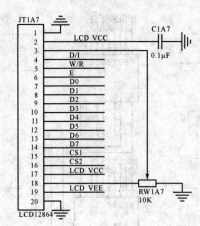

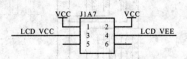

附图 4-7　A7 区 LCD 接口、多位 8 段 LED 显示接口

8. B1 区 USB 从模式接口（如附图 4-8 所示）

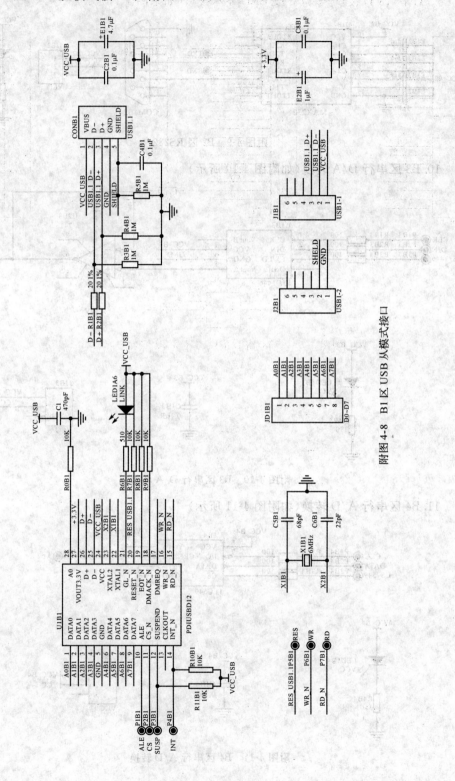

附图 4-8　B1 区 USB 从模式接口

9. B2 区 RS232(如附图 4-9 所示)

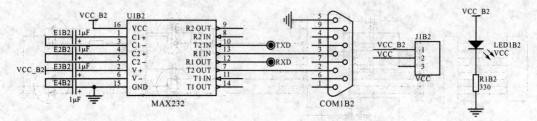

附图 4-9　B2 区 RS232

10. B3 区串行 D/A 转换(如附图 4-10 所示)

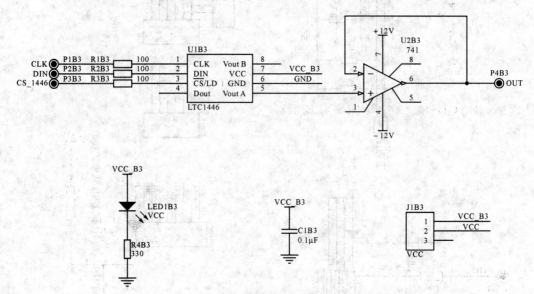

附图 4-10　B3 区串行 D/A 转换

11. B4 区串行 A/D 转换(如附图 4-11 所示)

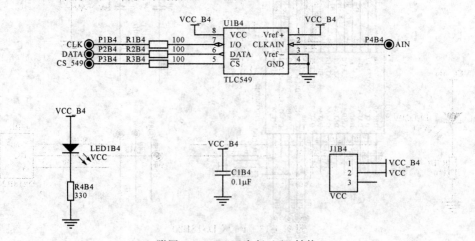

附图 4-11　B4 区串行 A/D 转换

12. B5 区双色 LED 显示(如附图 4-12 所示)

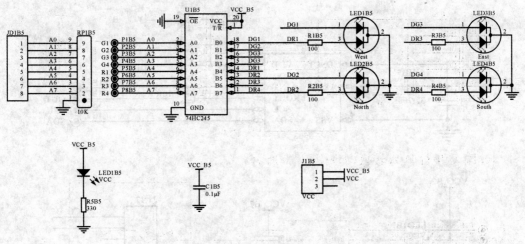

附图 4-12　B5 区双色 LED 显示

13. B6 区 DS18B20(如附图 4-13 所示)

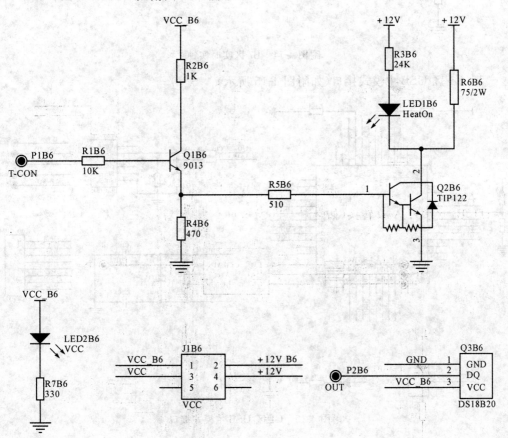

附图 4-13　B6 区 DS18B20

14. B7 区实时实钟(如附图 4-14 所示)

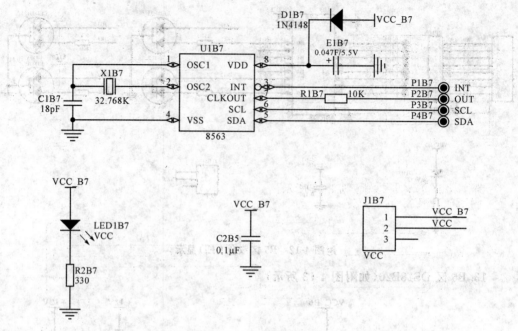

附图 4-14　B7 区实时实钟

15. C1 区 USB 主模式接口(如附图 4-15 所示)

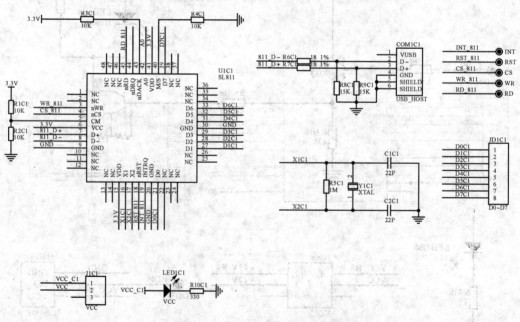

附图 4-15　C1 区 USB 主模式接口

16. C2 区 I²C 接口(如附图 4-16 所示)

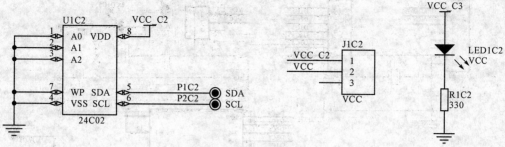

附图 4-16　C2 区 I²C 接口

17. C3 区 RS485(如附图 4-17 所示)

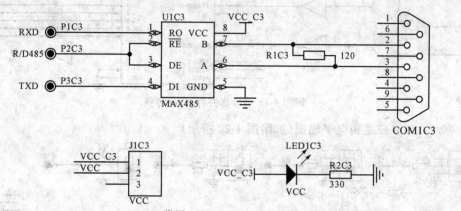

附图 4-17　C3 区 RS485

18. C4 区并行 D/A 转换(如附图 4-18 所示)

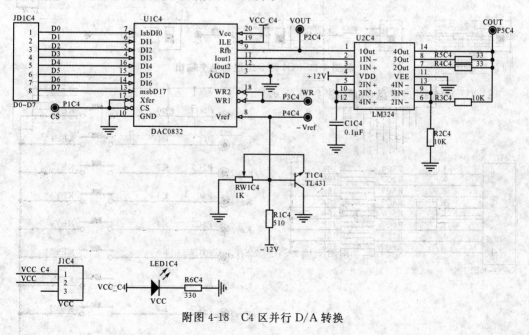

附图 4-18　C4 区并行 D/A 转换

19. C5 区并行 A/D 转换（如附图 4-19 所示）

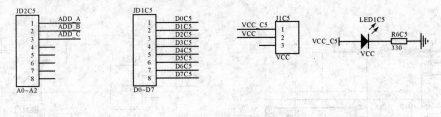

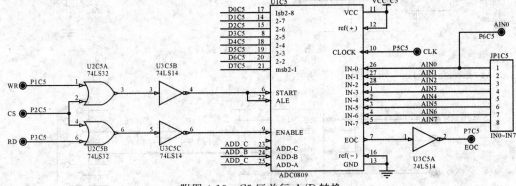

附图 4-19   C5 区并行 A/D 转换

20. C6 区 8 位逻辑电平输出（如附图 4-20 所示）

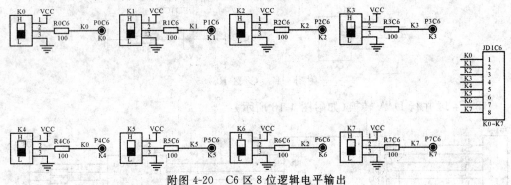

附图 4-20   C6 区 8 位逻辑电平输出

21. C7 区查询式键盘（如附图 4-21 所示）

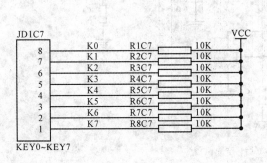

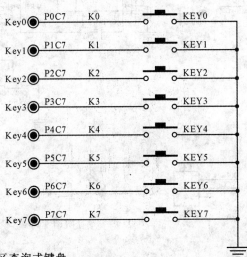

附图 4-21   C7 区查询式键盘

22. C8 区单次脉冲（如附图 4-22 所示）

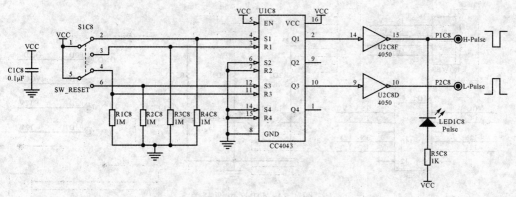

附图 4-22　C8 区单次脉冲

23. C9 区语音控制（如附图 4-23 所示）

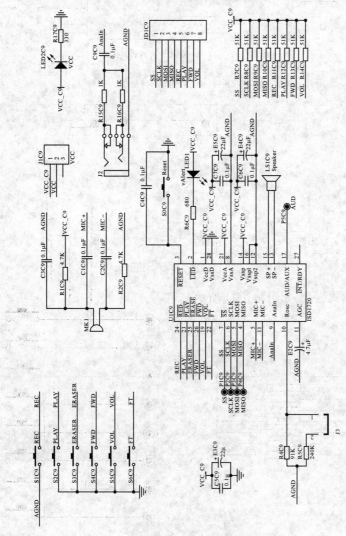

附图 4-23　C9 区语音控制

24. D1 区电源开关(如附图 4-24 所示)

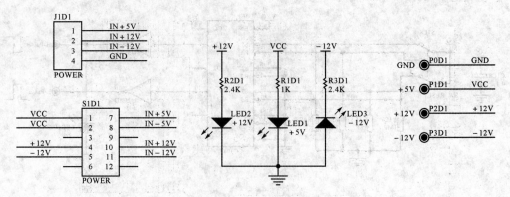

附图 4-24   D1 区电源开关

25. D2 区 80C51/C8051（如附图 4-25 所示）

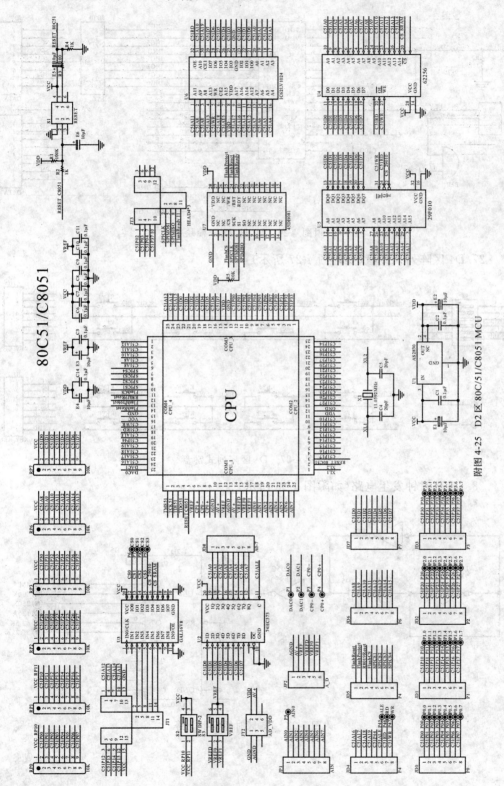

附图 4-25　D2 区 80C/51/C8051 MCU

26. D3 区 7279 模块(如附图 4-26 所示)

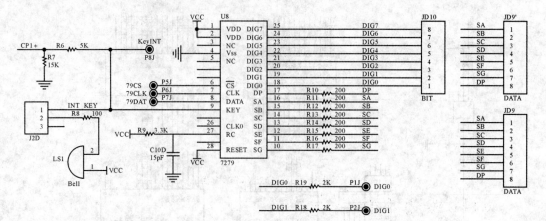

附图 4-26　D3 区 7279 模块

27. D4 区阵列式键盘(如附图 4-27 所示)

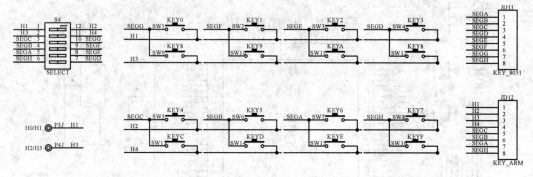

附图 4-27　D4 区阵列式键盘

28. D5 区时钟发生电路(如附图 4-28 所示)

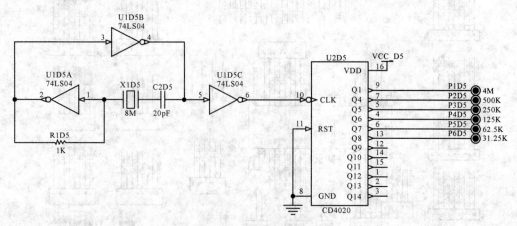

附图 4-28　D5 区时钟发生电路